W0226622

Lambacher Schweizer 6

Mathematik für Gymnasien

Nordrhein-Westfalen

Lösungen

bearbeitet von

Thomas Jörgens
Thorsten Jürgensen-Engl
Wolfgang Riemer
Reinhard Schmitt-Hartmann
Raphaela Sonntag
Inga Surrey

Ernst Klett Verlag
Stuttgart · Leipzig

1. Auflage 1 5 4 3 2 1 | 13 12 11 10 09

Alle Drucke dieser Auflage sind unverändert und können im Unterricht nebeneinander verwendet werden.
Die letzte Zahl bezeichnet das Jahr des Druckes.

Autoren: Manfred Baum, Martin Bellstedt, Günter Büchte, Heidi Buck, Cynthia Büttner, Dr. Rolf Dürr, Stephanie Eller, Hans Freudigmann, Dr. Frieder Haug, Anja Friedrichs, Christina Hanek, Prof. Dr. Stephan Hußmann, Thomas Jörgens, Thorsten Jürgensen-Engl, Prof. Dr. Timo Leuders, Kathrin Richter, Dr. Wolfgang Riemer, Reinhard Schmitt-Hartmann, Raphaela Sonntag, Inga Surrey, Andreas Schulz

Redaktion: Hartmut Günthner, Herbert Rauck
Herstellung: SMP Oehler, Remseck

Bildkonzept Umschlag: Soldan Kommunikation, Stuttgart
Umschlaggestaltung: KOMA AMOK, Stuttgart
Grafiken: Petra Götz, Augsburg; media office gmbh, Kornwestheim; Imprint, Zusmarshausen; SMP Oehler, Remseck
Satz: SMP Oehler, Remseck
Druck: Medienhaus Plump, Rheinbreitbach

Printed in Germany
ISBN 978-3-12-734423-9

Inhaltsverzeichnis

I Rationale Zahlen

Lösungshinweise Kapitel 1 Erkundungen

Seite 10

1. Teiler untersuchen

Forschungsauftrag 1: Anzahl der Teiler untersuchen:
- Die Zahlen 4; 9 und 16 haben genau drei Teiler. Diese Zahlen sind Quadrate von 2, 3 und 4.
- Die Zahlen 12, 18 und 20 haben jeweils 6 Teiler.
- 2; 3; 5; 7; 11; 13; 17; 19
- ja, nämlich die Zahl 1.

Forschungsauftrag 2: Das Sieb des Erastosthenes
- Übrig bleiben die Zahl zwei und die ungerade Zahlen.
- keine Lösung nötig
- Außer 1 sind nur noch die Primzahlen geblieben.

Forschungsauftrag 3: Teiler sofort sehen
- siehe Buchseite 14 „Endzifferregeln"
- siehe Buchseite 15 „Quersummenregeln"
- individuelle Lösungen

Seite 11

2. Falten

individuelle Lösungen

Systematisch Falten:
- individuelle Lösungen. Bei $\frac{1}{2}, \ldots, \frac{1}{8}$ erkennt man dass es mindestens zwei Möglichkeiten gibt, diese zu erzeugen, wenn es im Nenner eine gerade Zahl gibt.
- Bei manchen Anteilen kann man häufiger falten als bei den anderen, da manche Anteile wiederum ein Vielfaches von den anderen Anteilen sind.

Faltungsmöglichkeiten vorhersagen
- individuelle Lösungen. Es ist von der Darstellung als Produkt abhängig, wie viele Faltungsmöglichkeiten es gibt.

3. Geobrett
- $\frac{8}{16}$; $\frac{4}{16}$; $\frac{4}{16}$
- z. B.

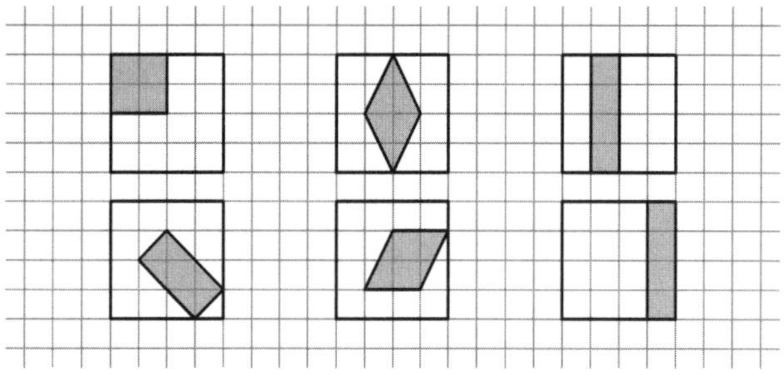

- $\frac{2}{8}$ hat denselben Wert wie $\frac{1}{4}$. Daher gibt es dieselbe Möglichkeiten, wie beim $\frac{1}{4}$. Bei $\frac{1}{16}$ muss der umspannte Anteil 1 Kästchen sein. Die Anzahl der Möglichkeiten steigt mit dem kleinen Anteil.
- individuelle Lösungen

Seite 12

4. Kommazahlen in Tabellen

Forschungsauftrag 1: Zahlen mit Plättchen legen
- 110,201
- Die größte Zahl: 500; die kleinste Zahl: 0,005
- z. B.: 200; 110; 101; 100,1; 100,01; 100,001; 20; 11; 10,1; 10,01; 10,001; 2; 1,1; 1,01; 1,001; 0,2; 0,11; 0,101; 0,02; 0,011; 0,002
  Insgesamt also 21 verschiedene Zahlen
- Zwischen 0 und 1 sind es 6 verschiedene Zahlen.

Forschungsauftrag 2: Plättchen wegnehmen oder wandern lassen
- Die Zahl 2,12 erhält man, wenn man 2 Plättchen unter Einer; 1 Plättchen unter $\frac{1}{10}$ und 2 Plättchen unter $\frac{1}{100}$ legt.
  Wenn man nun ein Plättchen wegnimmt, können es folgenden Zahlen geben: 1,12; 2,02; 2,11. Die Unterschiede sind jeweils 1; 0,1; 0,01
- Die Zahl 2,13 erhält man, wenn man 2 Plättchen unter Einer; 1 Plättchen unter $\frac{1}{10}$ und 3 Plättchen unter $\frac{1}{100}$ legt.
  Wenn man nun ein Plättchen um eine Stelle verschiebt, können es folgenden Zahlen geben: 3,03; 2,22; 2,04; 1,23. Die Unterschiede sind jeweils: −0,9; −0,09; 0,09; 0,9

Forschungsauftrag 3: Brüche mit Plättchen legen
- $\frac{1}{10}$: Ein Plättchen unter $\frac{1}{10}$; (0,1)
  $\frac{3}{10}$: Drei Plättchen unter $\frac{1}{10}$; (0,3)
  $\frac{4}{100}$: Vier Plättchen unter $\frac{1}{100}$; (0,04)
  $\frac{2}{1000}$: 2 Plättchen unter $\frac{1}{1000}$; (0,002)
- $\frac{11}{100}$: Ein Plättchen unter $\frac{1}{10}$ und ein Plättchen unter $\frac{1}{100}$

$\frac{13}{10}$: Ein Plättchen unter Einer und drei Plättchen unter $\frac{1}{10}$.

$\frac{132}{1000}$: Ein Plättchen unter $\frac{1}{10}$; drei Plättchen unter $\frac{1}{100}$ und zwei Plättchen unter $\frac{1}{1000}$

- Hierzu müssen die Brüche so erweitert werden, dass im Nenner ein Zehner-Exponent steht.
  $\frac{1}{50} = \frac{2}{100} = 0{,}02$
  $\frac{1}{20} = \frac{5}{100} = 0{,}05$
  $\frac{1}{4} = \frac{25}{100} = 0{,}25$
  $\frac{1}{2} = \frac{5}{10} = 0{,}5$
- z. B. $\frac{1}{3}$. Man kann den Bruch nicht so wie oben beschrieben erweitern. Da solche Brüche eine unendliche Dezimaldarstellung haben, kann man sie nicht in der Stellenwerttafel darstellen.

Seite 13

5. Brüche auf der Zahlengerade
Ein Spiel – keine Lösungen

6. Umfrage auswerten
- Der Anteil der Kinder, die am Liebsten Nudeln bzw. Pommes essen, ist in der Klasse 6 b (28 %) bzw. 6 a und 6 b (beide 24 %) am größten. (berechne für die Klassen 6 a und 6 c jeweils die Anteile in Prozent, um sie zu vergleichen.)
- individuelle Lösungen
- individuelle Lösungen

1 Teilbarkeit

Seite 15

1
a)

Teilbar durch:	2	4	5	10
244	ja	ja	nein	nein
874	ja	nein	nein	nein
299	nein	nein	nein	nein
788	ja	ja	nein	nein
800	ja	ja	ja	ja
412	ja	ja	nein	nein
650	ja	nein	ja	ja
940	ja	ja	ja	ja
444	ja	ja	nein	nein

b)

Teilbar durch:	2	4	5	10
2426	ja	nein	nein	nein
6788	ja	ja	nein	nein
5490	ja	nein	ja	ja
4122	ja	nein	nein	nein
90 878	ja	nein	nein	nein
86 334	ja	nein	nein	nein
105 111	nein	nein	nein	nein
234 155	nein	nein	ja	nein
288 124	ja	ja	nein	nein
9 985 188	ja	ja	nein	nein

c) individuelle Lösungen
Durch Anwendung von Teilbarkeitsregeln kann man den Rest bestimmen, ohne die ganze schriftliche Division durchführen zu müssen. Es gibt aber nicht solche einfach formulierte Regeln für alle Zahlen.

2 a) 912; 423; 549; 555 sind durch 3 teilbar.
423; 549 ist durch 9 teilbar.
b) 123 456; 978 132; 2 977 128 sind durch 3 teilbar.
Nur 2 977 128 ist durch 9 teilbar.
c) Anhand der Quersumme lässt sich bestimmen, wie groß der Rest ist. Man setzt die Quersummenbildung fort, bis es nur eine Ziffer als Quersumme ist. Man dividiert diese Quersumme durch 3 bzw. 9
Beispiel: 324665 → Quersumme = 8
Der Rest bei der Division durch 3 bzw. 9 ist 2 bzw. 8.

3 Die Quersumme der 10 Ziffern ist 45, die durch 3 und 9 teilbar ist. Diese Quersumme ist unabhängig von der Reihenfolge der Ziffern.

4 a) $1011 = 1000 + 0 + 10 + 1$
$= 1 \cdot 999 + 1 + 0 + 1 \cdot 9 + 1 + 1$
$= 1 \cdot 999 + 1 \cdot 9 + 1 \cdot 9 + 1 \cdot 3$
Alle Summanden sind durch 3 teilbar. 1011 ist also durch 3 teilbar.
(Lösungen zu den restlichen Aufgaben ähnlich)
b) Die Quersumme ist das 3-fache der Ziffer. Die Zahl ist also stets durch 3 teilbar.

Seite 16

5 a) 10 002 b) 100 008 c) 99 996
d) z. B. 1 und 3; 3 und 5 usw.

6 a) 684 b) 423 c) 855
d) 4329 e) 8118 f) 52119

7 a) 1984; 1988; 1992; 1996; 2000; 2004; 2008
b) 104

8 a) z. B. 102; 108; 114; 222; 306
Alle diese Zahlen sind auch durch 6 teilbar.
b) (1) Die Zahl 6 ist selbst durch 3 teilbar. Die Vielfachen von 6 sind dann auch die Vielfachen von 3.
(2) Wie (1)
(3) 2 und 3 sind die Faktoren von 6. Eine Zahl ist durch 6 teilbar, wenn sie von den Faktoren teilbar ist.
c)

Teilbar durch:	2	3	6
311	nein	nein	nein
516	ja	ja	ja
999	nein	ja	nein
5376	ja	ja	ja
20 454	ja	ja	ja
7281	nein	ja	nein
47 288	ja	nein	nein
51 072	ja	ja	ja
711 516	ja	ja	ja

9 a) Wie in der Aufgaben 8, schreibe die Zahlen auf, die durch 3 und durch 5 teilbar sind. Prüfe dann, ob diese Zahlen auch durch 15 teilbar sind.
Formulierung der Regel: Eine Zahl ist durch 15 teilbar, wenn sie durch 3 und durch 5 teilbar ist.
b) Gegenbeispiel: 12 ist durch 2 und durch 4 teilbar, aber durch 8 nicht teilbar.

10 a) 8; 16; 24; 32
1008; 1016; 1024; 1032
2008; 2016; 2024; 2032
Die letzten drei Ziffern sind durch 8 teilbar
b) Wenn die letzten drei Ziffern einer Zahl durch 8 teilbar sind, ist die Zahl auch durch 8 teilbar.
c) z. B. 100 000; 100 008; 100 016

11
- Ein Zahl ist durch 20 teilbar, wenn ihre letzte Stelle 0 und die vorletzte Stelle gerade ist.
- Eine Zahl ist durch 50 teilbar, wenn die letzte Ziffer 0 ist und die vorletzte Ziffer 0 oder 5 ist.
- Eine Zahl ist durch 100 teilbar, wenn die letzten beiden Ziffern 0 sind.
- Eine Zahl ist durch 500 teilbar, wenn die letzten zwei Ziffern 0 sind und die drittletzte Ziffer 0 oder 5 ist.
- Eine Zahl ist durch 1000 teilbar, wenn die letzten drei Ziffern 0 sind.

12 individuelle Lösungen

Seite 17

13 individuelle Lösungen

14 a) 2; 3; 5; 7; 11; 13; 17; 19; 23; 29
b) Eine Zahl, deren letzte Ziffer eine 0 ist, hat z. B. 2, 5, 10 usw. als Teiler. Die Teiler einer Primzahl sind nur die 1 und die Zahl selbst.
c) Ja. 2 ist einzige gerade Primzahl.

15
a) $54 = 2 \cdot 3 \cdot 3 \cdot 3$; $90 = 2 \cdot 3 \cdot 3 \cdot 5$
ggT(54; 90) = 18
b) $26 = 2 \cdot 13$; $117 = 3 \cdot 3 \cdot 13$
ggT(26; 117) = 13
c) $78 = 2 \cdot 3 \cdot 13$; $342 = 2 \cdot 3 \cdot 3 \cdot 19$
ggT(78; 342) = 6
d) $168 = 2 \cdot 2 \cdot 2 \cdot 3 \cdot 7$; $312 = 2 \cdot 2 \cdot 2 \cdot 3 \cdot 13$
ggT(168; 312) = 24
e) $255 = 3 \cdot 5 \cdot 17$; $76 = 2 \cdot 2 \cdot 19$
ggT(255; 76) = 1
f) $180 = 2 \cdot 2 \cdot 3 \cdot 3 \cdot 5$; $99 = 3 \cdot 3 \cdot 11$
ggT(180; 99) = 9
g) $512 = 2 \cdot 2 \cdot 2 \cdot 2 \cdot 2 \cdot 2 \cdot 2 \cdot 2 \cdot 2$
$162 = 2 \cdot 3 \cdot 3 \cdot 3 \cdot 3$
ggT(512; 162) = 2
h) $768 = 2 \cdot 2 \cdot 2 \cdot 2 \cdot 2 \cdot 2 \cdot 2 \cdot 2 \cdot 3$
$486 = 2 \cdot 3 \cdot 3 \cdot 3 \cdot 3 \cdot 3$
ggT(768; 486) = 6

16 a) $182 = 2 \cdot 7 \cdot 13$; $165 = 3 \cdot 5 \cdot 11$
ggT(182; 165) = 1. Die Zahlen 182 und 165 sind teilerfremd.
b) z. B. $539 = 7 \cdot 7 \cdot 11$ oder $847 = 7 \cdot 11 \cdot 11$ oder 101

2 Brüche und Anteile

Seite 19

1 a) Etwa 60 Liter (genauer: etwas weniger als 60 Liter)
b) Etwa 10 Liter
c) Etwa 50 Liter (genauer: etwas weniger als 50 Liter)

Seite 20

2 a) Insgesamt sind es 9 Kästchen. 5 Kästchen sind gefärbt. Der Anteil ist somit $\frac{5}{9}$.
b) Insgesamt sind es 16 Kästchen. 4 ganze Kästchen und 6 halbe Kästchen sind gefärbt. Von den 16 Kästchen sind also $4 + \frac{6}{2} = 4 + 3 = 7$ Kästchen gefärbt. Der Anteil der gefärbten Kästchen beträgt deshalb $\frac{7}{16}$.

c) Von den 12 Kästchen sind 3 Kästchen gefärbt. Der Anteil der gefärbten Kästchen ist also $\frac{3}{12} = \frac{1}{4}$.

3 a) Gefärbt: $\frac{3}{8}$. Nicht gefärbt: $\frac{5}{8}$.
b) Gefärbt: $\frac{2}{8}$ (oder $\frac{1}{4}$). Nicht gefärbt: $\frac{6}{8}$ (oder $\frac{3}{4}$).
c) Gefärbt: $\frac{1}{8}$. Nicht gefärbt: $\frac{7}{8}$.

4 individuelle Lösungen

5

a) Schokoriegel

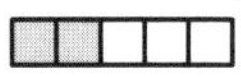

b) Pizza

c) Kegel

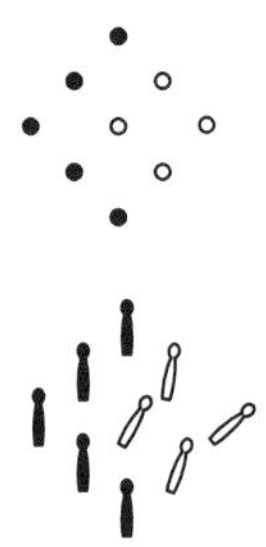

d) Wochentage

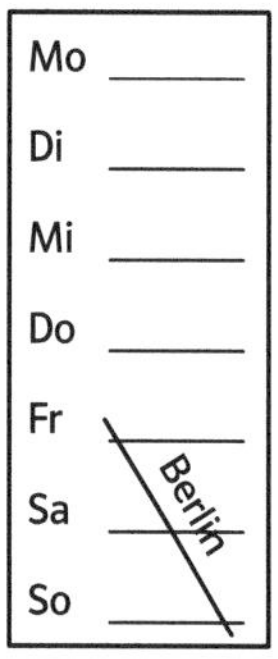

e)

	Montag	Dienstag
1.	Bio	Deutsch
2.	Englisch	Französisch
3.	Kunst	Chemie
4.	Kunst	Geschichte
Mittag		
5.	Mathe	Musik
6.	Deutsch	Musik
7.	Sport	–
8.	Sport	–

6
a) 500 m, 75 ct
b) 25 cm, 750 m
c) 2 mm, 300 g
d) 15 min, 45 min
e) 20 min, 800 m

7
a) 5 cm, 5 min
b) 30 g, 18 s
c) 20 ct, 300 kg
d) 125 m, 7 s
e) 1 min, 99 cm

8
a) 2 kg, 6 Äpfel
b) 40 m, 2 € 50 ct
c) 1 mm, 35 Eier
d) 40 Personen, 240 m

9 a) 60 Kinder b) 40 Kinder
c) 8 Kinder d) 80 Kinder

10
a) $50\,dm^2$, $500\,dm^3$, $50\,m^2$
b) $20\,dm^2$, $300\,cm^3$, $10\,m^2$
c) $20\,mm^2$, $750\,dm^3$, 50 a
d) $25\,cm^2$, $250\,dm^3$, 10 a
e) $10\,mm^2$, $200\,cm^3$, 20 a

11
a) $\frac{1}{2}$ m b) $\frac{1}{2}$ km c) $\frac{3}{4}$ kg d) $\frac{2}{5}$ g
e) $\frac{1}{2}$ h f) $\frac{3}{4}$ h g) $\frac{1}{2}$ € h) $\frac{9}{10}$ h
i) $\frac{1}{2}\,m^2$ j) $\frac{1}{10}$ l

Seite 21

12 Sprungweite eines Löwen: 4 m.
Sprungweite eines Fuchses: 2 m 50 cm (oder 25 dm).
Sprungweite eines Flohs: 50 cm (oder 5 dm).

13 a) $\frac{1}{6}$
b) 8 Stücke entsprechen $\frac{8}{24} = \frac{1}{3}$
10 Stücke entsprechen $\frac{10}{24} = \frac{5}{12}$
16 Stücke entsprechen $\frac{16}{24} = \frac{2}{3}$
20 Stücke entsprechen $\frac{20}{24} = \frac{5}{6}$

14 Nina bezahlt $\frac{2}{12}$ des Einsatzes. Die Mutter bezahlt $\frac{10}{12}$ des Einsatzes.
Deshalb sollte Nina $\frac{2}{12}$ des Gewinnes, also $\frac{2}{12} \cdot 300\,€ = 50\,€$, erhalten und die Mutter 250 €.

15 Strecken: $\frac{1}{10}$ cm, $\frac{1}{5}$ cm, $\frac{3}{4}$ cm, $\frac{1}{4}$ m, $\frac{1}{2}$ km, $\frac{3}{4}$ km, $\frac{4}{5}$ km
Gewichte: $\frac{1}{2}$ g, $\frac{3}{10}$ kg, $\frac{3}{10}$ t
Zeiten: $\frac{1}{6}$ h, $\frac{1}{4}$ h, $\frac{1}{3}\,h = \frac{2}{6}$ h, $\frac{3}{4}$ h
Die Zeiten und Strecken könnte man auch von lang nach kurz sortieren. Genauso könnte man die Gewichte auch von schwer nach leicht sortieren.

16 a) 40 Kinder sind blond. 40 Kinder haben blaue Augen. Von den 80 Kindern sind 48 Mädchen.
b) individuelle Lösung (Es können nur Brüche gebildet werden, deren Nenner Teiler von 80 ist, damit das Ergebnis sinnvoll ist.)

17 Flächeninhalt des Parallelogramms: $400\,m^2$.
Flächeninhalt des Dreiecks: $40\,m^2$.
Anteil: $\frac{1}{10}$.

Seite 22

18 Individuelle Lösung. Kontrollmöglichkeit:
Die Zahl der gefärbten Kästchen beträgt beim Ganzen
Oben links: 4; oben rechts: 18; unten links: 24.
Unten rechts beträgt die Länge des Ganzen 7 Kästchenlängen.

19 Gesamte Einnahmen des letzten halben Jahres: 111 €. Er hat 74 € gespart.

20 Verhältnis der Kinder, die zu Fuß gehen, zu denen, die mit dem Fahrrad zur Schule kommen
= 4 : 3
Anteil der Kinder, die zu Fuß zur Schule kommen
$= \frac{4}{7}$
Anteil der Kinder, die mit dem Fahrrad zur Schule kommen $= \frac{3}{7}$

21 a) Der Anteil der Mädchen in der Klasse 6c beträgt $\frac{3}{5}$. Wenn die Klasse 6c aus 25 Schülern bestünde, dann wären 15 Mädchen in der 6c.
b) Individuelle Lösung.

22 a) Bananensaft: $\frac{1}{10}$; Apfelsaft: $\frac{4}{10} = \frac{2}{5}$;
Traubensaft: $\frac{1}{10}$; Waldmeistersirup: $\frac{2}{10} = \frac{1}{5}$;
Sprudelwasser: $\frac{2}{10} = \frac{1}{5}$
b) Bananensaft: $\frac{2}{10}$ l = 200 ml;
Apfelsaft: $\frac{8}{10}$ l = 800 ml;
Traubensaft: $\frac{2}{10}$ l = 200 ml;
Waldmeistersirup: $\frac{4}{10}$ l = 400 ml;
Sprudelwasser: $\frac{4}{10}$ l = 400 ml
c) Für 6 Personen benötigt man 3 l Fruchtcocktail. Bananensaft 300 ml; Apfelsaft 1200 ml; Traubensaft 300 ml; Waldmeistersirup 600 ml; Sprudelwasser 600 ml.

23 a) −3 b) −42 c) 110
d) 5 e) −6 f) 3

24 a) −9 b) −4 c) −5
d) 40 e) 7

3 Kürzen und erweitern

Seite 24

1
a) $\frac{16}{24}$; $\frac{8}{12}$; $\frac{4}{6}$; $\frac{2}{3}$ b) $\frac{12}{16}$; $\frac{6}{8}$; $\frac{3}{4}$ c) $\frac{3}{15}$; $\frac{1}{5}$

2 a) (1) und (4): $\frac{3}{4}$; (2), (7), (3) und (9): $\frac{1}{3}$;
(5), (6) und (8): $\frac{3}{5}$
b) individuelle Lösungen

Seite 25

3
a) $\frac{10}{15}$, $\frac{6}{72}$ b) $\frac{3}{6}$, $\frac{35}{49}$ c) $\frac{10}{8}$, $\frac{64}{64}$
d) $\frac{30}{100}$, $\frac{15}{60}$ e) $\frac{33}{22}$, $\frac{100}{125}$ f) $\frac{3}{39}$, $\frac{56}{63}$

4
a) $\frac{3}{5}$, $\frac{3}{10}$ b) $\frac{4}{5}$, $\frac{2}{4}$ c) $\frac{1}{3}$, $\frac{2}{3}$
d) $\frac{3}{6}$, $\frac{4}{6}$ e) $\frac{2}{3}$, $\frac{3}{7}$ f) $\frac{2}{10}$, $\frac{1}{2}$

5 a) Mit 3; mit 10; mit 9; mit 12
b) Mit 5; mit 7; mit 25; mit 13

6 a) $\frac{4}{12} = \frac{1}{3}$; Ja b) $\frac{30}{48} = \frac{5}{8}$; $\frac{10}{16} = \frac{5}{8}$; Ja
c) $\frac{12}{16} = \frac{3}{4}$; $\frac{9}{12} = \frac{3}{4}$; Ja d) $\frac{10}{15} = \frac{2}{3}$; $\frac{6}{9} = \frac{2}{3}$; Ja
e) $\frac{18}{24} = \frac{3}{4}$; $\frac{15}{20} = \frac{3}{4}$; Ja f) $\frac{36}{60} = \frac{18}{30}$; Nein

7 a) $\frac{1}{2}$; $\frac{2}{3}$; $\frac{3}{4}$; $\frac{1}{4}$; $\frac{5}{6}$; $\frac{2}{3}$ b) $\frac{5}{6}$; $\frac{8}{9}$; $\frac{1}{5}$; $\frac{6}{7}$; $\frac{3}{4}$; $\frac{3}{5}$
c) $\frac{2}{3}$; $\frac{5}{6}$; $\frac{1}{5}$; $\frac{4}{5}$; $\frac{1}{8}$; $\frac{2}{3}$

8 a) $\frac{1}{3}$ b) $\frac{1}{3}$ c) $\frac{1}{4}$

9 Die in der Aufgabe fehlende Zahl ist:
a) 6, 4 b) 5, 18 c) 60, 88
d) 27, 56 e) 72, 130 f) 12, 143

Marginalie: Lösungswort zu Aufgabe 9. Es ergibt sich folgende Buchstabenanordnung:
a) S, C b) H, L c) I, T
d) T, S e) C, H f) U, H
Lösungswort: SCHLITTSCHUH

10 Die in der Aufgabe fehlende Zahl ist:
a) 3 b) 2 c) 3

11 a) $\frac{1}{2} \overset{\cdot 2}{=} \frac{2}{4} \overset{\cdot 5}{=} \frac{10}{20} \overset{\cdot 5}{=} \frac{50}{100}$; $\frac{3}{4} \overset{\cdot 2}{=} \frac{6}{8} \overset{\cdot 3}{=} \frac{18}{24} \overset{\cdot 5}{=} \frac{90}{120}$;
$\frac{2}{3} \overset{\cdot 3}{=} \frac{6}{9} \overset{\cdot 11}{=} \frac{66}{99}$
b) $\frac{5}{7} \overset{\cdot 9}{=} \frac{45}{63}$; $\frac{7}{8} \overset{\cdot 64}{=} \frac{448}{512}$; $\frac{1}{3} \overset{\cdot 71}{=} \frac{71}{213}$

Seite 26

12 a) Anteil der Nieten: $\frac{9}{10}$.
b) Anteil der Fahrgäste ohne Fahrausweis: $\frac{1}{24}$.
c) Anteil der Autos, die zu schnell fuhren: $\frac{2}{5}$.

13 $\frac{3}{5} = \frac{9}{15} = \frac{54}{90}$; $\frac{2}{3} = \frac{30}{45}$; $\frac{1}{3} = \frac{4}{12} = \frac{63}{189}$; $\frac{7}{12} = \frac{35}{60}$

14 a) $\frac{2}{1000} = \frac{1}{500}$ b) $\frac{24}{1000} = \frac{3}{125}$
c) $\frac{10}{60} = \frac{1}{6}$ d) $\frac{15}{60} = \frac{1}{4}$
e) $\frac{25}{100} = \frac{1}{4}$ f) $\frac{625}{1000} = \frac{5}{8}$
g) $\frac{18}{24} = \frac{3}{4}$ h) $\frac{36}{60} = \frac{3}{5}$
i) $\frac{20}{1000} = \frac{1}{50}$ j) $\frac{55}{10\,000} = \frac{11}{2000}$
k) $\frac{270}{10\,000} = \frac{27}{1000}$ l) $\frac{12\,500}{100\,000} = \frac{1}{8}$

15 a) $\frac{4}{5} = \frac{16}{20}$; $\frac{1}{4} = \frac{5}{20}$; $\frac{18}{60} = \frac{6}{20}$; $\frac{18}{24} = \frac{3}{4} = \frac{15}{20}$.
b) individuelle Lösungen, z. B.: $\frac{5}{100} = \frac{1}{20}$; $\frac{3}{2} = \frac{30}{20}$; $\frac{7}{4} = \frac{35}{20}$.
c) individuelle Lösungen, z. B. $\frac{1}{20}$; $\frac{3}{20}$; $\frac{7}{20}$; $\frac{9}{20}$; $\frac{11}{20}$; $\frac{13}{20}$.

16 a) individuelle Lösungen, z. B.:
$\frac{3}{4} = \frac{75}{100}$; $\frac{7}{2} = \frac{350}{100}$; $\frac{6}{10} = \frac{60}{100}$; $\frac{2}{5} = \frac{40}{100}$; $\frac{17}{25} = \frac{68}{100}$.
b) Den Brüchen kann man ansehen, ob sie sich mit 100 im Nenner schreiben lassen. Hundert lässt sich durch 1, 2, 4, 5, 10, 25 und 50 teilen. Der Nenner muss daher eine dieser Zahlen sein, damit sich der Bruch auf 100 erweitern lässt.

17 a) 1; 2 b) 1; 2; 3; 6
c) 1; 5 d) 1; 2; 3; 6; 9; 18
e) 1; 2; 5; 10 f) 1; 2; 3; 4; 6; 8; 12; 24

18 individuelle Lösungen, z. B.: Jeder Bruch kann erweitert werden, indem man den Zähler und den Nenner mit der gleichen Zahl multipliziert.
$\frac{1}{3}$ kann man z. B. mit 4 erweitern und erhält dann $\frac{4}{12}$. Anschließend könnte man mit 7 erweitern und erhält $\frac{28}{84}$. So kann man dann beliebig oft fortfahren und erhält immer größere Zahlen.
Beim Kürzen jedoch müssen sich der Nenner und der Zähler durch die gleiche Zahl teilen lassen. Irgendwann sind dann Zähler und Nenner so weit gekürzt, dass sie als gemeinsamen Teiler nur noch die 1 haben. Dann ist weiteres Kürzen nicht mehr möglich. $\frac{80}{120}$ kann man z. B. mit 5 kürzen und man erhält dann $\frac{16}{24}$. $\frac{16}{24}$ kann man mit 8 kürzen. Das Ergebnis ist $\frac{1}{3}$. $\frac{1}{3}$ kann nicht mehr weiter gekürzt werden, denn Zähler und Nenner haben als gemeinsamen Teiler nur noch die 1.

19 Die Brüche b), c), d), f), i) lassen sich so kürzen, dass im Zähler 1 steht. Bei diesen Brüchen sind die Nenner jeweils durch den Zähler teilbar. Das kann durch die Teilbarkeitsregeln schnell festgestellt werden.

20 a) $\frac{47}{48}$ b) $\frac{3}{7}$ c) $\frac{12}{23}$ d) $\frac{149}{153}$
e) $\frac{7}{13}$ f) $\frac{15}{17}$ g) $\frac{3}{94}$ h) $\frac{5}{7}$
i) $\frac{4}{5}$

21 a) $\frac{56}{110} = \frac{2 \cdot 2 \cdot 2 \cdot 7}{2 \cdot 5 \cdot 11} = \frac{28}{55}$
b) $\frac{420}{500} = \frac{2 \cdot 2 \cdot 3 \cdot 5 \cdot 7}{2 \cdot 2 \cdot 5 \cdot 5 \cdot 5} = \frac{21}{25}$
c) $\frac{252}{360} = \frac{2 \cdot 2 \cdot 3 \cdot 3 \cdot 7}{2 \cdot 2 \cdot 2 \cdot 3 \cdot 3 \cdot 5} = \frac{7}{10}$
d) $\frac{132}{156} = \frac{2 \cdot 2 \cdot 3 \cdot 11}{2 \cdot 2 \cdot 3 \cdot 13} = \frac{11}{13}$
e) $\frac{2520}{7560} = \frac{2 \cdot 2 \cdot 2 \cdot 3 \cdot 3 \cdot 5 \cdot 7}{2 \cdot 2 \cdot 2 \cdot 3 \cdot 3 \cdot 3 \cdot 5 \cdot 7} = \frac{1}{3}$

22 a) Wahr. Man kann mit 2 kürzen.
b) Falsch. Gegenbeispiel: $\frac{3}{5}$.
c) Falsch. Gegenbeispiel: $\frac{2}{19}$.

4 Brüche auf der Zahlengeraden

Seite 29

1

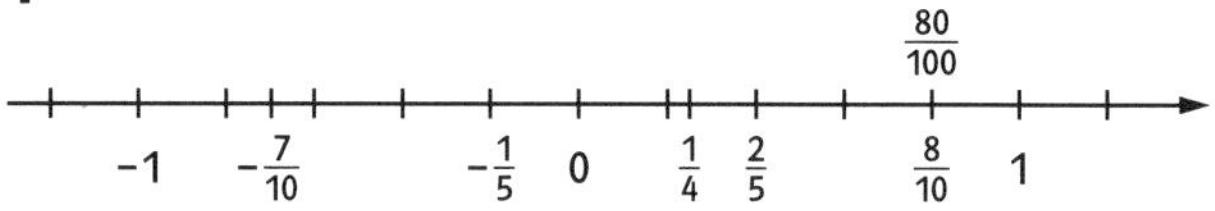

2 a) T: $\frac{1}{2}$; R: $\frac{2}{3}$; S: $\frac{5}{6}$
b) P: $\frac{1}{4}$; Q: $-\frac{1}{8}$; R: $\frac{3}{8}$
c) P: −1; Q: $-\frac{4}{5}$; R: $-\frac{9}{5}$; S: $-\frac{6}{5}$.

3

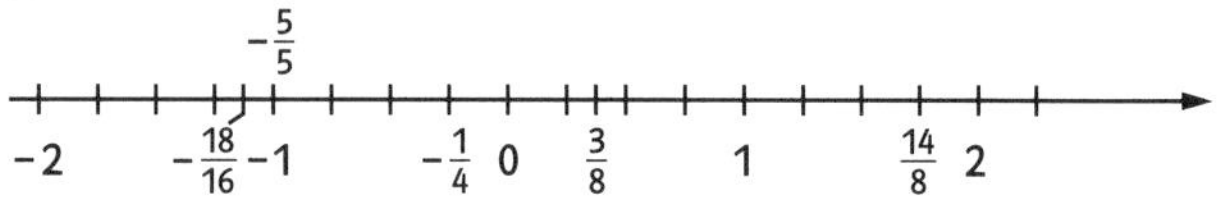

4 a) $1\frac{1}{3}$ b) $2\frac{1}{4}$ c) $3\frac{1}{11}$ d) $9\frac{1}{2}$
e) $-1\frac{3}{5}$ f) $-8\frac{1}{10}$ g) $-13\frac{1}{7}$ h) $21\frac{1}{11}$

5 a) $\frac{3}{2}$ b) $\frac{11}{4}$ c) $\frac{29}{8}$ d) $\frac{38}{5}$
e) $\frac{41}{7}$ f) $-\frac{9}{4}$ g) $-\frac{38}{7}$ h) $-\frac{157}{9}$

6 a) 1. Würfel zeigt eine 1: $\frac{1}{1}$; $\frac{1}{2}$; $\frac{1}{3}$; $\frac{1}{4}$; $\frac{1}{5}$; $\frac{1}{6}$
1. Würfel zeigt eine 2: $\frac{2}{1}$; $\frac{2}{2}$; $\frac{2}{3}$; $\frac{2}{4}$; $\frac{2}{5}$; $\frac{2}{6}$
1. Würfel zeigt eine 3: $\frac{3}{1}$; $\frac{3}{2}$; $\frac{3}{3}$; $\frac{3}{4}$; $\frac{3}{5}$; $\frac{3}{6}$
1. Würfel zeigt eine 4: $\frac{4}{1}$; $\frac{4}{2}$; $\frac{4}{3}$; $\frac{4}{4}$; $\frac{4}{5}$; $\frac{4}{6}$
1. Würfel zeigt eine 5: $\frac{5}{1}$; $\frac{5}{2}$; $\frac{5}{3}$; $\frac{5}{4}$; $\frac{5}{5}$; $\frac{5}{6}$
1. Würfel zeigt eine 6: $\frac{6}{1}$; $\frac{6}{2}$; $\frac{6}{3}$; $\frac{6}{4}$; $\frac{6}{5}$; $\frac{6}{6}$
b) 1; 2; 3; 4; 5; 6
$\frac{1}{2}$; $\frac{1}{3}$; $\frac{1}{4}$; $\frac{1}{5}$; $\frac{1}{6}$
$\frac{2}{3}$; $\frac{3}{4}$; $\frac{2}{5}$; $\frac{3}{5}$; $\frac{4}{5}$; $\frac{5}{6}$
$1\frac{1}{2}$; $2\frac{1}{2}$; $1\frac{1}{3}$; $1\frac{2}{3}$; $1\frac{1}{4}$; $1\frac{1}{5}$
Es gibt 23 verschiedene Bruchzahlen.
c) individuelle Lösungen

7 a) $\frac{4}{3}$ b) $-\frac{5}{4}$ c) $-\frac{8}{9}$
d) $\frac{3}{4}$ e) $\frac{1}{13}$ f) $\frac{3}{2}$

8 individuelle Lösungen, z. B.
a) 3 : 4; (−3) : (−4); 6 : 8
b) (−3) : 4; 3 : (−4); (−6) : 8
c) 1 : 12; 2 : 24; 10 : 120.

9 a) dieselbe rationale Zahl
b) dieselbe rationale Zahl
c) nicht dieselbe rationale Zahl
d) dieselbe rationale Zahl
e) nicht dieselbe rationale Zahl
f) dieselbe rationale Zahl

Seite 30

10 $\frac{4}{3}$ und $1\frac{1}{3}$; $\frac{15}{2}$ und $7\frac{1}{2}$; $\frac{-3}{11}$ und $-\frac{30}{110}$; $\frac{31}{10}$ und $3\frac{1}{10}$; $\frac{-96}{9}$ und $-10\frac{6}{9}$; $-\frac{10}{11}$ und $-\frac{30}{33}$; $\frac{7}{-6} = -1\frac{1}{6}$
$\frac{2}{3}$ und $\frac{-22}{-33}$; **Fehler! Es ist nicht möglich, durch die Bearbeitung von Feldfunktionen Objekte zu erstellen.** und **Fehler! Es ist nicht möglich, durch die Bearbeitung von Feldfunktionen Objekte zu erstellen.**; $\frac{-5}{4}$ und $-\frac{10}{8}$ beschreiben jeweils dieselbe rationale Zahl auf der Zahlengerade.

11 individuelle Lösungen

12 a) Länge der Einheitsstrecke, z. B. 10 cm.

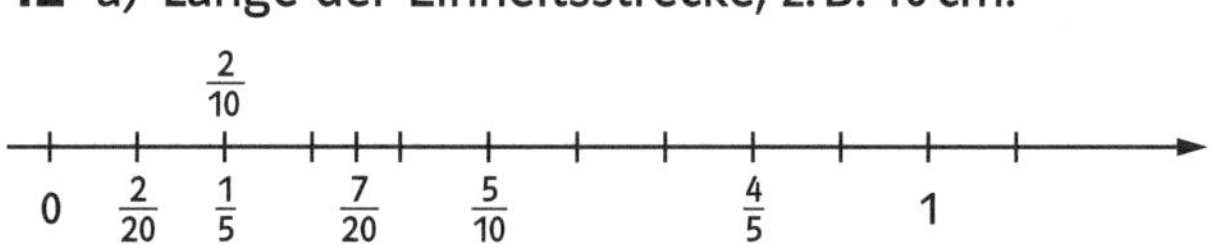

b) Länge der Einheitsstrecke, z. B. 8 cm.

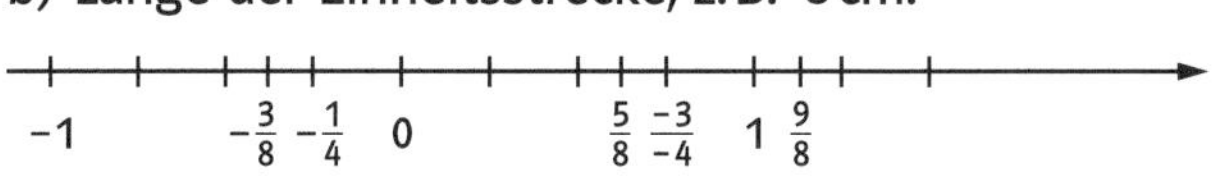

c) Länge der Einheitsstrecke, z. B. 6 cm.

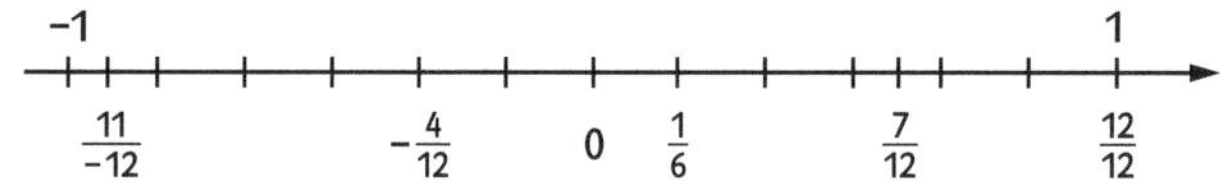

13 Die Zahl im Kästchen ist
a) −10 b) −8 c) (−3) d) −75 e) 44

14 individuelle Lösung, z. B.
a) Kästchen: 3; Dreieck: 9
b) Kästchen: 9; Dreieck: −3
c) Kästchen: −3; Dreieck: 1
d) Kästchen: 12; Dreieck: −9
e) individuelle Lösung, z. B. $-\left(-\left(\frac{-1}{-2}\right)\right) = \frac{1}{2}$

15 a) 45 min b) 72 min c) 182 min d) 36 h
e) 138 h f) 6375 m g) 132 h h) 580 min

16 a)

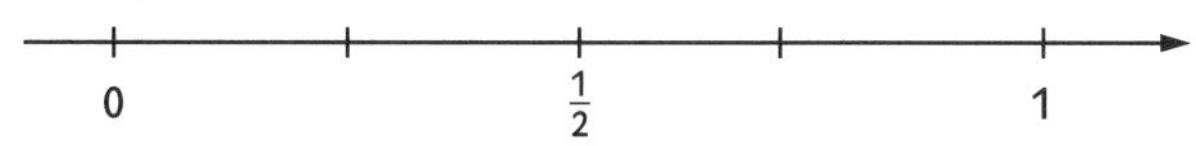

b) z. B. $\frac{1}{3}$; $\frac{1}{4}$; $\frac{1}{5}$; $\frac{1}{6}$ c) z. B. $\frac{2}{5}$; $\frac{5}{12}$; $\frac{11}{24}$; $\frac{23}{48}$
d) individuelle Lösungen. Das Verfahren lässt sich beliebig oft fortsetzen.

17 Dachgeschoss: $\frac{12}{9}$ 4. Stock: $\frac{9}{12}$
3. Stock: $\frac{5}{5}$ 2. Stock: $\frac{1}{1}$
1. Stock: $\frac{2}{8}$

5 Dezimalschreibweisen

Seite 32

1 a) $\frac{5}{10} = 0{,}5$; $\frac{9}{10} = 0{,}9$; $\frac{11}{10} = 1{,}1$; $\frac{15}{10} = 1{,}5$; $\frac{19}{10} = 1{,}9$
b) $-\frac{14}{10} = -1{,}4$; $-\frac{11}{10} = -1{,}1$; $-\frac{8}{10} = -0{,}8$; $-\frac{5}{10} = -0{,}5$; $-\frac{1}{10} = -0{,}1$

2

a) $\frac{3}{10}$	b) $-\frac{27}{100}$	c) $\frac{9}{10}$
$-\frac{6}{100}$	$\frac{84}{100}$	$\frac{11}{100}$
$\frac{8}{10}$	$-\frac{6}{1000}$	$\frac{12}{1000}$
$-\frac{14}{10}$	$\frac{38}{10}$	$-\frac{29}{10}$
d) $-\frac{4}{10}$	e) $\frac{67}{100}$	f) $-\frac{1}{10}$
$\frac{6}{10}$	$-\frac{108}{1000}$	$\frac{1}{100}$
$-\frac{404}{1000}$	$\frac{999}{1000}$	$-\frac{1001}{1000}$
$\frac{425}{100}$	$-\frac{108}{10}$	$\frac{101}{10}$

3

a) 0,5; −0,1; 1,25
b) −0,2; 1,25; −0,75
c) 0,25; −0,006; 2,2
d) −0,6; 0,035; −0,25
e) 0,7; −0,125; 0,5
f) −0,12; 0,8; −0,8

4

a) A: $-\frac{1}{5} = -0{,}2$; B: $-\frac{4}{5} = -0{,}8$;
C: $-\frac{6}{5} = -1{,}2$; D: $-\frac{9}{5} = -1{,}8$.

b) A: $\frac{1}{100} = 0{,}01$; B: $\frac{2}{100} = 0{,}02$;
C: $\frac{5}{100} = 0{,}05$; D: $\frac{9}{100} = 0{,}09$.

Seite 33

5 a)

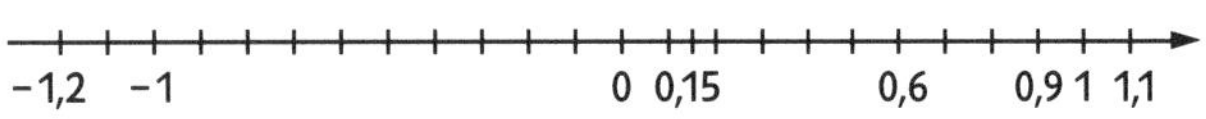

b)

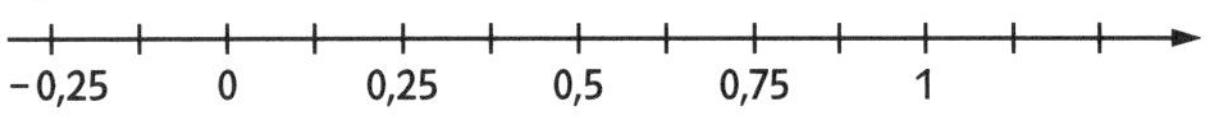

c)

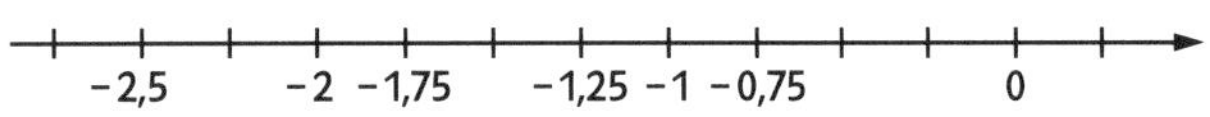

6 Erste Zeile: 0,3 und 1,3
Zweite Zeile: 88,9 und 90,1
Dritte Zeile: −1,0 und 0,2
Vierte Zeile: −0,2 und 0,2

7 Schlagball → 0,08 kg; Tennisball → 0,058 kg; Kugel (beim Kugelstoßen) → 7,257 kg; Tischtennisball → 0,0027 kg

8 Zum Notieren der Dezimalzahlen in einer Stellenwerttafel: siehe das Beispiel auf der Buchseite 31.

a) $\frac{6}{5}$ b) $\frac{103}{50}$ c) $\frac{1}{250}$
d) $\frac{327}{500}$ e) $\frac{161}{200}$ f) $\frac{2001}{2000}$
g) $\frac{11}{2}$ h) $\frac{163}{200}$ i) $\frac{9001}{10}$
j) $\frac{3501}{200}$ k) $\frac{609}{200}$ l) $\frac{161}{8}$

9 a) 0,9 b) 0,7 c) 0,3
d) 0,95 e) 0,005 f) 0,36
g) 0,25 h) 0,6875 i) 15,3

10 a) 0,001 s oder $\frac{1}{1000}$ s
b) 0,000 001 m oder $\frac{1}{1\,000\,000}$ m
c) 0,001 Liter oder $\frac{1}{1000}$ Liter
d) 1 000 000 000 Bytes

6 Abbrechende und periodische Dezimalzahlen

Seite 35

1 a) 0,5 b) $0,\overline{6}$ c) 0,8 d) 0,12
e) $0,1\overline{6}$ f) $0,\overline{90}$ g) $0,208\overline{3}$ h) 1,72
i) $1,\overline{5}$ j) 0,6 k) $0,2\overline{3}$ l) 0,4375

2 a) $-0,\overline{2}$ b) $-0,\overline{5}$ c) $-0,\overline{428571}$
d) $11,\overline{2}$ e) $-0,0\overline{6}$ f) $2,0\overline{6}$
g) $3,\overline{09}$ h) $-20,\overline{142857}$ i) $-2,\overline{18}$
j) $0,1\overline{2}$
k) Die Aufgaben d) und f) lassen sich direkt mithilfe der Ergebnisse von a) und e) lösen. (Es können sogar b), h), i) und auch j) mithilfe der bereits bekannten Ergebnisse gelöst werden.)

3 Der Taschenrechner kann nur eine endliche Anzahl von Stellen darstellen. Die letzte Stelle wurde aufgerundet. Das Ergebnis durch die schriftliche Division ist: $0,1\overline{6}$.

4 $\frac{17}{250} = 0{,}068$; $2{,}25 = \frac{27}{12}$; $0{,}4 = \frac{14}{35}$; $0{,}08 = \frac{2}{25}$

Seite 36

5 Svens Ergebnis $0,77\overline{27}$ ist richtig.

6 a) Vermutung: $0,\overline{4} = \frac{4}{9}$; $0,\overline{5} = \frac{5}{9}$; $0,\overline{7} = \frac{7}{9}$
Eine Rechnung bestätigt die Vermutung.
b) $\frac{1}{99} = 0,\overline{01}$; $\frac{2}{99} = 0,\overline{02}$; $\frac{3}{99} = 0,\overline{03}$
Vermutung: $0,\overline{13} = \frac{13}{99}$; $0,\overline{20} = \frac{20}{99}$; $0,\overline{65} = \frac{65}{99}$
Eine Rechnung bestätigt die Vermutung.

7 a) $0,\overline{36}$
b) $\frac{2}{11} = 0,\overline{18}$; $\frac{7}{11} = 0,\overline{63}$; $\frac{10}{11} = 0,\overline{90}$

8 a) Kevins Behauptung stimmt nicht. Gegenbeispiele sind z. B.
$\frac{1}{5}$ – eine abbrechende Dezimalzahl
$\frac{1}{18}$ – eine periodische Dezimalzahl
b) individuelle Lösungen. In der Tat ergibt jede Bruchzahl, deren Nenner sich auf eine Zehnerpotenz erweitern lässt, in der Darstellung eine abbrechende Dezimalzahl.
c) Maries Antwort: Nach dem Kürzen bleibt im Nenner nur noch 5 und damit kann diese Bruchzahl auf eine Zehnerpotenz erweitert werden.

9 a) $\frac{3}{25} = 0{,}12$ b) $\frac{1}{3} = 0,\overline{3}$ c) $\frac{26}{225} = 0,11\overline{5}$
d) $\frac{1}{25} = 0{,}04$ e) $4\frac{1}{2} = 4{,}5$ f) $\frac{17}{50} = 0{,}34$
g) $\frac{41}{160} = 0{,}25625$ h) individuelle Lösungen

7 Prozente

Seite 38

1 a) 94 % b) 8 % c) 12 %
d) Individuelle Lösung.

2 a) 19 % b) 87 % c) 40 %
d) 25 % e) 50 %

3 a) $\frac{1}{20} = 5\,\%$ b) $\frac{1}{4} = 25\,\%$
c) $\frac{4}{5} = 80\,\%$ d) $\frac{1}{10} = 10\,\%$

Seite 39

4

a) $\frac{1}{50}$	b) $\frac{3}{50}$	c) $\frac{1}{10}$
$\frac{1}{5}$	$\frac{3}{100}$	$\frac{2}{5}$
$\frac{1}{4}$	$\frac{3}{4}$	$\frac{9}{10}$
d) $\frac{1}{20}$	e) $\frac{1}{2}$	f) $\frac{2}{25}$
$\frac{4}{5}$	$\frac{3}{25}$	$\frac{3}{5}$
$\frac{19}{20}$	$\frac{3}{10}$	$\frac{33}{100}$

5

a) 50 %	b) 20 %	c) 60 %
30 %	40 %	20 %
d) 25 %	e) $66{,}\overline{6}\,\%$	f) $54{,}\overline{54}\,\%$
30 %	$83{,}\overline{3}\,\%$	$46{,}\overline{153846}\,\%$

6

a) 500 g	b) 16 €	c) 12 500 Menschen
2400 €	2 Dollar	6 ct
300 m	900 g	20 ct

7 a) $\frac{99}{100} = 99\,\%$; b) $\frac{23}{100} = 23\,\%$
c) $\frac{6}{10} = 60\,\%$; d) $\frac{189}{100} = 189\,\%$
e $\frac{9812}{10\,000} = 98{,}12\,\%$ f) $\frac{44}{10\,000} = 0{,}44\,\%$
g) $\frac{1}{10\,000} = 0{,}01\,\%$ h) 1000 %

8 am Sonntag: 18 %; am Montag: 19 %

9 In den Tabellen sind die Anteile in Prozent angegeben.
Von 50 Ferientagen waren

langweilig	gelungen	durchwachsen
60 %	30 %	10 %

Von 200 Schultagen waren

langweilig	gelungen	durchwachsen
40 %	35 %	25 %

Aus den Tabellen ergibt sich, dass die Schüler der 6a die Schule besser finden.

10 a) $\frac{1}{4} = 25\,\%$ passt nicht zu den anderen.
b) 30 % und 10 von 90 = 11, passen nicht zu den anderen
c) 25 % passt nicht zu den anderen.
d) Alle angegebenen Anteile passen zu einander.

Seite 40

11 Preiserhöhung für Kinder in Prozent = 30 %
Preiserhöhung für Erwachsene in Prozent = 30 %
Absolute Erhöhung bei Kindern 1,50 €, bei Erwachsenen 2,40 €. Somit hätte Meike Recht. Prozentuale Erhöhung bei beiden 30 %. Somit hätte Tim Recht.

12 a) 15 450 € b) 38 €

13 Aufschlag = 1,60 €; Die Karte kostet damit nun 9,60 €

14

Fichte	Kiefer	Buche	Eiche	Sonstige
40 %	20 %	25 %	10 %	5 %

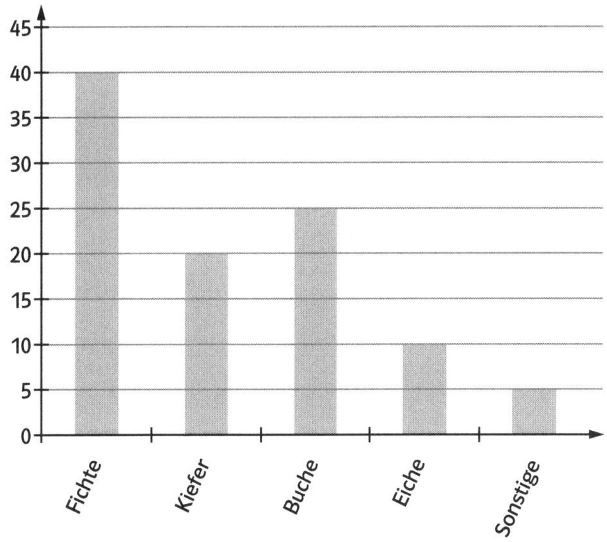

15 Aus Köln kamen 5175 Zuschauer. Mit dem Auto kamen 4347 Zuschauer.

Seite 41

16 individuelle Lösungen

17 a) individuelle Lösungen. Die Angaben werden üblicherweise so angegeben, dass ein Vergleich einfacher ist.
b) 75 % Äpfel; 25 % Spinat; 50 % Milch
Zeitangabe über die Zeit beim WM: 47,43 Sekunden
Ergebnis der Landtagswahlen 2005 in NRW:

CDU	45 %	SPD	37 %
Grüne	6 %	FDP	6 %
Sonstige	5 %		

18

	Eindeutigkeit
$\frac{3}{12} = 0{,}25$	ja
$\frac{1}{9} = 0{,}\overline{1}$	nein
$\frac{0{,}48}{12} = 4\,\%$	ja
$\frac{20}{9} = 222{,}\overline{2}$	nein
$\frac{4}{90} = 4{,}\overline{4}$	nein
$\frac{1}{2} = \frac{5}{10}$	nein
$18\,\% = \frac{18}{100}$	nein
$0{,}\overline{6} = \frac{2}{3}$	nein
$\frac{32}{12} = \frac{16}{6};\ \frac{32}{96} = \frac{2}{6}$	nein
$123\,\% = \frac{123}{100}$	nein
$0{,}001\,\% = \frac{7}{7000}$	ja

19

$0{,}1\overline{4};\ \frac{13}{90}$

$1\frac{25}{99};\ 1{,}\overline{25};\ \frac{124}{99};\ 125{,}25\,\%$

$1\frac{1}{4};\ 125\,\%;\ 1{,}25$

$0{,}\overline{36};\ \frac{4}{11}$

$14{,}4\,\%$

$\frac{9}{250};\ 0{,}036;\ 3{,}6\,\%$

$36{,}\overline{6}\,\%;\ 0{,}36\overline{6}$

$0{,}36;\ \frac{9}{25}$

$1\frac{2}{99};\ 1{,}\overline{02};\ 102{,}\overline{02}\,\%;\ \frac{101}{99}$

20 individuelle Lösungen

21 a) −18 b) 60 c) −55 d) 12

22 a) 41 Einheiten nach rechts
b) 80 Einheiten nach links

23 a) 240 mm b) 27 000 kg c) 45 000 m
d) 60 cm e) 350 000 cm^2 f) 3100 mm^2
g) 3000 mm^3 h) 4000 cm^3

8 Umfang mit Größen

Seite 43

1

a) Kopf: 40 mm; 4 cm; 0,4 dm; 0,04 m;
Schwanz: 0,00 004 km

b) Schwanz: 20 000 000 mm^2; 200 000 cm^2; 2000 dm^2; 20 m^2; 0,2 a; Kopf: 0,002 ha.

c) Individuelle Lösung, z. B.:

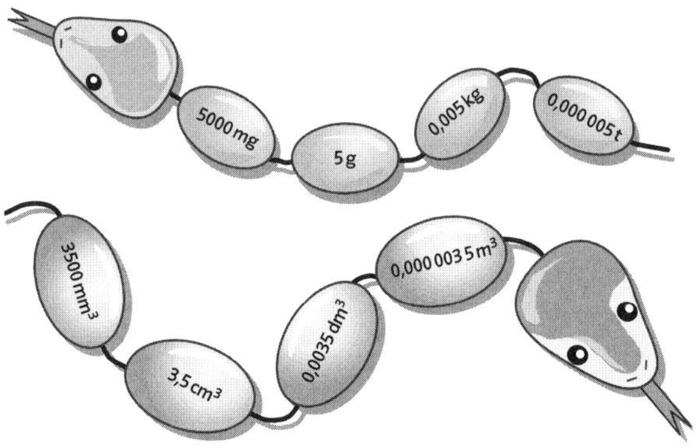

d) Erstelle ähnliche Diagramme, wie auf dem Seitenrand (Fig. 1). Benutze dazu die folgenden Angaben für die Umrechnung:
Flächen: 1 km^2 = 100 ha; 1 ha = 100 a;
1 a = 100 m^2; 1 m^2 = 100 dm^2;
1 dm^2 = 100 cm^2; 1 cm^2 = 100 mm^2
Volumina: 1 m^3 = 1000 dm^3; 1 dm^3 = 1 l
1 l = 1000 cm^3; 1 cm^3 = 1 ml
Gewichte: 1 t = 1000 kg; 1 kg = 1000 g;
1 g = 1000 mg

2

a)	b)	c)	d)
0,2 dm	0,03 kg	420 cm	1060 kg
4800 g	3090 m	0,104 km	5,6 dm
0,06 €	683,1 cm	1730 ct	0,0915 t

3 Die fehlende Zahl oder die fehlende Maßeinheit sind fett gedruckt.

a) 69 cm^2 = **0,69 dm^2**
120 l = **0,12 m^3**
532 m^2 = **5,32 a**

b) 400 mm^3 = **0,4 cm^3**
40 dm^2 = **0,4 m^2**
3 a = **300 m^2**

c) 2,4 a = **240 m^2**
75 cm^3 = **0,075 l**
300 ha = **3 000 000 m^2**

d) 4900 cm^2 = **0,49 m^2**
3,7 m^3 = **3700 dm^3**
8840 m^2 = **0,8840 ha**

4

a)	b)	c)
5070 kg	78 m	600 dm^3
3 dm^2	1070 ct	8930 g
100 mm^3	40 a	8040 m

d)	e)	f)
120 a	8 ha	460 mm^2
10 120 g	3200 dm^3	405 700 cm^3
10 500 dm^3	505 ct	48 mm

Seite 44

5

a) 30,2 m
30,2 a
30,02 m^3

b) 2,2 m^3
2,2 kg
2,2 km^2

c) 40,04 km
40,04 l
40,4 dm^2

d) 8,01 m^2
8,1 m
8,001 cm^3

e) 5,07 €
5,07 ha
5,007 kg

6

a) 0,120 kg
7,5 a
7,20 €

b) 0,08 m^2
0,05 l
0,04 km^2

c) 0,027 m^3
2250 dm^2
3,52 cm^3

7 a) 0,00002 km^2 → 0,002 ha → 0,2 a → 20 m^2 → 2000 dm^2 → 200 000 cm^2 → 20 000 000 mm^2
0,000 002 km^2 → 0,0002 ha → 2 m^2 → 200 dm^2
b) individuelle Lösungen

8 a) 0,4 m b) 0,7 kg c) 2,5 cm d) 0,2 km^2
e) 0,12 cm^2 f) 0,9 m^3 g) 0,28 l h) 0,625 dm^3
i) 4 cm; 700 g; 25 mm; 20 ha; 12 dm^2; 900 dm^3; 280 cm^3; 625 cm^3

9 Blaues Rechteck:
Länge 40 mm; Breite 15 mm; A = 600 mm^2 = 6 cm^2.
Braunes Quadrat:
Länge 5 mm; Breite 5 mm; A = 25 mm^2 = 0,25 cm^2.
Rotes Dreieck:
Grundseite 25 mm; Höhe 10 mm; A = 125 mm^2 = 1,25 cm^2.
Grünes Rechteck:
Länge 20 mm; Breite 2 mm; A = 40 mm^2 = 0,4 cm^2.
Braunes Dreieck:
Grundseite 10 mm; Höhe 20 mm; A = 100 mm^2 = 1 cm^2.
Rotes Parallelogramm:
Grundseite 40 mm; Höhe 15 mm; A = 600 mm^2 = 6 cm^2.
Grünes Quadrat:
Länge 15 mm; Breite 15 mm; A = 225 mm^2 = 2,25 cm^2.
Grünes Rechteck:
Länge 55 mm; Breite 1 mm; A = 55 mm^2 = 0,55 cm^2.
Blaues Dreieck:
Grundseite 20 mm; Höhe 20 mm; A = 200 mm^2 = 2 cm^2.

10 V = 0,16 dm^3

11

a) $\frac{1}{4}$ = 25 %
$\frac{1}{4}$ = 25 %

b) $\frac{1}{5}$ = 20 %
$\frac{1}{2}$ = 50 %

c) $\frac{1}{5}$ = 20 %
$\frac{1}{20}$ = 5 %

12 individuelle Lösung, z. B.
a) 6,02 kg = 6020 g = 6 020 000 mg = 0,00 602 t = $\frac{602}{100}$ kg = $\frac{6020}{1000}$ kg = 6,020 kg = …
b) 0,05 dm^3 = 50 cm^3 = 50 000 m^3 = 0,00 005 m^3 = $\frac{5}{100}$ dm^3 = $\frac{5}{100\,000}$ m^3 = 0,050 dm^3 = …

Seite 45

13 Elefant: 3250 kg; Gorilla: 310 kg; Dackel: 8,340 kg; Pferd: 500 kg; Wellensittich: 0,025 kg; Löwe: 62,5 kg; Hamster: 0,275 kg; Schäferhund: 50 kg

14 a) Das Grundstück mit der Größe 6,4 a (= 640 m^2) ist größer.
b) Der Quader mit der Größe 0,24 m^3 (= 240 dm^3 = 240 l) hat den größeren Rauminhalt.
c) Der zweite Becher hat einen Rauminhalt von 672 cm^3 (= 0,672 l). Daher passt im ersten Becher (0,75 l) mehr Wasser.

15 2700 cm^3 sind 2,7 l. Das sind 9 Gläser.

16 a) $\frac{3}{1000}$ m = 0,003 m
b) $\frac{3}{10\,000\,000\,000}$ m
c) individuelle Lösungen

17

a) $\frac{1}{10}$ min = 6 s	b) $\frac{3}{2}$ h = 90 min
c) $\frac{6}{5}$ min = 72 s	d) $\frac{9}{10}$ min = 54 s
e) $\frac{1}{4}$ h = 15 min	f) $\frac{1}{5}$ h = 12 min
g) $\frac{6}{5}$ Tage = 28,8 h	h) $\frac{1}{40}$ h = 90 s

18 $0,\overline{3}$ h → 20 min; $\frac{1}{2}$ h → 30 min → $\frac{1}{48}$ Tage;
90 s → 1,5 min; 0,9 min → 54 s;
9,5 min → $0,158\overline{3}$ h → 570 s; 95 s → $1,58\overline{3}$ min

19 individuelle Lösungen

9 Rationale Zahlen vergleichen

Seite 48

1 (Sabina) 8,78 s < (Lisa) 8,88 s < (Anita) 8,93 s < (Fatma) 8,96 s < (Gina) 8,98 s < (Doris) 8,99 s < (Eleni) 9,00 s < (Franca) 9,02 s < (Petra) 9,03 s < (Anne) 9,04 s < (Marja) 9,20 s < (Barbara) 9,21 s.

2 a) $\frac{3}{5} > \frac{1}{5}$. Vergleich der Zähler, da die Nenner gleich groß sind.
b) $\frac{1}{2} > \frac{1}{3}$. Vergleich der Nenner, da die Zähler gleich groß sind.
c) $\frac{4}{5} > \frac{3}{4}$. Um diese Zahlen zu vergleichen, erweitert man die Nenner auf 20, so dass man $\frac{16}{20} > \frac{15}{20}$ erhält. Anschließend vergleicht man die Zähler, da die Nenner gleich groß sind.
d) $\frac{4}{10} > \frac{4}{14}$. Vergleich der Nenner, da die Zähler gleich groß sind.
e) $2 > \frac{11}{6}$. Man erweitert 2 mit 6 und erhält $2 = \frac{12}{6}$. Anschließend vergleicht man die Zähler, da die Nenner gleich groß sind.
f) $1\frac{3}{8} > \frac{9}{8}$. Es gilt: $1\frac{3}{8} = \frac{11}{8}$. Deshalb vergleicht man die Zähler, da die Nenner gleich groß sind.
g) $\frac{10}{4} < 2\frac{3}{5}$. Dies entspricht: $\frac{50}{20} < \frac{52}{20}$. Vergleich der Zähler, da die Nenner gleich groß sind.
h) Individuelle Lösung, z. B.:
Aufgaben bei denen man den Zähler vergleicht:
$\frac{12}{7}, \frac{9}{2}$; $2\frac{1}{2}, \frac{9}{2}$; $\frac{1}{4}, \frac{11}{40}$.
Aufgaben, bei denen man den Nenner vergleicht:
$\frac{3}{2}, \frac{3}{6}$; $1\frac{3}{4}, \frac{7}{8}$; $\frac{5}{2}, \frac{50}{30}$.

3

a) 0,4 < 0,6
0,034 < 0,04

b) 0,71 < 0,76
2,89 < 2,98

c) 1,29 < 1,45
0,004 < 0,010

d) 6,955 < 6,958
3,055 < 3,900

e) 5,09 < 5,111
7,107 < 7,701

4 a) Anteil der Gewinnlose im linken Gefäß 3 von 12, also $\frac{3}{12}$; im rechten Gefäß 5 von 15, also $\frac{5}{15}$. Im rechten Gefäß ist der Anteil höher.
b) Anteil der Gewinnlose im linken Gefäß 3 von 20, also $\frac{3}{20}$; im rechten Gefäß 2 von 15, also $\frac{2}{15}$. Im linken Gefäß ist der Anteil höher.

5
a) △ 6; 7; 8; 9
□ >
b) △ 0; 1; 2; 3, 4; 5; 6; 7; 8; 9
□ >
c) □ <
△ 0; 1; 2, 3; 4; 5; 6; 7; 8; 9
d) □ <
□ <
e) △ 1; 2; 3; 4; 5; 6; 7; 8; 9
□ <

6
a) $\frac{50}{2} > 2{,}5 > 2\frac{7}{100} > 25\,\% = \frac{50}{200} = \frac{5}{20} = \frac{1}{4} = 0{,}25 = \frac{2}{8}$
$> 2{,}5\,\% > 0{,}0025$
b) $\frac{25}{2} > 3\frac{4}{5} > \frac{250}{200} = 125\,\% > 0{,}25 > \frac{2}{16} = 0{,}125$
$> \frac{125}{10\,000} = 1{,}25\,\%$

7 6a: $\frac{12}{30} = \frac{24}{60}$; 6b: $\frac{10}{24} = \frac{25}{60}$.
In der Klasse 6b ist der Anteil größer.

Seite 49

8 Strecken: 3,90 m < 4,09 m < 4,81 m < 50,01 dm < 1,02 km < 1,09 km < 1,3 km < 2000 m
Gewichte: $\frac{3}{4}$kg < 0,790 kg < 0,8 kg < 0,001 t
Zeitdauern: $\frac{1}{3}$h < 0,5 h < 40 min < $\frac{3}{4}$h

9 Bei □ ist jede der angeführten Ziffern eine richtige Lösung.
a) □ 6; 7; 8; 9 b) Keine Möglichkeit
c) □ 1; 2; 3; 4

10 a) □ 17 und alle größeren ganzen Zahlen
b) □ 2 und alle größeren ganzen Zahlen
c) □ 1; 2; 3; 4; 5; 6; 7; 8; 9

11 Individuelle Lösung, z. B.
a) 3,45 b) 0,55 c) −0,31
d) 0,23 e) 1,065 f) −0,0105

12 $1\frac{1}{2}$ (6) > $1\frac{1}{3}$ (5) > $\frac{4}{5}$ (4) > $\frac{2}{3}$ (1) > $\frac{1}{2}$ (3) > $\frac{1}{4}$ (2)

13 1,029 < 1,092 < 1,209 < 1,290 < 1,902 < 1,920

14 a) Es wurden mehr Mädchen (294) als Jungen (284) geboren.
b) Anteile der Jungengeburten:
Mo $\frac{40}{100}$; Di $\frac{45}{90}$; Mi $\frac{56}{98}$; Do $\frac{36}{80}$; Fr $\frac{48}{90}$; Sa $\frac{24}{60}$; So $\frac{35}{60}$.
Der Anteil der Jungengeburten war am Sonntag am größten.

15 Ein Spiel – keine Lösung

16 a) $3{,}1\overline{2}$ hat die Periode 22 (Periode mit zwei Ziffern). $3{,}\overline{12}$ hat die Periode 12. Daran erkennt man, dass die erste Zahl größer ist.
b) $3{,}\overline{1} > 3{,}1$, da die erste Zahl nicht endlich ist.
$2{,}\overline{91} > 2{,}9\overline{1}$, da die Periode bei der ersten Zahl (91) größer ist als bei der zweiten Zahl (11).
$1{,}41\overline{2} > 1{,}4\overline{12}$, da die Periode bei der ersten Zahl (22) größer ist als bei der zweiten Zahl (12).
$3{,}10\overline{2} > 3{,}\overline{102}$, da die Periode bei der ersten Zahl (222) größer ist als bei der zweiten Zahl (102).
$3{,}\overline{32} > 3{,}323$, da die erste Zahl periodisch ist.

Seite 50

17 a) 60 b) 84 c) 90
d) 210 e) 216 f) 132
g) Bei den Zahlenpaaren, die keine gemeinsamen Teiler haben, entspricht das kgV dem Produkt der beiden Zahlen. Der ggT lautet für diese Zahlen stets 1.

18 a) kgV(35; 14) = 70
$\frac{8}{35} = \frac{16}{70}$; $\frac{3}{14} = \frac{15}{70}$; also $\frac{8}{35} > \frac{3}{14}$
b) kgV(18; 12) = 36
$\frac{7}{18} = \frac{14}{36}$; $\frac{5}{12} = \frac{15}{36}$; also $\frac{5}{12} > \frac{7}{18}$
c) kgV(55; 33) = 165
$\frac{41}{55} = \frac{123}{165}$; $\frac{25}{33} = \frac{125}{165}$; also $\frac{25}{33} > \frac{41}{55}$
d) kgV(12; 33) = 132
$-\frac{11}{12} = -\frac{121}{132}$; $-\frac{25}{33} = -\frac{100}{132}$; also $-\frac{25}{33} > -\frac{11}{12}$
e) kgV(56; 84) = 168
$-\frac{9}{56} = -\frac{27}{168}$; $-\frac{13}{84} = -\frac{26}{168}$; also $-\frac{13}{84} > -\frac{9}{56}$
f) kgV(81; 27) = 81
$-\frac{110}{81}$; $-1\frac{10}{27} = -\frac{111}{81}$; also $-\frac{110}{81} > -1\frac{10}{27}$
g) Bei den Aufgaben a) und b) wäre es einfacher gewesen, den kleinsten gemeinsamen Zähler zu bestimmen, um die Brüche zu vergleichen. Da der größte gemeinsame Teiler von den Zählern jeweils 1 ist, ist das kleinste gemeinsame Vielfache jeweils deren Produkt. Um die Brüche zu vergleichen, muss der Bruch jeweils mit dem Zähler von dem anderen Bruch multipliziert werden. Da die Zähler vergleichsweise kleine Zahlen sind, kann die Multiplikation einfach durchgeführt werden. Derjenige Bruch ist dabei der kleinere, dessen Nenner der größere ist.
$\left(\frac{a}{x} < \frac{a}{y}\right.$, wenn y < x ist.$\left.\right)$
(Die Schüler können auch bei anderen Aufgaben für sie die einfachere Variante wählen.)

19 a) In dem Textabschnitt ist die Bezeichnung auf einer journalistischen Ebene zu betrachten. Dort wird etwas mit globalem Charakter als der größte gemeinsame Nenner bezeichnet.
b) Der größere gemeinsame Nenner (das größte gemeinsame Vielfache zweier Zahlen) existiert nicht. Zu jedem gemeinsamen Vielfachen gibt es ein größeres, z. B. das Zweifache davon.

20
a) (1) $120 = 2 \cdot 2 \cdot 2 \cdot 3 \cdot 5$
$196 = 2 \cdot 2 \cdot 7 \cdot 7$
ggT(120; 196) = 4;
kgV(120; 196) = $120 \cdot 49 = 196 \cdot 30 = 5880$
(2) ggT(28; 196) = 28; kgV(28; 196) = 196
(3) ggT(42; 35) = 7; kgV(42; 35) = 210
(4) ggT(84; 210) = 42: kgV(84; 210) = 420
(5) ggT(135; 56) = 1; kgV(135; 56) = 7560

b) Das Produkt aus ggT und kgV ist stets das Produkt der beiden Zahlen.

Wiederholen – Vertiefen – Vernetzen

Seite 51

1 a) 187 = 170 + 17. Damit ist 187 durch 17 teilbar.
b) 483 = 460 + 23. Damit ist 483 durch 23 teilbar.
c) 1109 ist nicht durch 11 teilbar und damit kann der Bruch auch nicht gekürzt werden.
d) $4386 = 4300 + 2 \cdot 43$. Damit ist 4386 durch 43 teilbar.
e) 153 = 170 − 17. Damit ist 153 durch 17 teilbar.

2 a) $\frac{1}{2}$; 50 % b) $\frac{1}{4}$; 25 % c) $\frac{1}{4}$; 25 %

3

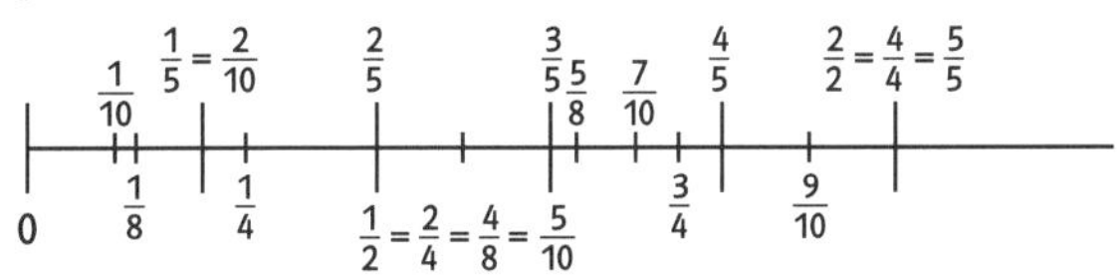

4 a)

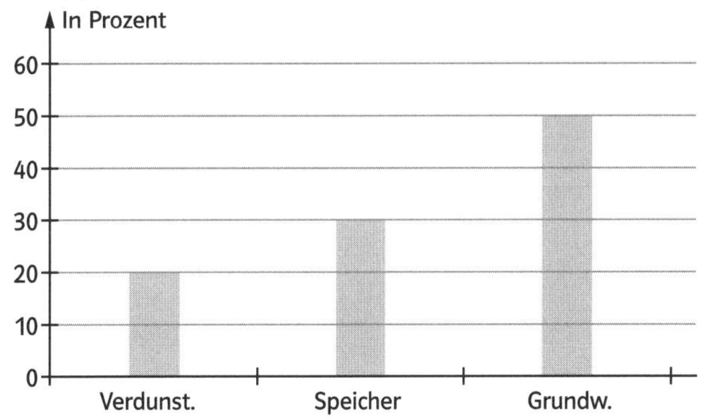

b) 1600 l verdunsten; 2400 l werden im Waldboden gespeichert.

5 a) Linkes Dreieck $\frac{3}{9} = \frac{1}{3}$;
Mittleres Dreieck $\frac{4}{16} = \frac{1}{4}$; Rechtes Dreieck $\frac{6}{36} = \frac{1}{6}$.
b) Bei den obigen Dreiecken ist jeweils der Bruch für den Anteil immer 1 geteilt durch die Anzahl der gefärbten Dreiecke. Für hundert gefärbte Dreiecke müsste der Anteil daher $\frac{1}{100}$ entsprechen.

6 Gefärbter Anteil links: $\frac{7}{24}$; gefärbter Anteil rechts: $\frac{8}{24}$.
Wenn man die rechte Zielscheibe wählt, würde man eher treffen.

Seite 52

7 Fig. 1: In dem Bild ist der große Mülleimer etwa doppelt so breit, doppelt so hoch und doppelt so tief wie der kleine Mülleimer gezeichnet. Das Volumen des großen Mülleimers erscheint im Bild nicht doppelt so groß wie das Volumen des kleinen Mülleimers, sondern mehr als doppelt so groß (genauer achtmal so groß).
Passende Zeichnung: Individuelle Lösung. Der Inhalt des großen Mülleimers muss doppelt so groß wie der Inhalt des kleinen Mülleimers sein. Dies ist zum Beispiel der Fall, wenn der große Mülleimer die gleiche Breite und Tiefe, aber die doppelte Höhe des kleinen Mülleimers hat.

Zu Fig. 2: In dem Bild ist der Flächeninhalt des rot gefärbten Rechtecks $\frac{1}{16}$ des gesamten Flächeninhalts und nicht $\frac{1}{4}$, wie es sein sollte.
Passende Zeichnung: Individuelle Lösung.
Der Inhalt des roten Rechtecks muss viermal in das große Rechteck passen.

8 a) $\frac{5}{11} > \frac{5}{12}$. Bei gleichem Zähler ist der Bruch mit dem kleineren Nenner der größere.
b) $\frac{8}{20} > \frac{8}{30}$. Bei gleichem Zähler ist der Bruch mit dem kleineren Nenner der größere.
c) $\frac{19}{16} > \frac{15}{18}$. Hier ist ein Bruch größer als 1, die kleinere kleiner als 1.
d) $\frac{7}{5} > \frac{19}{22}$. Hier ist ein Bruch größer als 1, die kleinere kleiner als 1.
e) $\frac{13}{14} > \frac{8}{9}$. Hier fehlt zu einem Ganzen einmal $\frac{1}{14}$ und einmal $\frac{1}{9}$. $\frac{1}{14}$ ist weniger als $\frac{1}{9}$.
f) $\frac{7}{6} > \frac{25}{24}$. Hier wird das Ganze einmal um $\frac{1}{6}$ und einmal um $\frac{1}{24}$ überschritten. $\frac{1}{6}$ ist mehr als $\frac{1}{24}$.

9 a) Bei der Dezimaldarstellung kommt direkt nach dem Komma eine 0 hinzu.
b) Bei allen Brüchen $\frac{9}{10}$; $\frac{10}{11}$; $\frac{11}{12}$; ... usw.

10 Der große Würfel besteht aus 64 kleinen Würfeln. Acht davon sind rot. Der Anteil der roten Würfel ist 8 von 64, also $\frac{8}{64}$ oder $\frac{1}{8}$.

11 a) Ist belegt. b) Ist nicht belegt.
c) Ist belegt. d) Ist nicht belegt.

12 a) 75% b) $\frac{1}{10}$h

Exkursion

Seite 53

1 a) ggT(15; 6) = 3; $\frac{6}{15} = \frac{2}{5}$
b) ggT(18; 8) = 2; $\frac{8}{18} = \frac{4}{9}$
c) ggT(25; 10) = 5; $\frac{10}{25} = \frac{2}{5}$
d) ggT(21; 12) = 3; $\frac{12}{21} = \frac{4}{7}$
e) ggT(20; 16) = 4; $\frac{16}{20} = \frac{4}{5}$
f) ggT(24; 9) = 3; $\frac{9}{24} = \frac{3}{8}$

2 Der Rest ist 0, wenn das beschriebene Verfahren endet. Das ist genau dann der Fall, wenn der Dividend und der Divisor gleich groß sind. Daher gibt es am Ende ein Quadrat.

II Addition und Subtraktion von rationalen Zahlen

Lösungshinweise Kapitel 2 Erkundungen

Seite 58 – 59

1. Mit Kreisteilen rechnen
Vorbereitung
keine Lösungen – Anfertigung aus farbigem Papier verschiedener Kreisausschnitte
Forschungsaufträge
individuelle Lösungen

2. Australian triple jump (Spiel)
keine Lösungen

3. Überschlag dich nicht ... (Spiel)
keine Lösungen

1 Addieren und Subtrahieren von Brüchen

Seite 61

1 a) gefärbter Anteil: $\frac{15}{24}$; ungefärbter Anteil: $\frac{9}{24}$
b) gefärbter Anteil: $\frac{16}{24}$; ungefärbter Anteil: $\frac{8}{24}$
c) gefärbter Anteil: $\frac{11}{16}$; ungefärbter Anteil: $\frac{5}{16}$
d) gefärbter Anteil: $\frac{11}{24}$; ungefärbter Anteil: $\frac{13}{24}$

2 $\frac{1}{4}$; $\frac{6}{7}$; 1; $\frac{2}{3}$; $\frac{3}{2}$; $\frac{2}{5}$; 2; $\frac{1}{25}$; 8; $\frac{7}{8}$
Lösungswort: LEVERKUSEN

Seite 62

3 a) $\frac{3}{2}$ b) 1 c) $\frac{32}{19}$ d) 3
e) $\frac{4}{5}$ f) $\frac{27}{8}$ g) 1 h) $\frac{11}{12}$
i) $\frac{5}{6}$ j) $\frac{17}{60}$
Lösungswort: SCHWIMMBAD

4 Individuelle Lösung.

5 Individuelle Lösung, z. B.:
a) $\frac{1}{4}+\frac{1}{2}=\frac{3}{4}$; $\frac{3}{16}+\frac{9}{16}=\frac{3}{4}$; $\frac{17}{12}-\frac{8}{12}=\frac{3}{4}$; $\frac{6}{7}-\frac{3}{28}=\frac{3}{4}$
b) $\frac{1}{4}+\frac{5}{8}=\frac{7}{8}$; $\frac{13}{24}+\frac{1}{3}=\frac{7}{8}$; $\frac{22}{16}-\frac{1}{2}=\frac{7}{8}$; $\frac{31}{32}-\frac{3}{32}=\frac{7}{8}$
c) $\frac{3}{4}+\frac{3}{2}=\frac{9}{4}$; $\frac{15}{12}+\frac{7}{7}=\frac{9}{4}$; $\frac{8}{2}-\frac{14}{8}=\frac{9}{4}$; $\frac{23}{9}-\frac{11}{36}=\frac{9}{4}$
d) $\frac{1}{16}+\frac{1}{16}=\frac{1}{8}$; $\frac{1}{10}+\frac{1}{40}=\frac{1}{8}$; $\frac{2}{8}-\frac{1}{8}=\frac{1}{8}$; $\frac{1}{5}-\frac{3}{40}=\frac{1}{8}$
e) $\frac{11}{10}+\frac{3}{15}=\frac{13}{10}$; $\frac{17}{50}+\frac{24}{25}=\frac{13}{10}$; $\frac{3}{2}-\frac{1}{5}=\frac{13}{10}$; $\frac{71}{20}-\frac{9}{4}=\frac{13}{10}$

6 a) $\frac{7}{8}$ b) $\frac{13}{30}$ c) $\frac{13}{15}$ d) $\frac{5}{12}$

7 a) $\frac{31}{12}$; 2 b) $\frac{1}{2}$; $-\frac{4}{9}$ c) $\frac{13}{2}$; $\frac{13}{12}$ d) $\frac{29}{8}$; $\frac{220}{63}$

8 a) $\frac{3}{8}+\frac{5}{12}=\frac{19}{24}$ b) $\frac{2}{10}+\frac{3}{16}=\frac{31}{80}$
c) $\frac{4}{15}$ d) $\frac{21}{30}=\frac{7}{10}$ e) $\frac{3}{8}$ f) $\frac{7}{16}$

9

a)	b)	c)	d)
-1	$\frac{4}{3}$	$-\frac{15}{4}$	-1
$-\frac{5}{2}$	$\frac{10}{9}$	$-\frac{3}{8}$	$-\frac{21}{17}$
1	$-\frac{4}{3}$	$-\frac{1}{8}$	-2

10 a) $\frac{4}{5}-\frac{3}{5}=\frac{1}{5}<\frac{5}{5}-\frac{3}{4}=\frac{1}{4}$
$<\frac{4}{3}-\frac{5}{5}=\frac{1}{3}<\frac{5}{3}-\frac{5}{4}=\frac{5}{12}$
$<\frac{5}{4}-\frac{3}{5}=\frac{13}{20}<\frac{5}{3}-\frac{4}{5}=\frac{13}{15}$
b) Wenn man bei den Brüchen in den obigen Möglichkeiten die Plätze vertauscht, erhält man jeweils negatives Ergebnis.
$-\frac{13}{15}<-\frac{13}{20}<-\frac{5}{12}<-\frac{1}{3}<-\frac{1}{4}<-\frac{1}{5}$

Seite 63

11

a)	b)	c)	d)
$\frac{2}{45}$	$\frac{1}{20}$	$\frac{11}{10}$	$-\frac{5}{18}$
$-\frac{1}{18}$	$-\frac{4}{3}$	$\frac{3}{10}$	$-\frac{5}{18}$

12 a) $-\frac{9}{4}$; $-\frac{6}{4}=-\frac{3}{2}$; $-\frac{3}{4}$; 0; $\frac{3}{4}$
b) $-\frac{58}{3}$; $-\frac{56}{3}$; $-\frac{54}{3}=-18$; $-\frac{52}{3}$; $-\frac{50}{3}$
c) $\frac{3}{5}$; $\frac{1}{5}$; $-\frac{1}{5}$; $-\frac{3}{5}$; $-\frac{5}{5}=-1$
d) $\frac{11}{6}$; $-\frac{1}{6}$; $\frac{17}{6}$; $-\frac{7}{6}$; $\frac{23}{6}$

13 a) $-\frac{4}{13}$ b) $\frac{89}{30}$ c) $5\frac{8}{9}$ d) 0
e) Differenz $\frac{1}{9}$; Summe -1
Die Differenz ist größer als die Summe.
f) $\frac{13}{24}$

14 a) $\frac{5}{16}$ b) $-\frac{1}{4}$ c) $\frac{1}{8}$
d) $-3\frac{1}{2}$ e) $16\frac{2}{9}$ f) 1

15 a) Kein gemeinsamer Nenner gebildet; Nenner addiert.
$\frac{1}{2}+\frac{1}{3}=\frac{3}{6}+\frac{2}{6}=\frac{5}{6}$
b) Minuszeichen nicht mit in den Zähler genommen.
$-\frac{4}{5}+\frac{2}{5}=\frac{-4+2}{5}=-\frac{2}{5}$

c) Brüche nicht erweitert.
$-\frac{1}{2} - \frac{1}{3} = -\frac{3}{6} - \frac{2}{6} = -\frac{5}{6}$

d) Kein gemeinsamer Nenner gebildet; Nenner addiert.
$\frac{2}{5} + \frac{2}{3} = \frac{6}{15} + \frac{10}{15} = \frac{16}{15} = 1\frac{1}{15}$

e) Minuszeichen im Klammer nicht beachtet.
$-\frac{5}{3} - \left(-1\frac{1}{6}\right) = -\frac{5}{3} + 1\frac{1}{6} = -\frac{3}{6} = -\frac{1}{2}$

f) Klammerregel nicht beachtet.
$\frac{8}{9} - \left(\frac{2}{9} + \frac{1}{3}\right) = \frac{8}{9} - \frac{5}{9} = \frac{3}{9} = \frac{1}{3}$

16

a)

$\frac{8}{15}$	$\frac{1}{5}$	$\frac{4}{15}$
$\frac{1}{15}$	$\frac{1}{3}$	$\frac{3}{5}$
$\frac{2}{5}$	$\frac{7}{15}$	$\frac{4}{30}$

$\frac{4}{9}$	$\frac{7}{18}$	$\frac{1}{6}$
$\frac{1}{18}$	$\frac{2}{6}$	$\frac{11}{18}$
$\frac{5}{10}$	$\frac{5}{18}$	$\frac{2}{9}$

b)

$\frac{5}{4}$	$\frac{4}{4}$	$\frac{15}{8}$	$\frac{5}{8}$
$\frac{3}{8}$	$\frac{17}{8}$	$\frac{3}{4}$	$\frac{3}{2}$
$\frac{9}{8}$	$\frac{11}{8}$	$\frac{2}{4}$	$\frac{7}{4}$
$\frac{16}{8}$	$\frac{1}{4}$	$\frac{13}{8}$	$\frac{7}{8}$

$\frac{2}{4}$	$\frac{1}{10}$	$\frac{13}{20}$	$\frac{13}{20}$
$\frac{7}{20}$	$\frac{19}{20}$	$\frac{3}{10}$	$\frac{3}{10}$
$\frac{11}{20}$	$\frac{9}{20}$	$\frac{1}{5}$	$\frac{14}{20}$
$\frac{4}{8}$	$\frac{2}{5}$	$\frac{6}{8}$	$\frac{2}{8}$

17 Anja kann $\frac{7}{15}$ ihres Taschengeldes für Sonstiges verwenden.

Seite 64

18 Als Gesamtmenge erhält man für das Erfrischungsgetränk $\frac{113}{20}$ l. Rechnung:
$3\frac{1}{2} + \frac{3}{4} + \frac{7}{10} + \frac{7}{10} = \frac{113}{20} = 5\frac{13}{20}$

19 a) z. B. $\frac{1}{2} - \frac{1}{3} - \frac{1}{6} + \frac{1}{5} + \frac{1}{8} - \frac{1}{4} = \frac{3}{40} = 0{,}075$

b) In diesem Fall $\frac{1}{5}$ und $\frac{1}{8}$, da $\frac{1}{8} - \frac{1}{5} = -\frac{3}{40}$ ist.

c) individuelle Lösungen

20 a) $4 - 1\frac{1}{2} + \frac{3}{4} = 3\frac{1}{4}$
Dieser Rechenausdruck gehört zu Geschichte (2).

b) $4 - \left(1\frac{1}{2} + \frac{3}{4}\right) = 1\frac{3}{4}$
Geschichte zu diesem Rechenausdruck: Individuelle Lösung, z. B.: In vier Stunden ist Monika bei ihrer Freundin zum Geburtstag eingeladen. Für den Weg benötigt sie eine $\frac{3}{4}$ Stunde. Vorher möchte sie noch einen Kuchen backen, wofür sie $1\frac{1}{2}$ Stunden braucht. Wie lange kann Monika sich mit dem Backen noch Zeit lassen, damit sie nicht zu spät zum Geburtstag kommt?

c) $\frac{3}{4} + 1\frac{1}{2} + 4 = 6\frac{1}{4}$
Geschichte zu diesem Rechenausdruck: Individuelle Lösung, z. B.: „Florian hat mit seinen Freunden einen eigenen Cocktail entwickelt: Zunächst benötigt man eine Flasche mit einem $\frac{3}{4}$ Liter Bitter Lemon, dann kommen $1\frac{1}{2}$ Liter Limonade dazu und schließlich noch einmal 4 Liter Cola. Wie viel Liter des Cocktails erhält man bei dieser Mischung?

d) $1\frac{1}{2} + 4 - \frac{3}{4} = 4\frac{3}{4}$
Dieser Rechenausdruck gehört zu Geschichte (1).

e) $4 - \left(1\frac{1}{2} + \left(1\frac{1}{2} - \frac{3}{4}\right)\right) = 1\frac{3}{4}$
Dieser Rechenausdruck gehört zu Geschichte (3).

21 a)
$\frac{1}{2} \xrightarrow{+\frac{1}{4}} \frac{3}{4} \xrightarrow{+\frac{1}{4}} 1 \xrightarrow{-\frac{5}{8}} \frac{3}{8} \xrightarrow{-\frac{2}{3}} -\frac{7}{24} \xrightarrow{+\frac{2}{16}} -\frac{1}{6} \xrightarrow{-\frac{3}{36}} -\frac{1}{4}$

b)
$-\frac{3}{5} \xrightarrow{+\frac{7}{10}} \frac{1}{10} \xrightarrow{-\frac{3}{2}} -\frac{7}{5} \xrightarrow{-\frac{1}{5}} -\frac{8}{5} \xrightarrow{+\frac{16}{5}} \frac{8}{5} \xrightarrow{-\frac{1}{4}} \frac{27}{20} \xrightarrow{-\frac{26}{20}} \frac{1}{20}$

c) Individuelle Lösung, z. B.:
$\frac{7}{2} \xrightarrow{+\frac{5}{6}} \frac{13}{3} \xrightarrow{-\frac{2}{4}} \frac{23}{6} \xrightarrow{+\frac{4}{6}} \frac{9}{2} \xrightarrow{-\frac{12}{5}} \frac{21}{10} \xrightarrow{-\frac{9}{3}} -\frac{9}{10} \xrightarrow{+\frac{2}{5}} -\frac{1}{2}$

d) Das Gleichheitszeichen deutet darauf hin, dass die links und rechts stehenden Ausdrücke gleich sind. Daher können die ersten zwei Gleichheitszeichen so nicht verwendet werden.

Seite 65

22 a)

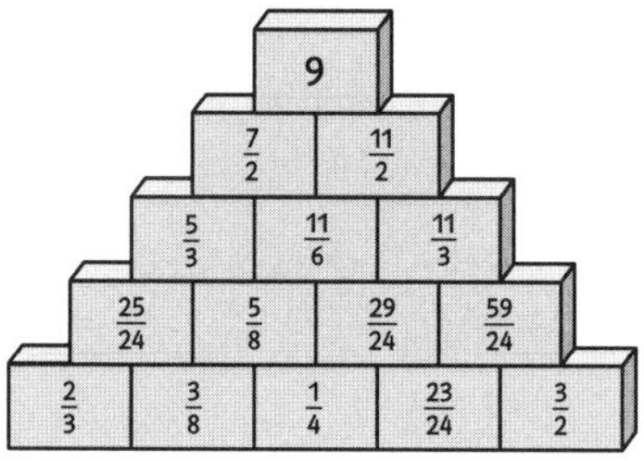

b)

1

2

3 größtes Ergebnis:

4

5

6

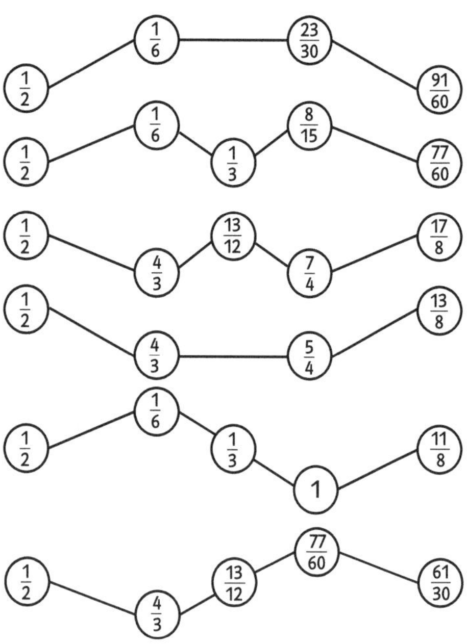

23 a) Individuelle Lösung.

b) Die Zähler werden addiert, da die Nenner in jedem Kästchen gleich sind.
c) Wird $\frac{1}{2}$ in das mittlere Kästchen gesetzt, so ist das Ergebnis in der Spitze $\left(1\frac{1}{2}\right)$ am größten. Setzt man $\frac{1}{6}$ in das mittlere Kästchen, so wird das Ergebnis $\left(1\frac{1}{6}\right)$ am kleinsten.
d) Individuelle Lösung, z. B.:

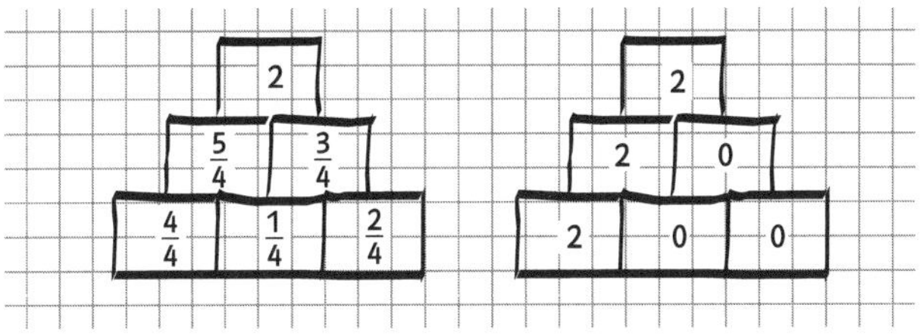

Man kann beliebig viele Lösungen finden. Am einfachsten zu rechnen sind die Lösungen, bei denen in der untersten Zeile die Nenner gleich sind.

24 Die Zeiten, die Diamanten-Ede angibt, ergeben insgesamt nur $\frac{23}{24}$ des Tages. Er hätte also noch $\frac{1}{24}$ Tag (also 1 Stunde) Zeit für den Schmuckdiebstahl gehabt. Sein Alibi ist also nicht lückenlos.

25 5% Rabatt

26 Individuelle Lösung, z. B.
Wie schwer ist die gesamte Ladung? $\frac{73}{8}t = 9\frac{1}{8}t$
Ist der LKW überladen? Nein.
Wie viel Ladung passt noch auf den LKW? $2\frac{3}{8}t$

27 a) 6 b) 6 c) 17 d) 27
e) 1 f) 10 g) 3 h) 1

28 Multiplizieren der Nenner führt immer zum Ziel, aber man erhält häufig sehr große Nenner. Dies ist dann ungünstig, wenn die Nenner einen gemeinsamen Teiler haben (der größer ist als 1).
z. B. 7; 8 gem. Nenner $7 \cdot 8 = 56$
6; 8 gem. Nenner $6 \cdot 8 = 48$, besser 24
Man sollte also zunächst schauen, ob die beiden Nenner einen gemeinsamen Teiler haben und dann auf diesen erweitern bzw. kürzen, damit der gemeinsame Nenner nicht unnötig groß wird.

2 Addieren und Subtrahieren von Dezimalzahlen

Seite 67

1
a) 2 b) 2,8 c) 4,2 d) 1,2
2,9 0,7 −0,4 −2,7
5,4 −6,6 −4,2 −38,3

2 a) 7,95 b) 3,31 c) 20,47 d) 5,251
e) 1,56 f) 0,184 g) 0,903 h) 0,299

3 a) −39,7 b) 6,7 c) 39,7 d) −6,7
e) 24 f) −11,6 g) −3,83 h) −3,6

4 a) 0,5; 0,04; 0,33; 1,22; 0,001; 9,01
b) 0,5; 0,3; 0,64; 2,5; 1,15; 11,5
c) 5,3 km; 5,73 km; 1,64 km; 2,866 km

5 a) 5,2 b) 1,44 c) −5,05 d) −7,3

6 a) 9,3; 2,1 b) −0,9; −2,7
c) 109,89; 89,91 d) −11,11; −8,91

Seite 68

7 a) 7,32 Euro
b) 6,57 Euro bekommt sie von der Nachbarin. Der eigene Einkauf hat 16,40 Euro gekostet.

8

2,03	0,34	2,13
1,6	$\frac{3}{2}$	$1\frac{2}{5}$
0,87	2,66	0,97

0,54	5,34	−1,38
−0,42	1,5	3,42
4,38	−2,34	2,46

9 a) 4,913 Mio. km. Der Unterschied kommt aus dem Grund, dass die Kreisbahn der Erde um die Sonne eine elliptische Form hat.
b) 67,155 km. Der Unterschied kommt aus dem Grund, dass die Erdkugel nicht ganz rund ist.

10 a) Es wurde nicht berücksichtigt, dass Komma unter Komma stehen muss. Richtiges Ergebnis: 6,55
b) Es wurde nicht berücksichtigt, dass Komma unter Komma stehen muss. Richtiges Ergebnis: 7,8
c) Die 3 wurde, da sie zwischen der mittleren und letzten Spalte steht, in der letzten Spalte zum Rechnen verwendet. Sie gehört aber in die mittlere Spalte. Richtiges Ergebnis: 5,57
d) Bei der Rechnung wurde nicht beachtet, dass Komma unter Komma stehen muss. Richtiges Ergebnis: 2,2

11 Die einzusetzende Zahl ist hervorgehoben.
a) 6,4 + 4,8 = **11,2** b) 7,2 + **2,4** = 9,6
c) **4,5** + 10,5 = 15 d) 12,45 − 8,05 = **4,4**
e) 0,02 − **0,015** = 0,005 f) **11,4** − 3,15 = 8,25

Seite 69

12 a) 76,5 − 0,4 = 76,1 b) 45,6 − 0,7 = 44,9
c) 56,4 − 0,7 = 55,7

13 z. B. 0,2 + 0,8; 0,3715 + 0,6285;
0,2 + 0,3 + 0,5; 0,6 + 0,3715 + 0,0285; 0,8 + 0,0285 + 0,1715; 0,2 + 0,1715 + 0,6285;
0,2 + 0,6 + 0,0285 + 0,1715; 0,5 + 0,3 + 0,0285 + 0,1715

14 3817,92 km^2

15 a) Zöggeler (Gold); Demtschenko (Silber), Rubenis (Bronze)
b) Der Sieger war um 0,11 Sekunden schneller als der Silbermedaillengewinner.
c) Der Zeitabstand im ersten Durchgang (0,385 s) war am größten und im vierten Durchgang (0,011 s) am geringsten.

16 a) z. B. 0,36 + 2,79 = 3,15
b) z. B. 7,60 + 9,32 = 16,92
c) z. B. 2,36 + 7,09 = 9,45
d) z. B. 7,02 − 6,93 = 0,09
e) z. B. 9,72 − 3,60 = 6,12
f) Bei den Aufgaben mit Summen können die Ziffern der entsprechenden Stellen der beiden Summanden vertauscht werden.

17 individuelle Lösung, z. B.:
Auf den Boden werden die vier Kisten mit folgenden Maßen gelegt:
1,76 x 0,65 x 1,14 m; 1,76 x 0,92 x 1,14 m;
1,51 x 0,29 x 0,75 m und 1,49 x 1,38 x 0,75 m.
Darauf werden weitere vier Kisten mit folgenden Maßen gelegt:
0,76 x 1,65 x 0,51 m; 0,98 x 1,65 x 0,51 m;
1,48 x 0,68 x 0,89 m und 1,48 x 1,00 x 0,89 m.

18 individuelle Lösung, z. B.:
a) 1,01 km. Paul möchte mit seinem Vater Laufen trainieren. Beide gehen zum Startpunkt. Da Paul nicht so schnell ist, wie sein Vater, darf er 50 m vorgehen. Beim Signal laufen beide los. In 2 Minuten kommt Paul bis zur 450-m-Marke und sein Vater bis zur 610-m-Marke.
Wie weit sind die beiden während der zwei Minuten insgesamt gelaufen?
b) 0,155 m^3. Peters Familie möchte Umziehen. Von Freunden haben sie sich schon Umzugskartons geliehen, in die 3300 dm^3 Volumen passen. Peters Mutter vermutet, dass für das Wohnzimmer 3,2 m^3 Stauraum benötigt werden. Ihre Vorräte in der Speisekammer schätzt sie auf 255 l ein.
Wie groß ist das Volumen, für das noch Umzugskartons benötigt werden?

19 a) $0{,}35 + 1{,}25 = \frac{35}{100} + \frac{125}{100} = \frac{160}{100} = \frac{8}{5}$
b) $\frac{24}{100} + \frac{3}{10} = 0{,}24 + 0{,}3 = 0{,}54$
c) Werden zwei Dezimalzahlen addiert, so kann man sie zunächst als Brüche schreiben,
z. B. $2{,}34 + 0{,}567 = \frac{234}{100} + \frac{567}{1000}$.
Diese Brüche lassen sich jeweils als Summe in folgender Form schreiben:
$\frac{234}{100} + \frac{567}{1000} = 2 + \frac{3}{10} + \frac{4}{100} + \frac{5}{10} + \frac{6}{100} + \frac{7}{1000}$.
Jetzt kann man Brüche mit gleichen Nennern addieren. Man erhält:
$2 + \frac{3}{10} + \frac{5}{10} + \frac{4}{100} + \frac{6}{100} + \frac{7}{1000} = 2 + \frac{3+5}{10} + \frac{4+6}{100} + \frac{7}{1000}$.
Aus der letzten Zeile erkennt man, dass die Ziffern der gleichen Stellen jeweils addiert werden.

3 Runden und Überschlagen bei Dezimalzahlen

Seite 71

1 a) Runden sinnvoll. Meterangaben sind bei einem Ausflug nicht interessant.
b) Runden nicht sinnvoll. $\frac{1}{2}$ Monat ohne Essen überlebt die Expedition nicht.
c) Runden sinnvoll. Die Angabe in ml ist genauer als man mit der Tankuhr messen kann.
d) Runden nicht sinnvoll. Die Tapeten reichen sonst nicht aus.

2 a) 3,2; −1,3; −31,0; 1,0; 1,0; 1,0; 1,0; 1,1
b) −2,84; 0,61; −0,91; 7,00; 10,00; 9,99; 10,00; 10,00

3 a) 0,445; 0,052; 8,865; −13,501; 0,010; −4,000
b) um 0,0001 kleiner; um 0,0004 größer; um 0,00029 größer; um 0,00031 kleiner; 0,0003 größer; um 0,0001 kleiner

4 a) 8 kg; 5 kg; 754 kg b) 2 m; 2 m; 13 m

5 individuelle Lösung, z. B.:
Keyboard (199 €), Tischfußball (99,95 €), Inlineskates (49,99 €), Monopoly (44,95 €), Fashion Fun (12,95 €), Badminton Set (29,99 €), CD (12,99 €) (Kosten insgesamt: 449,82 €)

6 a) Beispiel:
2,1931 + 1,094 + 14,278 − 8,108 − 4,791 + 3,201 + 7,154 + 19,871 − 25,139 = 9,7531
(Dies ist die Kombination, die am nächsten an 10 liegt. Wenn man bei den Vorzeichen das Minus durch Plus ersetzt und umgekehrt, erhält man dadurch die Lösung, die am nächsten an −10 liegt.)
b) individuelle Lösung.

7 Überschlag: 50 € + 9 € + 75 € + 25 € = 159 €
Exakter Rechnungsbetrag: 155,19 €
Das Geld reicht nicht aus.

8 Zum Beispiel 5,31; 5,34; 5,34999; 5,25; 5,2501
Es gibt zwar eine größte zweistellige Zahl (5,34), aber keine größte Zahl, die gerundet 5,3 ergibt. 5,25 ist die kleinste Zahl, die gerundet 5,3 ergibt.

9 Mindestens 9 450 000 € (= 9,45 Mio. €), höchstens 9 549 999 € (= 9,549999 Mio. €)

10 a)

Partei	Mindestzahl	Höchstzahl
CDU	8 050 000	8 149 999
SPD	6 650 000	6 749 999
FDP	1 050 000	1 149 999
Grüne	1 050 000	1 149 999
Sonstige	950 000	1 049 999

b) individuelle Lösung

Seite 72

11 a) individuelle Lösung
b) Überschlag: 1 kg + 0,5 kg + 0,3 kg + 0,5 kg + 1 kg + 0,5 kg + 1 kg + 1 kg = 5,8 kg
Genau: 5,502 kg
c) individuelle Lösung

12 a) 2,7; 2,8; −5,7
b) $20\,m^3$; $23\,m^3$; $2\,m^3$
c) individuelle Lösung

13 a) 1,5376 + 1,6103 + 1,7105 ≈ 2 + 2 + 2 = 6;
1,5376 + 1,6103 + 1,7105 = 4,8584
b) Da alle drei Summanden aufgerundet wurden, ist das Gesamtergebnis deutlich zu groß. Einen besseren Näherungswert hätte man erhalten, wenn man gleich auf eine Stelle nach dem Komma gerundet hätte, oder einen Summand (entgegen der eigentlichen Rundungsregel) abgerundet hätte.

14 a) Wenn man auf Stunden oder Minuten runden soll, wird üblicherweise unter 30 abgerundet und ab 30 aufgerundet. Wenn man auf Sekunden rundet, wird ab 5 aufgerundet, und Zahlen unter 5 werden abgerundet.
b) Runde auf h:
2 h 20 min ≈ 2 h; 4 h 35 min 21 s ≈ 5 h
Runde auf min:
20 min 42 s ≈ 21 min; 27 s ≈ 0 min
Runde auf s:
2,184 s ≈ 2 s; 10,72 s ≈ 11 s

15 a) Rechteck: 2 Symmetrieachsen, punktsymmetrisch zu M

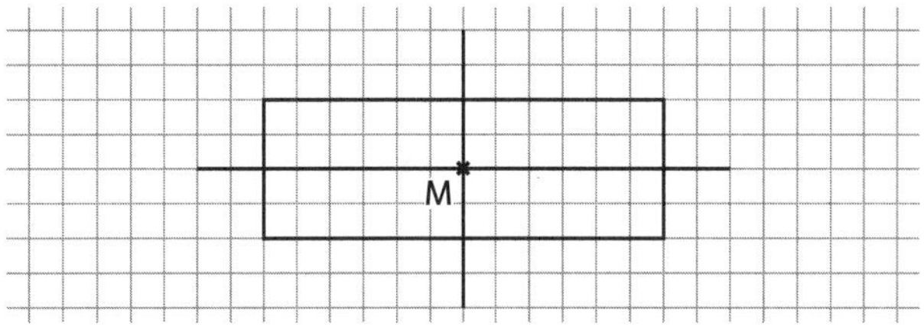

Parallelogramm: keine Symmetrieachsen, punktsymmetrisch zu M

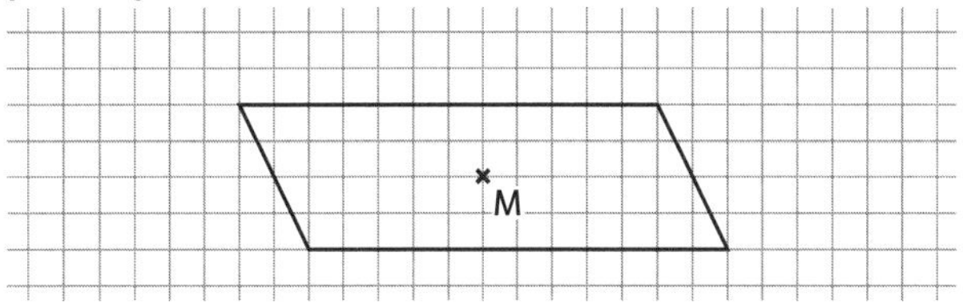

Trapez: 1 Symmetrieachse, nicht punktsymmetrisch

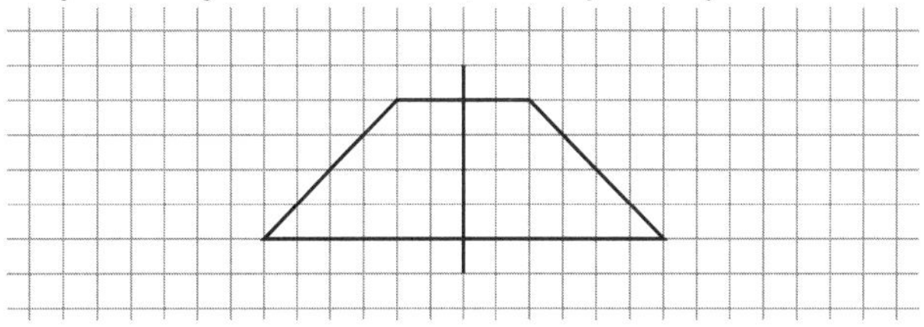

b) Quadrat oder Raute

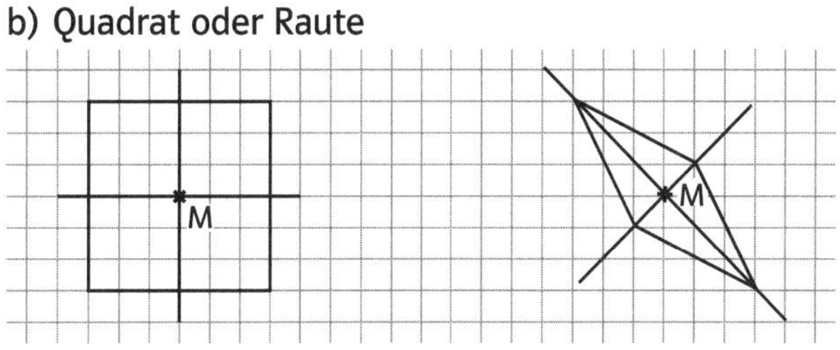

16 A′(−2 | 3); B′(−3 | 0); C′(−2 | −1); D′(−1 | 0)

4 Geschicktes Rechnen

Seite 74

1 a) 0,5 b) 2,3 c) 4 d) 12,2
e) −5 f) $-\frac{6}{7}$ g) $-\frac{20}{9}$ h) $\frac{13}{2}$

2 a) 4,5 b) 7,1 c) 3,1 d) 4,1
e) $\frac{1}{5}$ f) $\frac{1}{4}$ g) $-\frac{13}{3}$ h) $-\frac{33}{40}$

3 a) −1,2 (31,8) b) 0 $(-\frac{1}{4})$ c) 10,38 (14,86)

4
a) 4,3 b) −13,6 c) −5,4 d) −0,1
−1,3 −13,6 5,4 −0,1

5 a) (17,4 − 3,9) + 4,6 = 18,1
b) −29,8 − (9,3 + 0,35) = −39,45
c) (19,3 + 5,1) − (19,3 − 5,1) = 10,2

6 $\frac{7}{8} - \left(0{,}4 - \frac{1}{4}\right) = 0{,}725$
$\frac{7}{8} + 0{,}25 - \frac{2}{5} = 0{,}725$. Sie sind gleich groß.

7 100 g − (3,3 g + 4 g + 0,7 g + 0,5 g) = 91,5 g

8 a) 115,23 − 43,20 + 150,71 + 273,10 − 540,00 + 50,00 + 75,20 = 81,04
b) niedrigster Kassenbestand: −44,16 €;
höchster Kassenbestand: 495,84 €.

9 a) 0,5 b) 14,8 c) 4 d) $\frac{7}{5} = 1{,}4$

Seite 75

10 individuelle Lösung, z. B.:
$\frac{7}{10} + 0{,}3$; $0{,}9 - \left(-\frac{1}{10}\right)$;
$-(-0{,}6) + 0{,}4$; $0{,}44 - \frac{2}{50} - (-0{,}6)$; $0{,}9 + 0{,}09 - \left(-\frac{1}{100}\right)$.

11 individuelle Lösung; z. B.
Gesamteinnahmen

bis 18 Uhr	bis 19 Uhr	bis 20 Uhr	bis 21 Uhr
144,70 €	303,70 €	441,30 €	547,60 €

Einnahmen zwischen

18 und 19 Uhr	19 und 20 Uhr	20 und 21 Uhr
159,00 €	137,60 €	106,30 €

Einnahmen:

Pizza	Waffeln	Fleischkäse	Limo	Milchshake
192,50 €	32,90 €	110,70 €	120,00 €	91,50 €

a) Nach 20 Uhr wurde weniger Pizza und Fleischkäse gegessen, eher Waffeln.
Der Limokauf nahm im Laufe des Abends zu.
Der Pizzakauf nahm im Laufe des Abends ab, ebenso der Verkauf von Milchshakes.
Zwischen 18 und 19 Uhr wurde am meisten Pizza und Fleischkäse gegessen.
Der Waffelkauf nahm zunächst ab, dann wieder zu.
b) individuelle Lösung, z. B. Gesamteinnahmen, Absatz der einzelnen Essen und Getränke.

12 individuelle Lösung; z. B. Einnahmen im März (April): 11,80 € (17,80 €)
Ausgaben im März (April): 35,36 € (44,69 €)
Bilanz für März (April): 1,44 € (−1,89 €)
Weitere Berechnungen: Ausgaben für Bekleidung, Nahrungsmittel usw.

13 a) 3 € + 15 € + 8 € + 5 € − 0,07 € = 31 € − 0,07 € = 30,93 €
b) 87,581 − 1 + 0,001 = 86,582
c) Wettspiel, z. B.: Jeder Schüler notiert seine Rechnung auf ein Kärtchen. Diese erhält der Spielleiter. Klasse in 2 Gruppen teilen. Der Spielleiter liest die Aufgabe vor. Die Gruppen rechnen um die Wette. Wer zuerst das richtige Ergebnis hat, erhält einen Punkt. Bei falscher Antwort wird 1 Punkt abgezogen usw.
Weitere Bsp.: 2,99 + 2,99 + 2,99; $\frac{1}{4} + 17{,}875 - 0{,}25$

Wiederholen – Vertiefen – Vernetzen

Seite 76

1 a) Es wurden die Zähler und die Nenner einzeln addiert. Das richtige Ergebnis wäre $\frac{51}{35}$.
b) Hier wurden die Brüche zunächst auf einen gleichen Zähler gebracht und dann die Nenner addiert. Das richtige Ergebnis wäre $\frac{25}{14}$.
c) Hier wurde zwar der gemeinsame Nenner 20 richtig gefunden, allerdings hat man die unveränderten Zähler subtrahiert. Das richtige Ergebnis wäre $\frac{19}{20}$.
d) Hier hat man einfach die Zähler 3 und 10 addiert. Das richtige Ergebnis wäre $\frac{37}{70}$.

2 Die eingesetzten Ziffern sind hervorgehoben.

a)
  8 6, 0 7
+ **1** 2, 6 3
  9 **8**, **7** **0**

b)
  1 2, **7** **1**
+ 2 **9**, 6 3
  4 2, 3 4

c)
  8 5, **7** 5
− 2 **3**, 2 0
  6 2, 5 **5**

d)
  7 0, **6** **4**
− **0** **2**, 8 3
  6 7, 8 1

3 a) −1,6 b) −0,3 c) −1,4 d) $-\frac{1}{50}$

4 Die eingesetzten Lösungen sind hervorgehoben.

a)

0,8	**1,3**	0,6
0,7	0,9	**1,1**
1,2	**0,5**	**1**

b)

0	**0,9**	−0,6
−0,5	**0,1**	**0,7**
0,8	−0,7	0,2

c)

$\frac{3}{5}$	1,1	$\mathbf{\frac{2}{5}}$
$\mathbf{\frac{1}{2}}$	0,7	**0,9**
1	**0,3**	$\frac{4}{5}$

c) (1. Auflage: Zauberquadrat nicht vollständig lösbar.)

5 Bei den hervorgehobenen Zahlen gibt es verschiedene Möglichkeiten.

a)
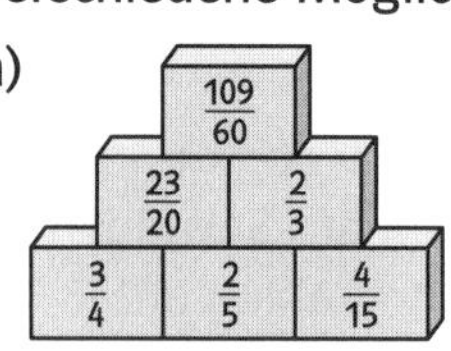

b)
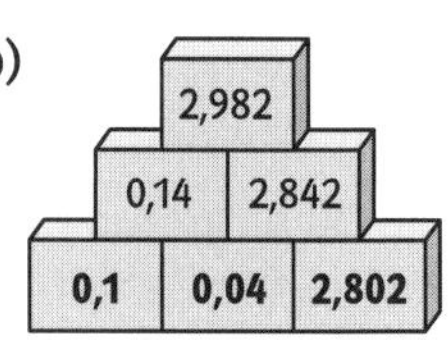

c)
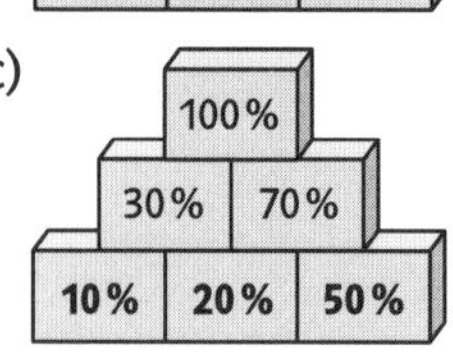

6 Bei den unbeschrifteten Steinen gibt es mehrere Lösungen.

$\frac{13}{6}$	$\frac{31}{12}$	$\frac{61}{12}$	8,25	0,75	–7,5	–2,5
$\frac{2}{3}$	$\frac{3}{2}$	$\frac{13}{12}$	4	4,25	–3,5	–4
$\frac{2}{3}$	$\frac{5}{6}$	0,25	3,75	$\frac{1}{2}$	–4	0
$\frac{1}{3}$	$\frac{1}{3}$	0,5	$-\frac{1}{4}$	4	–3,5	–0,5

–2,5	5,5	8,1	6,1	2,7	70 %
1,5	4	4,1	2	70 %	
0	1,5	2,5	1,6	40 %	30 %
0,5	1	1,5	10 %	30 %	

b) individuelle Lösung.

7 a) 0 b) 2
c) 23,18 d) –42

Seite 77

8 a) Summe: 0,9 b) Summe: –0,56
Differenz: –0,1 Differenz: 0,06
c) Summe: 0,65 d) Summe: 0,495
Differenz: –0,15 Differenz: –0,405

9 Bei den hervorgehobenen Feldern gibt es mehrere mögliche Lösungen.

$-\frac{18}{15}$	$-\frac{4}{15}$
$-\frac{11}{15}$	$-\frac{7}{15}$
$-\frac{3}{5}$	$-\frac{2}{15}$

$-\frac{1}{4}$	$\frac{5}{6} = \frac{10}{12}$
$\frac{7}{24}$	$-\frac{13}{24}$
$-\frac{1}{8}$	$\frac{5}{12}$

$\frac{2}{4} = \frac{1}{2}$	$\frac{4}{4} = \frac{2}{2}$
$\frac{3}{4}$	$-\frac{1}{4}$
$\frac{1}{4}$	0,5

$\frac{1}{2}$	$\frac{2}{3}$
$\frac{7}{12}$	$-\frac{1}{12}$
0,25	$\frac{1}{3}$

$\frac{2}{3}$	$\frac{1}{3}$
$\frac{1}{2}$	$\frac{1}{6}$
$\frac{1}{3}$	$\frac{1}{6}$

1	$-\frac{1}{2}$
$\frac{1}{4}$	$\frac{3}{4}$
$\frac{1}{2}$	$-\frac{1}{4}$

2. Stock: Die Zahlen aus dem Erdgeschoss haben sich verdoppelt.

10 a) Insgesamt gibt es 6 verschiedene Möglichkeiten.
b) Der Rechenausdruck $2{,}5 + \frac{1}{4} - 0{,}2 - \left(-\frac{1}{10}\right) + 10{,}4$ liefert mit 13,05 das größte Ergebnis,
der Rechenausdruck $2{,}5 - \frac{1}{4} + 0{,}2 + \left(-\frac{1}{10}\right) - 10{,}4$ mit –8,05 das kleinste Ergebnis.
c) Der Rechenausdruck $2{,}5 + \frac{1}{4} + 0{,}2 - \left(-\frac{1}{10}\right) - 10{,}4$ liefert mit –7,35 ein Ergebnis, das am nächsten bei der 0 liegt.
d) Das größte Ergebnis und das Ergebnis, welches am nächsten an der Null liegt bleiben gleich. Das kleinste Ergebnis beträgt nun –8,45 und lässt sich wie folgt darstellen:
$2{,}5 - \left(\frac{1}{4} + 0{,}2 - \left(-\frac{1}{10}\right) + 10{,}4\right)$

11 Es lassen sich viele Möglichkeiten finden, um die Balkenwaage in ein Gleichgewicht zu bringen. Zwischen 3,65 kg und 0,75 kg lassen sich alle Gewichte in 0,05 kg-Schritten zusammenstellen, sodass die Waage im Gleichgewicht ist. Für die einzelnen Gewichtsstufen lassen sich verschieden viele Schachtel-Zusammenstellungen finden. Zusätzlich kann man 0,5 kg auf eine Art und 0,6 kg sowie 0,7 kg auf drei Arten zusammenstellen.
(Zu beachten ist grundsätzlich, dass jede Schachtel nur genau einmal zur Verfügung steht.)
- 3,65 kg:
$1{,}5\,kg + \frac{4}{6}\,kg + \frac{1}{3}\,kg + 0{,}25\,kg + \frac{6}{10}\,kg + 0{,}2\,kg + 0{,}1\,kg$
$= \frac{3}{4}\,kg + 1{,}2\,kg + \frac{4}{5}\,kg + \frac{3}{6}\,kg + \frac{6}{15}\,kg$
- 1,5 kg:
$1{,}2\,kg + 0{,}2\,kg + 0{,}1\,kg$
$= \frac{4}{6}\,kg + \frac{1}{3}\,kg + \frac{6}{15}\,kg + 0{,}1\,kg$
$= \frac{6}{15}\,kg + \frac{4}{5}\,kg + 0{,}2\,kg + 0{,}1\,kg$
$= \frac{3}{4}\,kg + 0{,}25\,kg + \frac{6}{15}\,kg + 0{,}1\,kg$
$= \frac{4}{5}\,kg + \frac{3}{6}\,kg + 0{,}2\,kg$
$= 1{,}5\,kg$
$= \dots$
- 0,5 kg:
$\frac{6}{15}\,kg + 0{,}1\,kg$
$= \frac{3}{6}\,kg$
- usw.

12 Insgesamt passen 72 Bilder auf die Speicherkarte. $\frac{1}{2}x + 12 = \frac{2}{3}x \rightarrow \frac{1}{6}x = 12 \rightarrow x = 72$

13 individuelle Lösung (Wenn man alle Flächenanteile addiert, erhält man 105 % der gesamten Fläche. Bei den Angaben muss daher ein Fehler vorliegen, oder der Zeitung ist ein Tippfehler unterlaufen.)

14 Die Schlange übertrifft den Rekord um 5,1 m. Weitere Beispiele Anakonda 9 m lang, 200 kg: 5,85 m kürzer als der Python, 0,75 m unter dem alten Rekord, 247 kg leichter als der Python.

Seite 78

15 individuelle Lösung, z. B.:
Lance Armstrong hat für die 20. Etappe 1h 11min 46s benötigt.
Oscar Pereiro Sio hat für diese Etappe 4min länger gebraucht als Lance Armstrong.
Michael Rasmussen hat für diese Etappe mit 1h 19min 33s am längsten von allen benötigt und sich dadurch um 4 Plätze in der Gesamtwertung verschlechtert.

16 a) Entfernung Münster/Flughafen Düsseldorf: ca. 93km.
Entfernung Münster/Flughafen Köln/Bonn: ca. 125km.
Münster liegt etwa 32km näher am Flughafen Düsseldorf als am Flughafen Köln/Bonn. Mit dem Auto wäre die Entfernungsdifferenz etwa gleich groß.
b) Wenn man vom Flughafen Köln/Bonn über Düsseldorf nach Dortmund fliegt, legt man insgesamt eine Flugstrecke von etwa 110km zurück. Fliegt man vom Flughafen Köln/Bonn über Mönchengladbach/Neuss, Düsseldorf und Dortmund nach Paderborn/Lippstadt, legt man insgesamt eine Flugstrecke von etwa 200km zurück.

17 a)

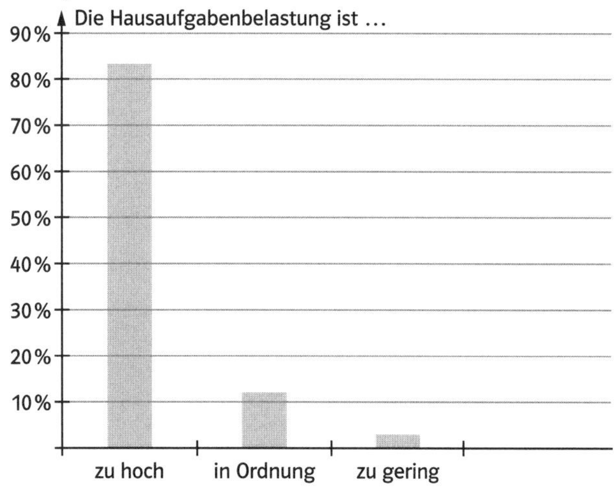

b) Der Anteil derjenigen, die sich bei der Umfrage enthalten haben, beträgt ungefähr 0,452%.
c) Hätte man nur die Schüler gefragt, so wäre der Anteil derjenigen, die die Hausaufgabenbelastung als zu hoch sehen, vermutlich noch höher. Hätte man hingegen nur die Lehrer gefragt, so könnte der Anteil derjenigen, die die Hausaufgabenbelastung als „in Ordnung" ansehen, höher sein.

Seite 79

18 Die genauen Seitenlängen betragen
a) 3 und 2,5; b) 4,6 und 2,59;
c) 5,387 und 8,24.

19 a) D(4,12 | 7,05)
b) C(4,07 | 5,813) und D(0,427 | 5,813) oder C(4,07 | −1,473) und D(0,427 | −1,473)
c) C(8,46 | 4,12), C(−1,378 | 4,12), oder C(1,88 | −1,52)
d) S(3,167 | 7,25), T(0,632 | 4,715) und U(5,702 | 4,715).

20 A′(4,383 | 2,09) und B′(8,667 | −1,26)

21 a) $5\frac{1}{2}$ l (1. Auflage: Ergebnis 14 l)
b) $2 + 5 + \frac{1}{8} + \frac{3}{4} = 7\frac{7}{8}$; $2{,}125 + 5{,}75 = 7{,}875$
$\frac{17}{8} + \frac{23}{4} = \frac{63}{8}$
c) $8 - 4 + \frac{5}{6} - \frac{1}{12} = 4\frac{3}{4}$; $\frac{53}{6} - \frac{49}{12} = \frac{19}{4}$

22
1. Reihe: $-\frac{1}{6}; -\frac{1}{12}; -\frac{1}{20}; -\frac{1}{30}; -\frac{1}{42}; -\frac{1}{56}; \ldots; -\frac{1}{132}$
2. Reihe: $-\frac{3}{20}; -\frac{3}{42}; -\frac{3}{72}; -\frac{3}{110}; -\frac{3}{156}; -\frac{1}{70}; \ldots; -\frac{3}{506}$
z. B.: $\frac{1}{2} - \frac{1}{4}$
$\frac{1}{8} - \frac{1}{16}$ liefert: $\frac{1}{4}; \frac{1}{16}; \frac{1}{64}; \ldots$
$\frac{1}{32} - \frac{1}{64}$
oder $1 - \frac{1}{2}$
$1 - \frac{1}{3}$ liefert: $\frac{1}{2}; \frac{2}{3}; \frac{3}{4}; \ldots$
$1 - \frac{1}{4}$

23 a) Falsch, da z. B. $\frac{5}{2} - \frac{1}{2} = 2$ ist.
b) Richtig, z. B. $\underbrace{\frac{3}{5} + \frac{3}{5} + \frac{3}{5} + \frac{3}{5} + \frac{3}{5}}_{\text{5 Summanden}} = \frac{15}{5} = 3$.
(allgemein: $\underbrace{\frac{a}{b} + \ldots + \frac{a}{b}}_{\text{b Summanden}} = a$)
c) Falsch, da z. B. $\frac{1}{4} + \frac{1}{4} = \frac{1}{2}$ ist, oder $\frac{1}{4} + \frac{7}{4} = \frac{2}{1}$ ist.

24 a) Da die Freunde kein Kamel „zerteilen" wollten, konnten sie die Anteile nicht von 19 Kamelen nehmen.
b) Der Derwisch hat die Anteile nicht – wie es vorgesehen war – von 19 Kamelen genommen, sondern von 20. Damit war der Anteil für jeden der drei Freunde etwas gößer. Dass die Verteilung trotzdem für die drei Freunde aufging, lag daran, dass ihr Gesamterbe eigentlich nur 95% der Kamele betragen sollte. Die Aufteilung des Derwisch ist somit nur für denjenigen ungerecht, der die übrigen 5% erhalten sollte.

Exkursion: Musik und Bruchrechnung

Seite 80

Aufgabe 1

a) 3/4-Takt,
denn $\frac{1}{8} + \frac{1}{8} + \frac{1}{4} + \frac{1}{4} = \frac{1}{16} + \frac{1}{16} + \frac{1}{4} + \frac{1}{4} + \frac{1}{8} = \frac{3}{4}$

b) 2/4-Takt, denn $\frac{1}{4} + \frac{1}{8} + \frac{1}{8} = \frac{1}{4} + \frac{1}{4} = \frac{2}{4}$

c) 4/4-Takt, denn $\frac{1}{4} + \frac{1}{8} + \frac{1}{8} + \frac{1}{2} = \frac{1}{4} + \frac{1}{4} + \frac{1}{2} = \frac{4}{4}$

Aufgabe 2

a)  2/4-Takt

b)  2/4-Takt

c)  3/4-Takt

d) 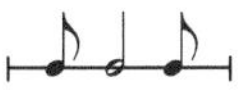 3/4-Takt

e)  4/4-Takt

f)  4/4-Takt

Aufgabe 3

a) $\frac{1}{4}:3 = \frac{1}{12}$

b) $\frac{3}{12} = \frac{1}{4}$

Aufgabe 4

$\left(\frac{3}{4} - \frac{2}{8} - \frac{1}{4}\right):2 = \frac{1}{8}$

Aufgabe 5

a) $\frac{3}{8} + \frac{1}{8} = \frac{4}{8} = \frac{2}{4}$

b) $\frac{1}{4} + \frac{3}{4} = \frac{4}{4}$

Aufgabe 6

Seite 81

Die Flöten spielen in der gesamten Sequenz einen 6/8-Takt. Die Hörner beginnen mit einem 6/8-Takt und wechseln für die letzten vier Takte in einen 3/4-Takt.

III Winkel und Kreis

Lösungshinweise Kapitel 3 Erkundungen

Seite 86 – 87

1 Winkel erleben
Keine konkreten Lösungsangaben sind notwendig. Es geht mehr um das Gefühl für die Winkelgrößen zu entwickeln.

2 Sehwinkel bei Mensch, Tier und Technik
Auch hier sind keine konkreten Lösungsangaben notwendig. Das Ziel dieser Erkundung ist die Bedeutung von Winkeln bei Gesichtsfeldern und Fotoapparaten zu entdecken.

3 Das Geodreieck
Auch hier sind keine konkreten Lösungsangaben notwendig. Das Ziel dieser Erkundung ist der Umgang mit dem Geodreieck zu beherrschen. Die Benutzung vom Geodreieck ist z. B. beim Zeichnen von parallelen/senkrechten Geraden, rechten Winkeln, Bestimmen von Längen, Abständen, Spiegeln von Figuren, Messen vom Winkel, hervorzuheben.

1 Winkel

Seite 89

1 a) Zeichnungen: individuelle Lösung
Je spitzer der Neigungswinkel ist, desto weniger Wohnraum in ausreichender Höhe steht unter dem Dach zur Verfügung.
b) individuelle Lösung

2 a) Die Zeiger zeigen zwar in verschiedene Richtungen (bzw. die dargestellten Winkel sind unterschiedlich), aber die angezeigte Geschwindigkeit ist in beiden Fällen gleich, nämlich 110 km/h.
Auf dem linken Tacho können nur Geschwindigkeiten bis 160 km/h angezeigt werden, auf dem rechten Tacho Geschwindigkeiten bis 240 km/h. Möglicherweise kann das Auto mit dem rechten Tacho höhere Geschwindigkeiten erreichen als das Auto mit dem linken Tacho.

b) individuelle Lösung, z. B.:

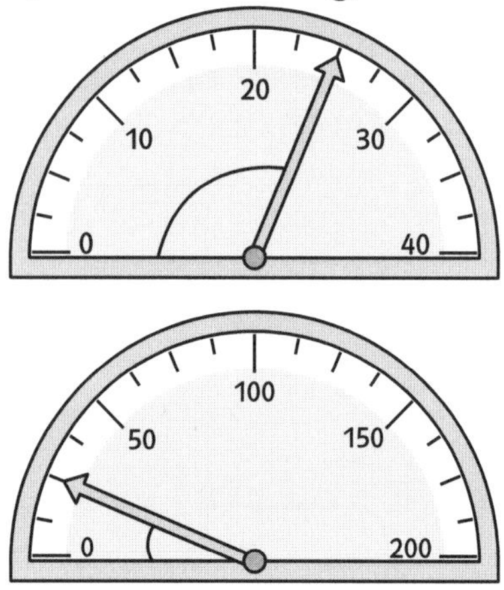

3 a) 10 min

25 min

40 min

b) 1 – 15 min
2 – 50 min
3 – 25 min
4 – 35 min

4 a) Wenn man die roten Kreuze als die Position der Personen annimmt, kann Emil Ede, Alex und Tom sehen.
Wenn man von den gezeichneten Köpfen ausgeht, kann Emil Alex, Tom und Tim sehen.
b) Je näher Emil an der Straße steht, desto größer wird der Blickwinkel auf die andere Straßenseite. Entfernt er sich weiter von der Straße, so kann er weniger auf der anderen Straßenseite sehen, denn sein Blickwinkel wird mit zunehmendem Abstand zur Straße kleiner.

Zeichnungen: individuelle Lösungen
Emil müsste sich direkt hinter den Busch stellen, um möglichst viel von der anderen Straßenseite zu sehen und trotzdem versteckt zu bleiben.

5 Wenn Laura auf den Turm zugeht, wird der Winkel größer.
Je weiter sich Laura vom Turm entfernt, desto kleiner wird der Winkel.

2 Winkel schätzen, messen und zeichnen

Seite 92

1 a) und b) individuelle Bearbeitung in Partnerarbeit.
c) individuelle Lösung, z.B.:
Man überlegt zunächst, um was für eine Winkelart es sich handelt. Dann weiß man bereits, in welchem Bereich die Winkelgröße liegen muss. Anschließend versucht man, den Winkel mit Winkeln zu vergleichen, dessen Größe man leicht erkennen kann (z.B. 90°, 180°, 270°). Wenn z.B. ein Winkel der Größe nach ziemlich genau in der Mitte zwischen 90° und 180° liegt, kann man seine Größe auf etwa 135° schätzen.

2 a)

Winkel	Winkelart	Messung
α_1	spitzer Winkel	34°
α_2	überstumpfer Winkel	326°
α_3	rechter Winkel	90°
α_4	überstumpfer Winkel	270°
β_1	spitzer Winkel	56°
β_2	stumpfer Winkel	124°
β_3	spitzer Winkel	56°
β_4	stumpfer Winkel	124°
γ_1	stumpfer Winkel	106°
γ_2	überstumpfer Winkel	254°
δ_1	spitzer Winkel	18°
δ_2	überstumpfer Winkel	342°

b) 90°: $\beta_3 + \alpha_1$; $\beta_1 + \alpha_1$
180°: $\alpha_3 + \beta_3 + \alpha_1$; $\alpha_3 + \beta_1 + \alpha_1$; $\beta_2 + \beta_1$; $\beta_4 + \beta_1$; $\beta_2 + \beta_3$; $\beta_4 + \beta_3$; $\delta_1 + \beta_1 + \gamma_1$
360°: $\delta_2 + \delta_1$; $\alpha_3 + \alpha_4$; $\alpha_4 + \beta_3 + \alpha_1$; $\alpha_4 + \beta_1 + \alpha_1$; $\beta_2 + \beta_1 + \beta_4 + \beta_3$; $\alpha_1 + \alpha_2$; $\gamma_1 + \gamma_2$; $\beta_2 + \beta_3 + \beta_1 + \alpha_1 + \alpha_3$; $\gamma_1 + \beta_1 + \beta_4 + \beta_3 + \delta_1$; $\beta_1 + \alpha_1 + \alpha_3 + \beta_3 + \gamma_1 + \delta_1$

3

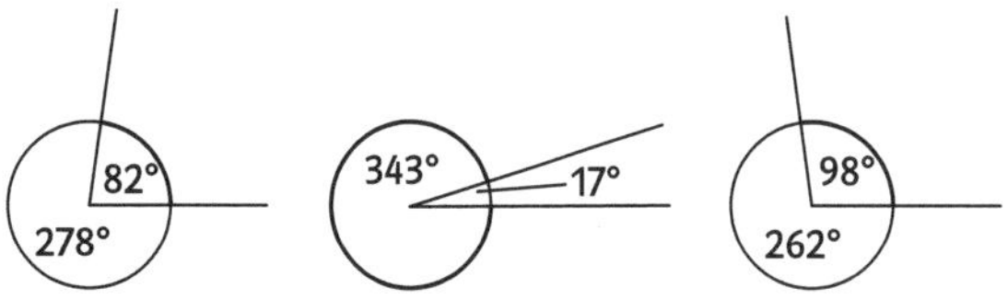

Jeweils zwei Zeichnungen sind bis auf das Einzeichnen des Kreisbogens für den Winkel identisch, da sich je zwei Winkel zu 360° ergänzen.
(17° + 343° = 360°; 82° + 278° = 360° und 98° + 262° = 360°)

4 a) und b)
$\alpha = 16°$ $\beta = 42°$ $\gamma = 51°$ $\delta = 77°$

5 Ein Winkel beträgt 15°.

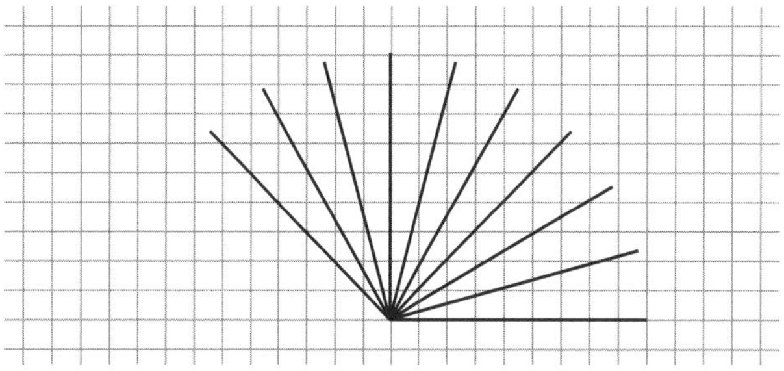

Der Gesamtwinkel beträgt 135°.

Seite 93

6 individuelle Lösungen und Kontrolle durch den Partner.

7 a) Die Figur enthält vier spitze und einen überstumpfen Innenwinkel.
b) In einem Viereck kann es höchstens drei spitze Winkel geben. Auch wenn man die spitzen Winkel immer größer wählt, ist es nicht möglich, vier spitze Winkel zu erhalten.
Das folgende Viereck z.B. hat drei spitze Winkel:

In einem Dreieck kann es höchstens einen stumpfen Winkel geben. Das folgende Dreieck hat einen stumpfen Winkel:

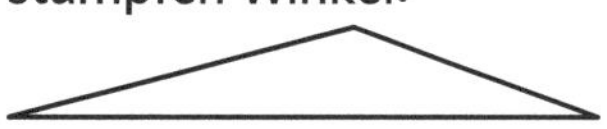

In einem Fünfeck kann es höchstens zwei überstumpfe Winkel geben. Das folgende Fünfeck hat zwei überstumpfe Winkel:

8 a) Sebastian hat vergessen darauf zu achten, dass die Nullmarke des Geodreiecks auf dem Scheitel des Winkels liegen muss, wenn man den Winkel misst.
b) individuelle Lösung, z. B.:
Man muss darauf achten, dass die Seite des Geodreiecks genau am Schenkel liegt und dass die Nullmarke im Scheitel des Winkels liegt, denn sonst wird die Messung ungenau.
Außerdem muss man darauf achten, die richtige Skala auf dem Geodreieck zu verwenden. Wenn man die falsche Skala abliest, erhält man nicht den Winkel (z. B. α) sondern $180° - \alpha$. Um diesen Fehler zu vermeiden, sollte man zunächst abschätzen, wie groß der Winkel ist und dann überprüfen, ob das Messergebnis mit der Schätzung übereinstimmt.

9 individuelle Lösung, z. B.:
Ein spitzer Winkel erinnert an eine Pfeilspitze.

Hat ein Handwerker „recht" gearbeitet, so bilden z. B. die Wände eines Hauses einen rechten Winkel.

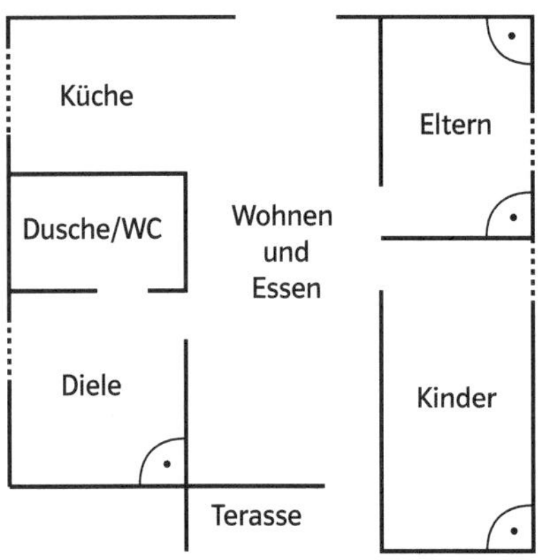

Ein Gegenstand mit einem stumpfen Winkel ist nicht spitz genug, um sich daran zu verletzten. Zum Beispiel: hat ein 5-eckiger Tisch stumpfe Außenwinkel. Ein 3-eckiger Tisch hat spitze Außenwinkel. An dem 5-eckigen Tisch kann man sich nicht so stark stoßen, wie an dem 3-eckigen.

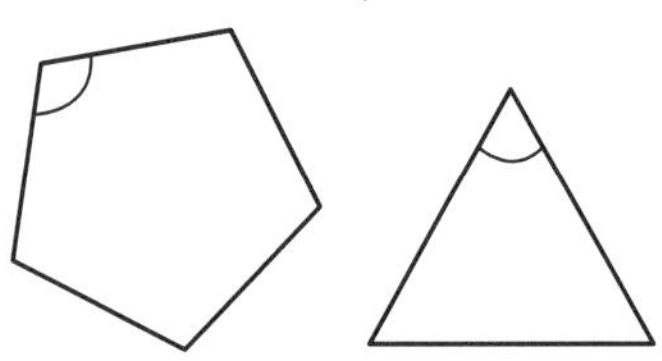

Vergrößert man einen spitzen Winkel, so ist er genau bei 180° langgestreckt. Daher der Name gestreckter Winkel.

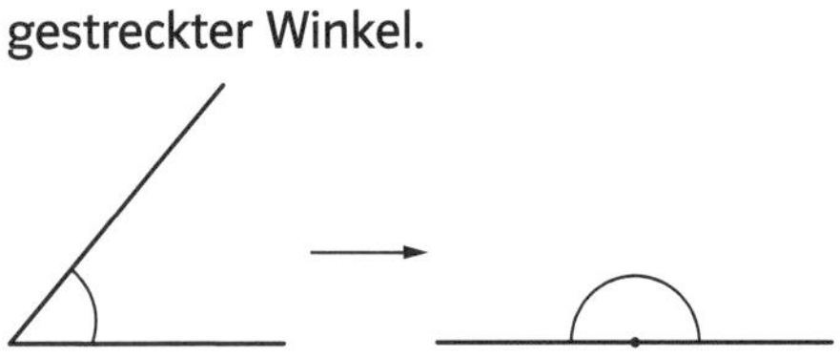

Ein überstumpfer Winkel ist größer als ein stumpfer Winkel. Man geht also über den stumpfen Winkel hinaus zum überstumpfen Winkel.

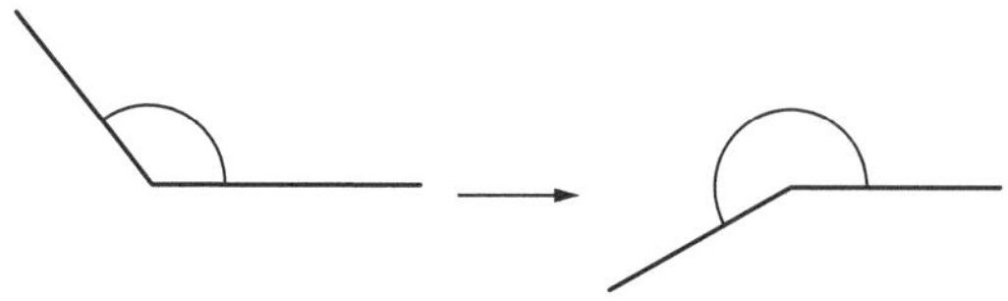

Ein Vollwinkel entspricht einer vollen Umdrehung.

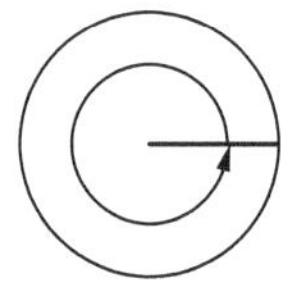

Seite 94

10 a) Die Schrittmaßregel ist erfüllt, denn:
$2 \cdot 17\,\text{cm} + 29\,\text{cm} = 63\,\text{cm}$ (und somit zwischen 59 cm und 65 cm)
Die Sicherheitsregel ist erfüllt, denn:
$17\,\text{cm} + 29\,\text{cm} = 46\,\text{cm}$
Die Regel für bequeme Begehbarkeit ist erfüllt, denn: $29\,\text{cm} - 17\,\text{cm} = 12\,\text{cm}$
Steigungswinkel ca. 30°.
b) individuelle Lösung, z. B.:
Eine Treppe mit Stufenlänge 33 cm und Stufenhöhe 13 cm erfüllt die Schrittmaßregel und die Sicherheitsregel, aber nicht die Regel für bequeme Begehbarkeit.

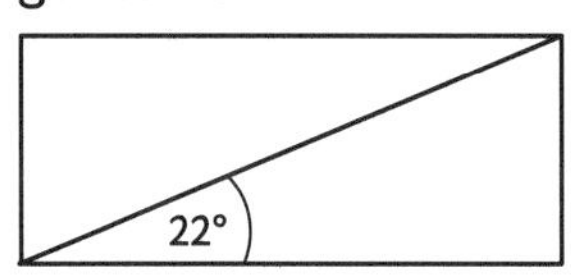

c) individuelle Lösung

11 a)

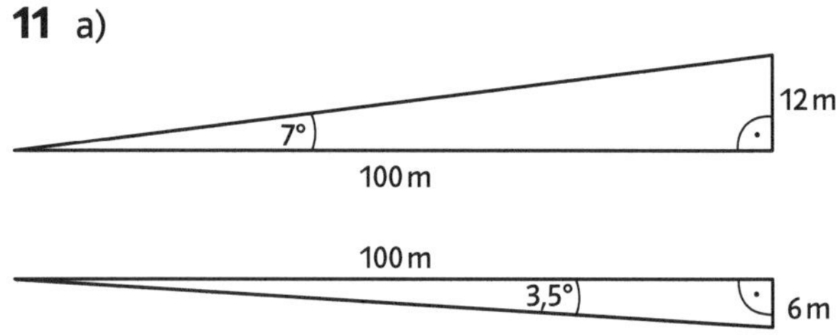

b)

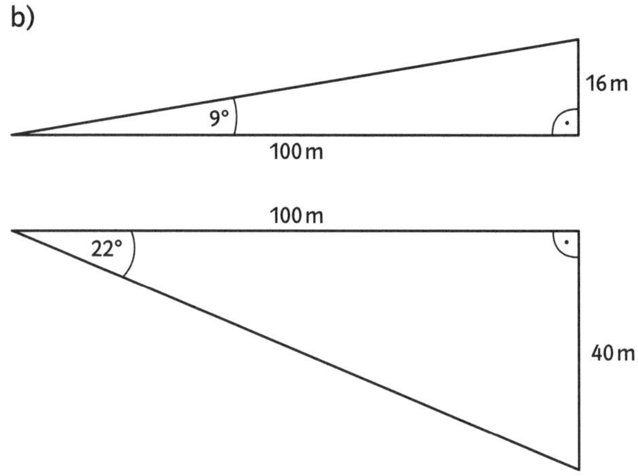

12 a) $\frac{1}{4} = 25\,\%$ b) $\frac{3}{4} = 75\,\%$ c) $\frac{6}{10} = 60\,\%$
d) $\frac{13}{20} = 65\,\%$

13 a) Von ihrer Oma erhält Annika 50 € und von ihren Eltern erhält sie 100 €.
b) Der Händler hat ihr 10 % Rabatt gegeben.

14 a) $\frac{10}{5} = 2$ b) $\frac{14}{7} = 2$ c) $\frac{22}{24} = \frac{11}{12}$
d) $\frac{19}{9}$ e) $\frac{36}{80} - \frac{30}{80} = \frac{6}{80} = \frac{3}{40}$

3 Kreisfiguren

Seite 96

1 a) Durch Falten entlang der Symmetrieachsen kann überprüft werden, ob man genau gezeichnet hat. Wenn man ungenau gezeichnet hat, verlaufen die Knicke nicht auf den Linien, sondern neben den Linien.
b) individuelle Lösung

2 a) 1. Bild 90°; 2. Bild 120°; 3. Bild 36°
b) Die Bilder aus Fig. 1 werden ins Heft übernommen. Es entstehen eigene Entwürfe zu Rotoren, z. B.:

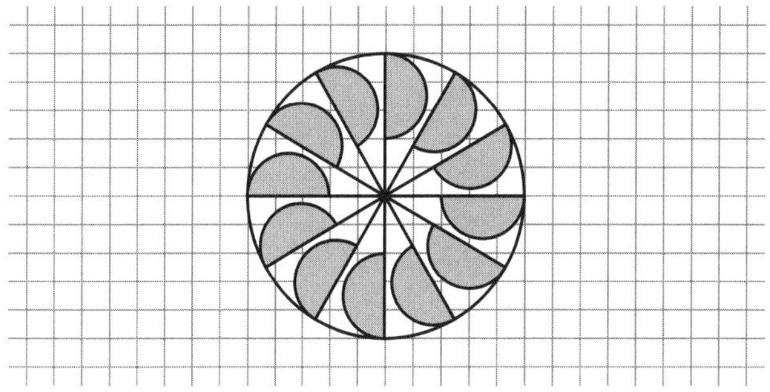

3 a) Die Figuren sind aus dem Buch ins Heft zu übertragen. Die Mittelpunktswinkel der Figuren sind:

1. Stern	(Zwölfeck)	30°,
2. Blume	(Achteck)	45°.

b) freie Entwürfe der Schüler

4 a) Die Figuren sind aus dem Buch ins Heft zu übernehmen. Die Mittelpunktswinkel der Figuren sind

Dreipass	(Sechseck)	60°
Vierpass	(Achteck)	45°
Sechspass	(Sechseck)	60°

b) freier Entwurf nach den Ideen der Schüler, zum Beispiel:

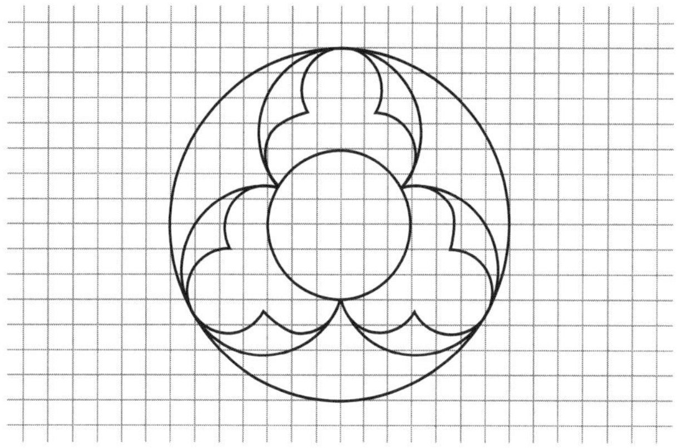

Wiederholen – Vertiefen – Vernetzen

Seite 97

1 a) Der Zeitraum 2–3 Woche müsste im Verhältnis doppelt so groß sein wie der für die 1. bzw. 4. Woche. Der Winkel müsste daher einem 90° Winkel entsprechen. Er beträgt aber nur ca. 70°.
b)

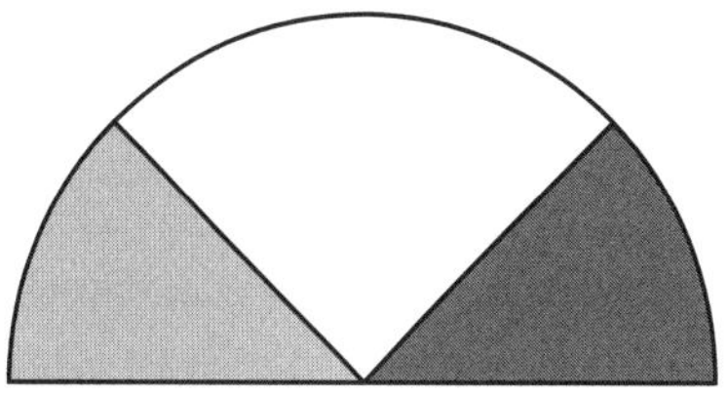

c)
- Werbewirksamkeit
- Unterbringung der Schrift
- Zeitliche Komponente sollte eigentlich nicht dargestellt werden und wurde später ergänzt.

2 a) Durch Nachmessen ergibt sich: Die Vermutung von Petra stimmt allgemein nicht.
b) Die Punkte A und B müssen denselben Abstand vom Punkt S haben, damit die Winkelhalbierung möglich ist.
c) Die Überlegung von Maria stimmt nicht. Ist der Abstand des Punktes S von der Teilungsgeraden sehr klein, so wird der Trugschluss von Maria deutlich.

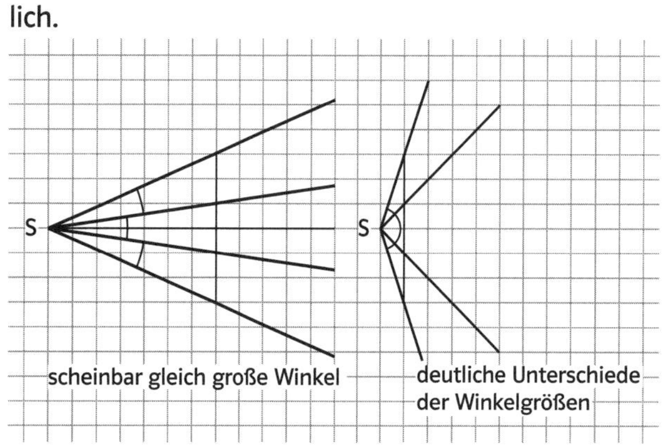

3 a)–d) individuelle Lösung
e) Man kann durch Zeichnungen feststellen, dass Leons Theorie nicht funktioniert. Bei einem Steigungswinkel von 20° ist die Abweichung noch so gering, dass man einen Messfehler vermuten könnte. Bei 30° ist die Abweichung jedoch deutlich zu erkennen. Die von Leon vermutete Steigung beträgt 3·17,6% = 52,8%. Die durch eine Zeichnung bestimmte Steigung hingegen beträgt ca. 57%.
Je größer man den Steigungswinkel wählt, umso deutlicher kann man erkennen, dass Leons Theorie nicht stimmt.

Seite 98

4 a)

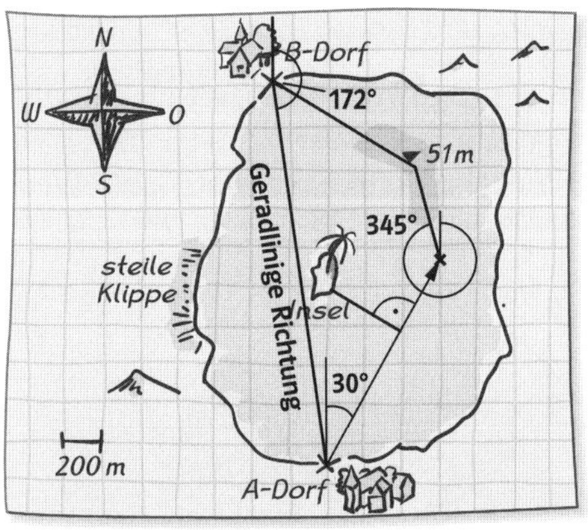

Das Schiff befindet sich in der Nähe des in der Karte eingezeichneten Dreiecks mit Wassertiefe 51m (eingezeichnetes Kreuz in der obigen Karte).
b) Von dieser Position sind es noch etwa 900 Meter bis B-Dorf. Das Boot müsste einen Kurs von etwa 300° einschlagen, um B-Dorf zu erreichen.
c) Der Kurs für eine gradlinige Rückfahrt muss etwa 172° betragen.
d) Der kürzeste Abstand der Insel von der Bahn des Schiffes bei der Fahrt von A-Dorf nach B-Dorf beträgt etwa 2,2 Kästchenlängen (bzw. 1,1cm bei Übertragung auf übliches Kästchenpapier), das entspricht ca. 440m. Man kann das Boot somit nicht von der Insel aus sehen.
Bei gradliniger Rückfahrt von B-Dorf nach A-Dorf könnte man das Schiff jedoch sehen, denn der kürzeste Abstand des Schiffes zur Insel beträgt auf diesem Weg deutlich weniger als ein Kästchen.

5 a)

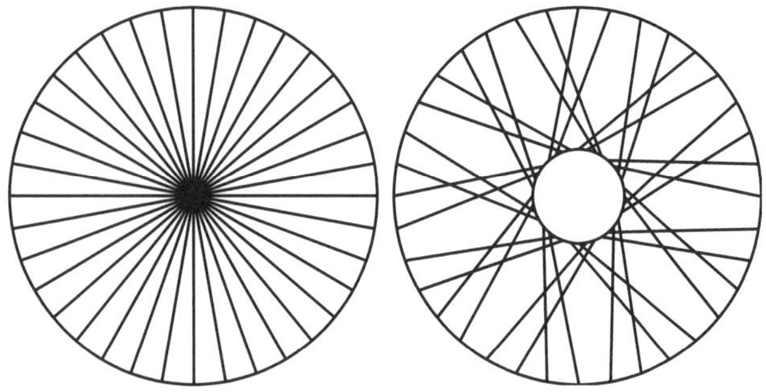

b) individuelle Lösung (Der Radius der Felgen eines 28er Fahrrades beträgt ca. 30cm, der Radius des Speichenlochkreises beträgt zwischen 3,0cm und 4,0cm.)
c) individuelle Lösung
Folgende Aspekte könnten gefunden werden:
Radial eingespeichte Räder sind etwas günstiger für die Aerodynamik und etwas leichter als tangential eingespeichte, aber ungünstiger für die Stabilität insbesondere bei Belastungen auf unebener Strecke oder in Kurvenlagen.
Man findet daher radial eingespeichte Räder vor allem bei Rennrädern, wo die Aerodynamik bei hohen Geschwindigkeiten wichtig ist. Rennräder werden in der Regel weniger durch Gepäck oder schlechten Straßenbelag beansprucht als Tourenräder oder Mountainbikes.
Bei Rennrädern ist es häufig der Fall, dass vorne radial und hinten tangential eingespeicht wird, da am Hinterrad die Belastung durch das Gewicht des Fahrers in der Regel größer ist.
Ein praktischer Vorteil ist, dass man die Speichen bei radialer Einspeichung besser putzen kann.
(Bemerkungen: Es gibt auch halb-radial eingespeichte Räder. Bei tangential eingespeichten Rädern ist zudem die Anzahl der Kreuzungen von Bedeutung.)

Seite 99

6 a) Stuttgart (592 Tsd. Einwohner), Tübingen (83 Tsd.), Pforzheim (119 Tsd.), Heilbronn (121 Tsd.)
b) 115°

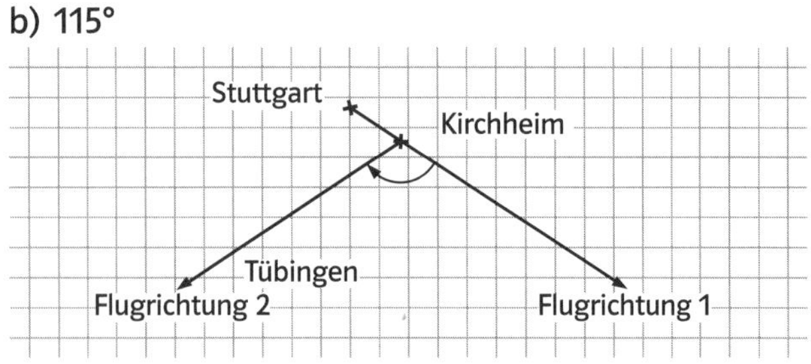

c) Reutlingen – Startrichtung Süd (S)
Ludwigsburg – Startrichtung Nord (N)
d) Der Hubschrauber befindet sich in der Nähe von Künzelsau.
e) Die Ergebnisse werden durch die Schüler angegeben und verglichen.

7 a) **Richtung:** Wenn man Z1 gegen den Uhrzeigersinn dreht, dann dreht sich Z2 mit dem Uhrzeigersinn und Z3 dreht sich gegen den Uhrzeigersinn.
Grad: Z1 wird zwei Zähne weiter gedreht, somit drehen sich die anderen Zahnräder jeweils auch um zwei Zähne weiter. Man kann nun ausrechnen (oder ausmessen), wie viel Grad eine Drehung um zwei Zähne bedeutet.
Z1: 2 von 12 Zähnen, entspricht einer Drehung um $60° \left(\frac{2}{12} = \frac{60}{360}\right)$
Z2: 2 von 24 Zähnen, entspricht einer Drehung um $30° \left(\frac{2}{24} = \frac{30}{360}\right)$
Z3: 2 von 6 Zähnen, entspricht einer Drehung um $120° \left(\frac{2}{6} = \frac{120}{360}\right)$
b) Das Rad Z3 müsste sich dann 6 Zähne weiterdrehen. Der Bolzen müsste deshalb so angebracht werden, dass Z1 maximal eine halbe Drehung machen kann.

8 a)

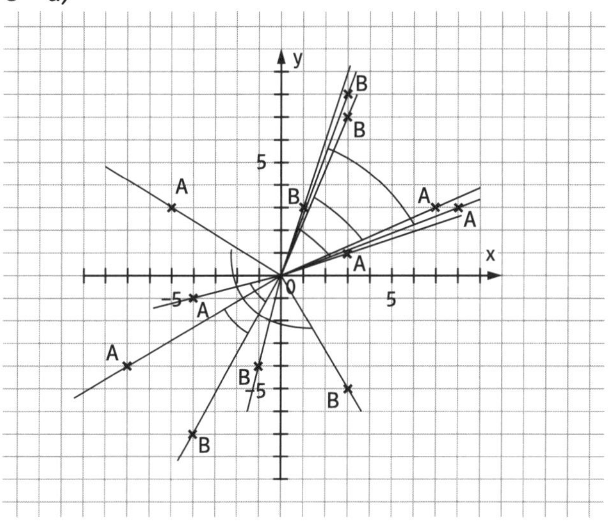

A	(3 | 1)	(7 | 3)	(−5 | 3)	(−4 | −1)	(8 | 3)	z. B. (−7 | −4)
B	(1 | 3)	(3 | 7)	(3 | −5)	(−1 | −4)	(3 | 8)	z. B. (−4 | −7)
α	54°	44°	152°	63°	50°	30°

b) Rechte Winkel entstehen, wenn die y-Koordinate des Punktes A den Wert 0 hat (bzw. die x-Koordinate des Punktes B den Wert 0 hat).
Winkel der Weite 180° entstehen, wenn x- und y-Koordinaten verschiedene Vorzeichen haben und gleichen Betrag.
c) Der Winkel ist klein, wenn die Koordinaten sehr nah beieinander liegen. Er wird 0°, wenn die x- und y-Koordinate gleich sind. Der Winkel wird groß, wenn die Punkte einen gestreckten Winkel bilden (vgl. b)).
Beachtet man den Drehsinn, was an dieser Stelle nicht von den Schülerinnen und Schülern erwartet werden kann, ergeben sich differenziertere Betrachtungen, z. B.:
Besonders große Winkel entstehen, wenn für den Punkt A gilt:
1) beide Koordinaten positiv und x-Koordinate < y-Koordinate
2) beide Koordinaten negativ und x-Koordinate > y-Koordinate.
So ergibt sich ein Winkel zwischen 290° und 360°.

Exkursion: Orientierung im Gelände

Seite 100

Arnsberg – 35°
Iserlohn – 324°
Lüdenscheid – 270°
Olpe – 186°
Schwerte – 318°
Warstein – 52°

individuelle Lösung

individuelle Lösung

individuelle Lösung (Ausformulierung des in der Graphik enthaltenen Textes.)

Seite 101

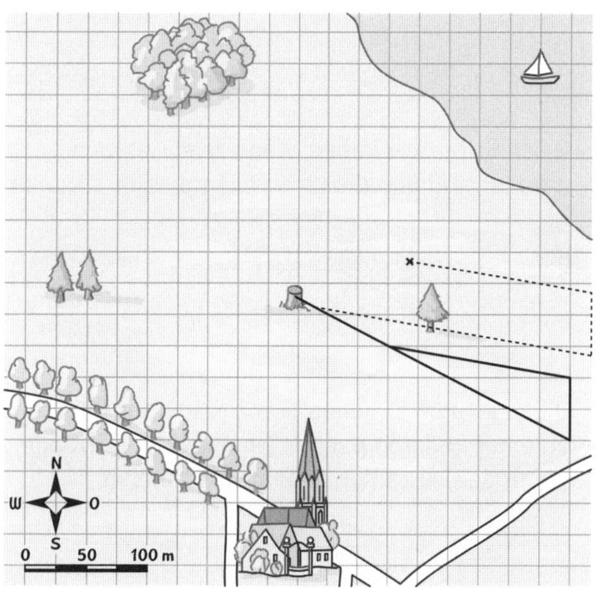

durchgezogen: richtiger Weg
gestrichelt: falscher Weg
Sebastian verfehlt den Schatz auf der Karte um 1,4 cm. Dieses entspricht ungefähr 70 m in der Realität.

individuelle Lösung

individuelle Lösung

IV Strategien entwickeln – Probleme lösen

Lösungshinweise Kapitel 4 Erkundungen

Seite 106

Problem 1

Mögliche Schülerlösungen:
Drei Geraden können
- 0 Schnittpunkte haben, wenn alle Geraden parallel zueinander liegen,

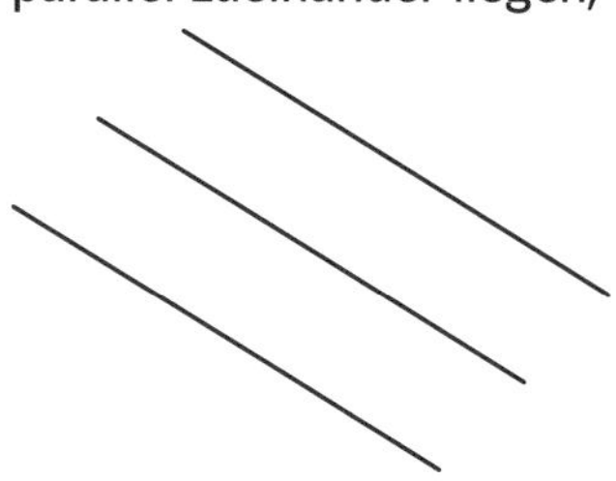

- 1 Schnittpunkt haben, wenn alle Geraden sich in demselben Punkt schneiden,

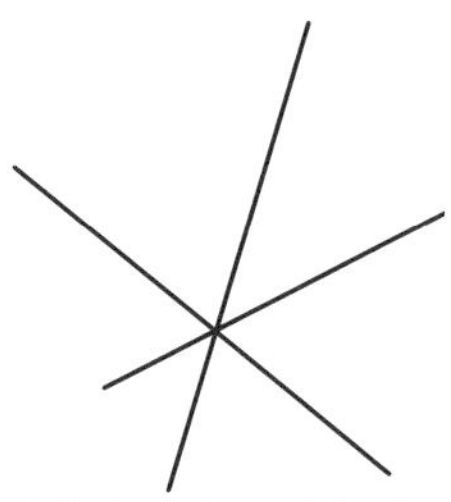

- 2 Schnittpunkte haben, wenn zwei Geraden parallel sind und die dritte nicht parallel dazu ist,

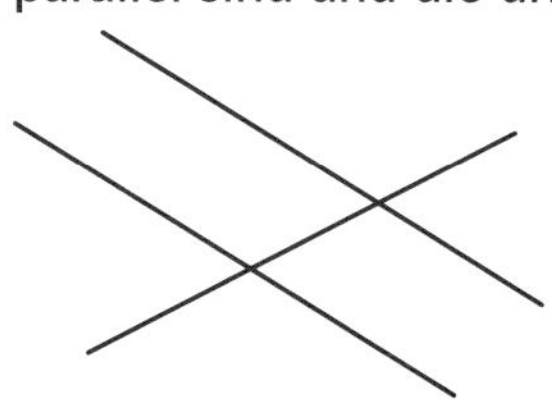

- 3 Schnittpunkte haben, wenn keine der Geraden zu einer anderen parallel ist und auch nicht alle einen gemeinsamen Schnittpunkt haben,

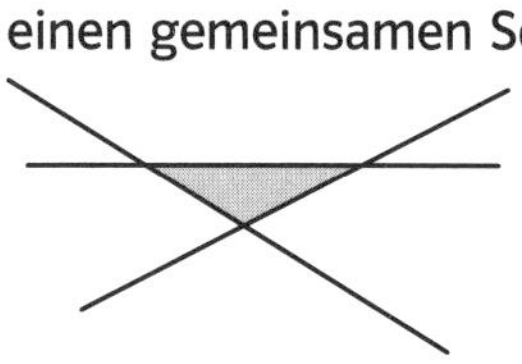

- niemals 4 oder mehr Schnittpunkte haben, weil auf jeder Geraden maximal 2 Schnittpunkte liegen können. Da jeder Schnittpunkt für zwei Geraden zählt, ist die maximale Schnittpunktanzahl 3.

Vier Geraden können
- 0 Schnittpunkte haben, wenn alle Geraden parallel sind,
- 1 Schnittpunkt haben, wenn alle Geraden sich in demselben Punkt schneiden,
- niemals (!) 2 Schnittpunkte haben,
- 3 Schnittpunkte haben, wenn drei Geraden parallel liegen und eine nicht parallel dazu liegt,

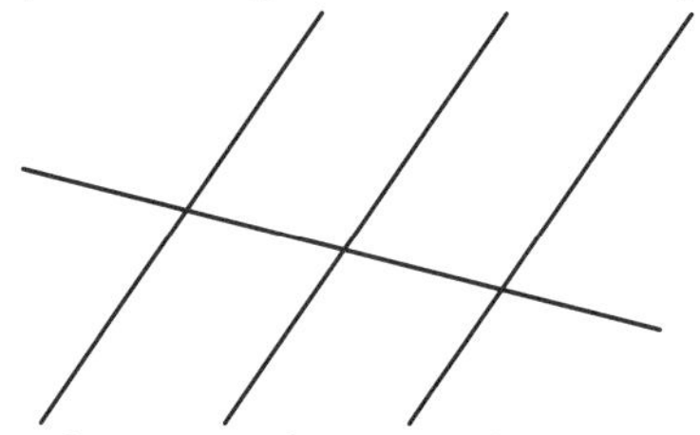

oder wenn drei Geraden ein Dreieck einschließen und die vierte Gerade zu einer der anderen parallel ist und das Dreieck in einem Eckpunkt schneidet,

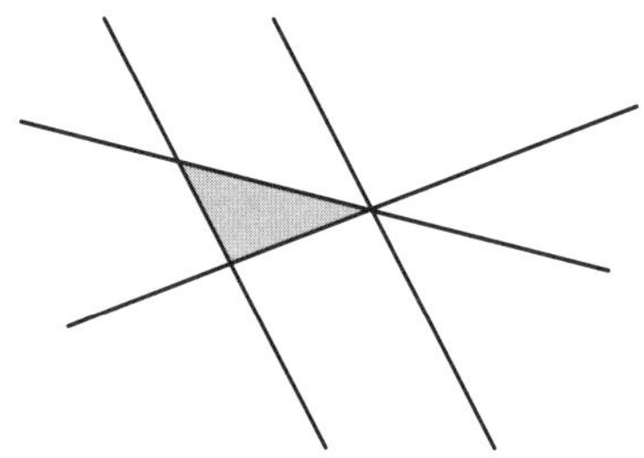

- 4 Schnittpunkte haben, wenn je zwei Geraden parallel sind,

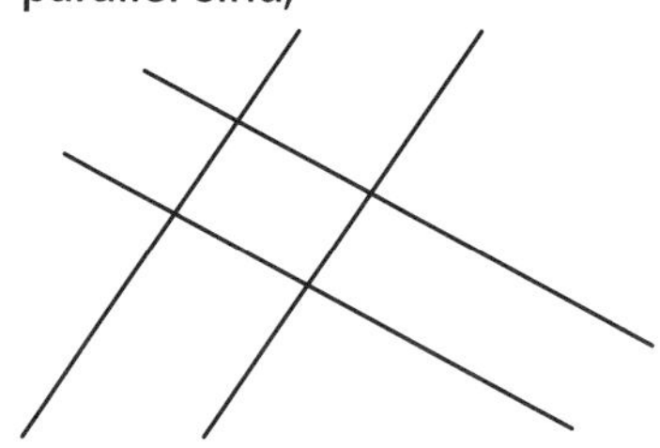

oder wenn drei Geraden ein Dreieck einschließen und die vierte Gerade zu keiner anderen parallel ist und das Dreieck in genau einem der Eckpunkte schneidet,

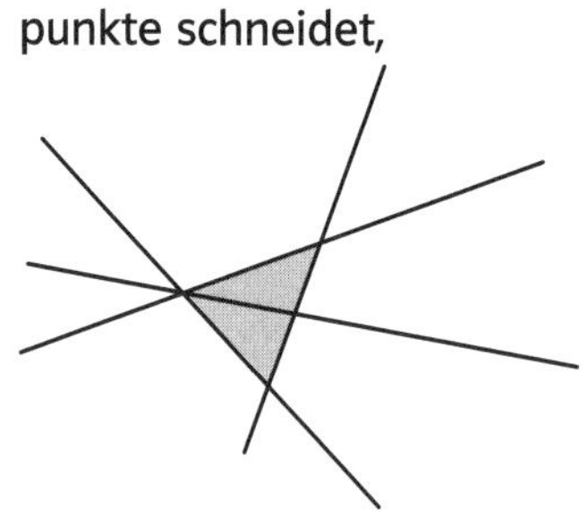

- 5 Schnittpunkte haben, wenn drei Geraden ein Dreieck einschließen und die vierte Gerade parallel zu einer Geraden ist und das Dreieck in genau zwei Punkten schneidet,

- 6 Schnittpunkte haben, wenn drei Geraden ein Dreieck einschließen und die vierte Gerade zu keiner anderen Gerade parallel ist und das Dreieck in genau zwei Punkten schneidet,

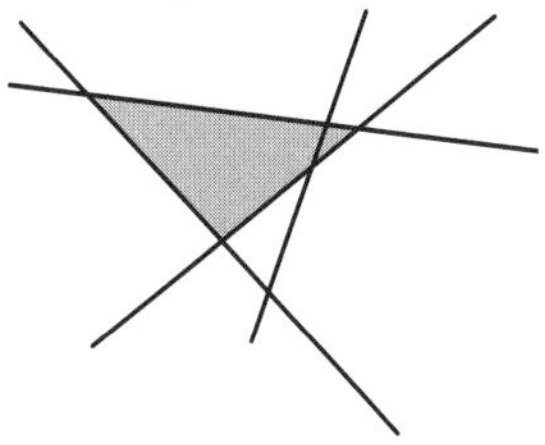

- niemals 7 Schnittpunkte oder mehr haben, da auf jeder Gerade maximal drei Schnittpunkte liegen können, und da jeder Schnittpunkt für zwei Geraden zählt, ist die maximale Schnittpunktanzahl 6.

Seite 107

Problem 2

- Zwei Nachbartürme kann man bauen, wenn man eine ungerade Zahl von Münzen hat (und mindestens 3): 5 = 2 + 3, 7 = 3 + 4 usw.
- Drei Türme nebeneinander gehen z. B. so:
  1 + 2 + 3 = 6
  2 + 3 + 4 = 9
  3 + 4 + 5 = 12
  Das geht bei allen Vielfachen von 3.
- Man kann auch nach Vierertürmen fragen:
  1 + 2 + 3 + 4 = 10
  2 + 3 + 4 + 5 = 14
  3 + 4 + 5 + 6 = 18
  Das geht also immer, wenn die Anzahl von Münzen ein Vielfaches von 4 plus 2 ist.

Wenn man weiter sucht, findet man heraus, dass man solche nebeneinander stehenden Türme (die sich immer um 1 Stockwerk unterscheiden) bauen kann, wenn man 2, 3, 5, 6, 7, 9, 11, 12, 13, 14, 15, 17, usw. Münzen hat. Es geht also nur **nicht** mit den Potenzen von 2: 2, 4, 8, 16, 32 usw...

Problem 3

Die drei Kinder sind durchschnittlich 10 Jahre alt. Eine Lösung ist also, wenn alle drei 10 Jahre alt sind. Ebenso geht jede andere Kombination bei der alle drei *zusammen* 30 Jahre alt sind. Rein rechnerische Beispiellösungen, sind also alle Arten die 30 in drei Zahlen aufzuteilen:
1 + 1 + 28
1 + 2 + 27
1 + 3 + 26
...
1 + 14 + 15
2 + 2 + 26
2 + 3 + 25
...
usw...

Realistischerweise sollte man aber annehmen, dass kein „Kind" 18 oder älter ist.
Man kann auch von der Lösung 10 + 10 + 10 ausgehen und dann immer ein Kind ein Jahr älter und ein anderes dafür 1 Jahr jünger machen:
10 + 10 + 10
9 + 10 +11
9 + 9 + 12
7 + 9 + 14

Problem 4

Mögliche Lösung (bei der davon ausgegangen wird, dass Steine, die man dreht oder spiegelt, deswegen noch keine anderen Steine sind – man kann sich auch auf einen anderen Standpunkt stellen)

Tetrominos (Steine aus vier Quadraten)
Es gibt vier verschiedene Steine:

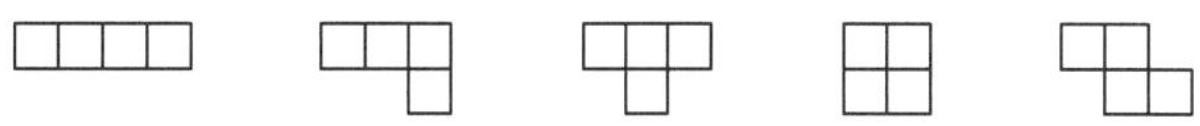

Pentominos (Steine aus fünf Quadraten)
Es gibt 12 verschiedene Steine.
Die längste Reihe besteht aus ...
... fünf Quadraten:

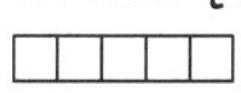

... vier Quadraten:

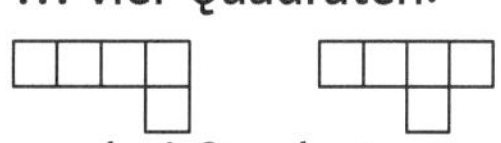

... drei Quadraten:

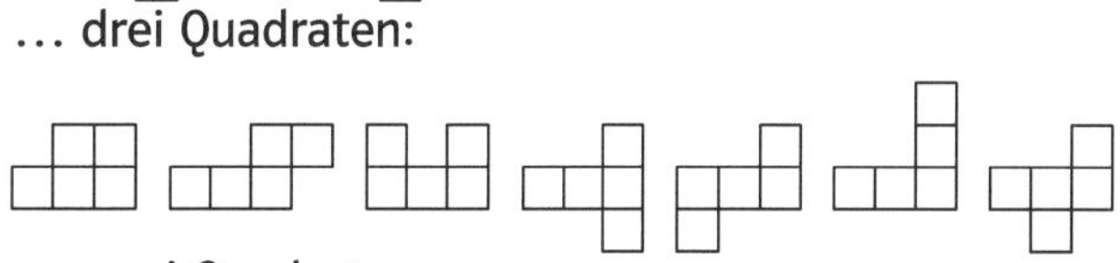

... zwei Quadraten:

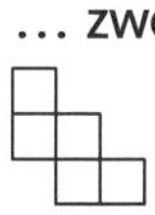

Problem 5

individuelle Problemstellungen

1 Mathematische Probleme

Seite 109

1 a) □□ + □□ = 99
Mögliche Vorgehensweisen: systematisches Ausprobieren, geordnetes Aufschreiben und Wegstreichen.
Beginnen mit 11 + 88 oder mit 12 + 87.
Lösungen:

~~11 + 88~~	21 + 78	31 + 68	41 + 58
12 + 87	~~22 + 77~~	32 + 67	42 + 57
13 + 86	23 + 76	~~33 + 66~~	43 + 56
14 + 85	24 + 75	34 + 65	~~44 + 55~~
15 + 84	25 + 74	35 + 64	~~45 + 54~~
16 + 83	26 + 73	~~36 + 63~~	46 + 53
17 + 82	~~27 + 72~~	37 + 62	47 + 52
~~18 + 81~~	28 + 71	38 + 61	48 + 51
19 + 80	29 + 70	39 + 60	49 + 50

b) 123 + 65 = **188** – ist aber keine Lösung, da die 8 doppelt verwendet wird.
c) **19** + **31** = 50
d) 123 + **789** = 912
e) □□□ + □□□ = 999
Mögliche Vorgehensweise: systematisches Ausprobieren und Aufschreiben und Wegstreichen.
Beginnen mit 123 + 876.
Lösungen:

123 + 876	132 + 867	~~141 + 858~~
124 + 875	~~133 + 866~~	142 + 857
125 + 874	134 + 865	143 + 856
126 + 873	135 + 864	...
~~127 + 872~~	~~136 + 863~~	...
~~128 + 871~~	137 + 862	~~488 + 511~~
~~131 + 868~~	~~138 + 861~~	

f) □□□ + □□□ = □□□
Einige mögliche Überlegungen: Da neun Stellen frei sind, müssen die Ziffern 123456789 jeweils genau einmal auftauchen. Weil das Ergebnis maximal 999 beträgt und der kleinste Summand 123 ist, ist der größtmögliche Summand 876. Man kann die Rechnung auch untereinander schreiben:

□□□
□□□
―――
□□□

und suchen. Ohne Übertrag findet man keine Lösung. Mit Übertrag kann man die Lösung 183 + 276 = 459 finden. Eine solche Lösung ist jedoch sehr schwer und wahrscheinlich nur durch Ausprobieren zu finden.
g) genau eine Lösung: c), d);
mehrere Lösungen: a), e), f)
keine Lösungen: b)
h) b), c) und d) sind sofort lösbar. a), e) und f) sind schwierig, denn es gibt viele verschiedene Möglichkeiten, die Ziffern einzusetzen und man muss bei jeder Ziffer, die man einsetzt, aufpassen, dass die Aufgabe noch stimmt und man keine Ziffer doppelt verwendet.

2 a)

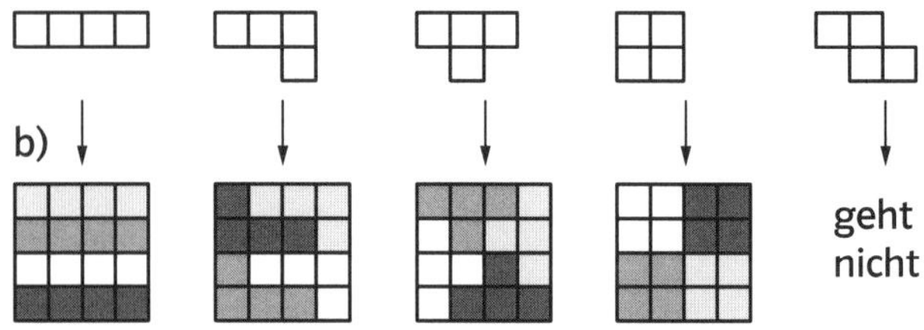

c) Es gibt z. B. die vier Möglichkeiten

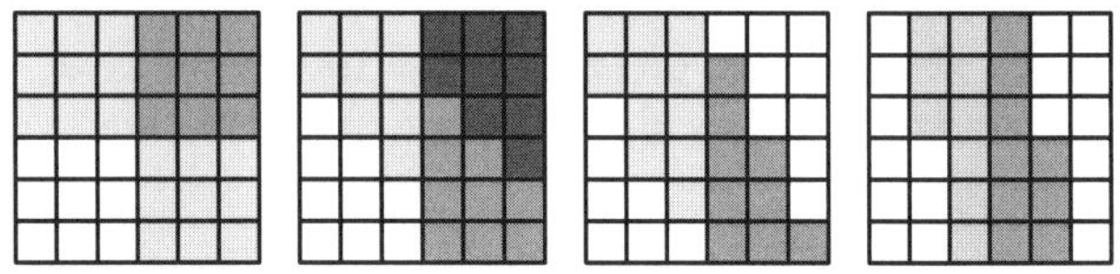

d) individuelle Einschätzungen (Vermutlich wird Aufgabenteil a) einfacher empfunden, da hier die „Quadrominos" erstellt werden, während man sie in b) miteinander kombinieren muss und in c) eine vorgegebene Fläche in identische Teile zerlegen muss.)

3 a) Als Augensumme können Werte zwischen 2 und 12 auftauchen. Eine 1 kann nicht auftreten, da sonst einer der beiden Würfel eine 0 anzeigen müsste. Auch Summen größer als 12 können nicht auftreten, da ein Würfel höchstens 6 als Augenzahl hat.
b) Es kann nie eine gerade Augensumme gewürfelt werden.
c) Es wird angenommen, dass die maximale Augenzahl auf einem Würfel weiterhin 6 sein soll.
Mögliche Vorgehensweise: Man kann die 7 so berechnen: 7 = 1 + 6 oder 2 + 5 oder 3 + 4.
Also darf z. B. nicht eine 1 auf einem und eine 6 auf dem anderen Würfel stehen. Wenn ein Würfel also z. B. vier verschiedene Augenzahlen hat, bleiben für den anderen nur noch zwei übrig. Mögliche Lösungen sind also z. B.

Würfel 1: 1, 3, 6	Würfel 2: 2, 3, 5
Würfel 1: 1, 2, 3, 4	Würfel 2: 1, 2

d) Mögliche Strategie: Beispiele durchprobieren
- Wird bei einem Würfel die 1 durch eine andere Zahl ersetzt, so ist die Augensumme 1 + 1 = 2 nicht mehr möglich. Alle anderen Augensummen kann man auch ohne die 1 auf dem ersten Würfel bilden. Als mögliche Augensummen bleiben die Zahlen von 3 bis 12.
- Wird bei einem Würfel die 2 durch eine andere Zahl ersetzt, so lässt sich jede Summe auch anders bilden. Dasselbe gilt für die 3, 4 und 5.
- Fällt die 6 heraus, so ist die Augensumme 12 = 6 + 6 nicht mehr möglich.

e) Mögliche Einschätzung: Direkt lösbar sind a) und b), da hier Beschreibungen der Würfel gegeben sind, und daraus eine Augensumme ermittelt werden soll. c) und d) sind eher ein mathematisches Problem, da bei diesen Teilaufgaben mehrere Auswirkungen bzw. Kombinationsmöglichkeiten verknüpft werden müssen.

Fehler auf der Briefmarke:
Auf einem der Würfel sind zwei Fünfen zu erkennen.

2 Strategien anwenden

Seite 111

1 Geeignete Strategie: Zeichnungen anfertigen

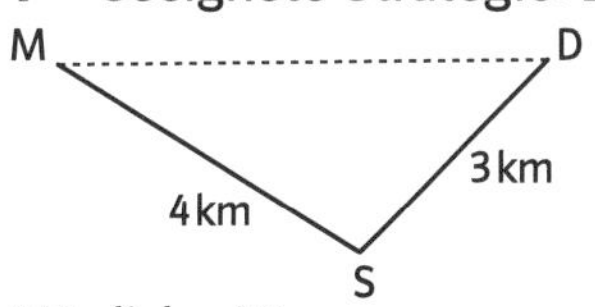

Mögliche Lösungen:
Die größte mögliche Entfernung tritt auf, wenn beide in entgegengesetzter Richtung von der Schule wohnen. Die Entfernung beträgt dann:
3km + 4km = 7km

- Dimitri könnte direkt auf dem Schulweg von Miriam wohnen. Die beiden wohnen dann 4km − 3km = 1km von einander entfernt. Diese Entfernung ist die kleinstmögliche.
- Alle Entfernungen zwischen 1km und 7km sind daher möglich.

2 Geeignete Strategie: Tabelle anlegen

Seite a	Seite b	Umfang	Fläche
4m	6m	20m	$24\,m^2$
3m	7m	20m	$21\,m^2$
2m	8m	20m	$16\,m^2$
5m	5m	20m	$25\,m^2$

Aus der Tabelle kann man vermuten, dass der größte Flächeninhalt bei einem Quadrat mit a = b = 5m auftritt.

3 Geeignete Strategie: Beispiele ausprobieren
Als Beispiel kann man Idefix 1 Stück geben. Dann müsste Asterix 2 Stücke und Obelix 10 Stücke bekommen. Der Kuchen wird daher in 13 Stücke geschnitten. Idefix erhält somit $\frac{1}{13}$, Asterix $\frac{2}{13}$ und Obelix $\frac{10}{13}$.
Natürlich kann man auch davon ausgehen, dass Idefix 2, 3 oder mehr Stückchen bekommt und entsprechend weiter rechnen. Man kann sich auch andere ähnliche Aufgaben ausdenken.

4 Geeignete Strategie: Beispiele ausprobieren
Wenn man z. B. eine 3, 4, und 5 würfelt:
345 + 354 + 453 + 435 + 534 + 543 = 2664
Dann bemerkt man:

- Es ist günstig, wenn man hohe Zahlen würfelt
- Es ist aber auch günstig, wenn man verschiedene Zahlen würfelt, denn wenn zwei Zahlen gleich sind, gibt es weniger Kombinationsmöglichkeiten. Bei zwei Sechsen und einer Fünf geht z. B. nur 566 + 656 + 665 = 1887

Man erhält als größtes Ergebnis:
456 + 465 + 564 + 546 + 654 + 645 = 3330

5 Geeignete Strategien:

- Zeichnung anlegen

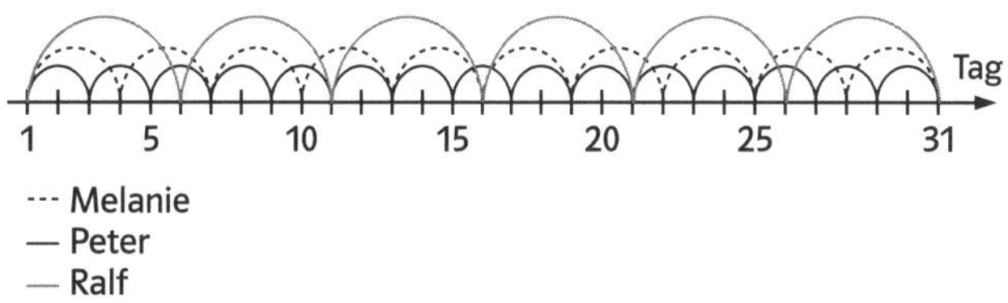

- Tabelle anlegen

Tag	1	2	3	4	5	6	7	8	9	10	11
Melanie	x			x			x			x	
Ralf	x					x					x
Peter	x		x		x		x		x		x

Tag	12	13	14	15	16	17	18	19	20	21
Melanie		x			x			x		
Ralf					x					x
Peter		x		x		x		x		x

Tag	22	23	24	25	26	27	28	29	30	31
Melanie	x			x			x			x
Ralf					x					x
Peter		x		x		x		x		x

Wenn alle am 1. Tag gemeinsam anfangen, treffen sie sich erst nach 31 Tagen wieder.
Bei diesem Ergebnis ist angenommen worden, dass alle drei am ersten Ferientag anfangen. Wenn z. B. Monika aber erst am zweiten Ferientag anfangen würde, würde sich das Ergebnis verändern.

6 Systematisch vorgehen, z. B. so:
Für jede Stunde kann man herausfinden, wie viel von 6 übrig bleibt und wie man daher die Minuten kombinieren kann, sodass insgesamt 6 herauskommt.

- 1 Uhr: 5 kann auf die Minuten wie folgt verteilt werden: 1.05, 1.14, 1.23, 1.32, 1.41, 1.50
- ...
- 6.01 Uhr – 9.59 Uhr sind nicht möglich, da die Summe aufgrund der Stundenzahl schon zu groß ist.
- 10 Uhr: vgl. 1 Uhr

- …
- 15.01 Uhr – 19.59 Uhr sind nicht möglich, da die Summe aufgrund der Stundenzahl schon zu groß ist.
- 20 Uhr: vgl. 2 Uhr
- …

Alle möglichen Ergebnisse sind:

00.15	02.13	05.10	12.30	21.03
00.24	02.22	06.00	13.02	21.12
00.33	02.31	10.05	13.11	21.21
00.42	02.40	10.50	13.20	21.30
00.51	03.03	11.04	14.01	22.02
01.05	03.12	11.13	14.10	22.11
01.14	03.21	11.22	15.00	22.20
01.23	03.30	11.31	20.04	23.01
01.32	04.02	11.40	20.13	23.10
01.41	04.11	12.03	20.22	00.06
01.50	04.20	12.12	20.31	
02.04	05.01	12.21	20.40	

Ergebnis: 58-mal

7 Geeignete Strategie: Tabelle anlegen

a) Die Eiskombinationen, die Peter essen kann, kann man systematisch aufzählen:

Zitrone	Vanille	Erdbeer	Banane	Schlumpf
x	x	x		
x	x		x	
x	x			x
x		x	x	
x		x		x
x			x	x
	x	x	x	
	x		x	x
	x	x		x
		x	x	x

Ergebnis: 10 Tage

b) Für Hans kann man ähnlich vorgehen, dafür dürfen sich aber die Sorten auch mal wiederholen. Zu den 10 Kombinationsmöglichkeiten von Peter aus Aufgabenteil a) kommen also folgende Möglichkeiten hinzu:

Zitrone	Vanille	Erdbeer	Banane	Schlumpf
xxx				
	xxx			
		xxx		
			xxx	
				xxx
xx	x			
xx		x		
xx			x	
xx				x
x	xx			
	xx	x		
	xx		x	
	xx			x
x		xx		
	x	xx		
		xx	x	
		xx		x
x			xx	
	x		xx	
		x	xx	
			xx	x
X				xx
	x			xx
		x		xx
			x	xx

Ergebnis: 5 + 20 + 10 = 35 Tage

c) individuelle Lösung, z. B.: Tina mag kein Schlumpfeis. Trotzdem möchte sie nur verschiedene Kugeln in ihrem Eis haben.

Zitrone	Vanille	Erdbeer	Banane
x	x	x	
x	x		x
x		x	x
	x	x	x

Ergebnis: 4 Tage

Susi könnte wichtig sein, in welcher Reihenfolge die Kugeln in das Eis getan werden. Außerdem möchte sie, genauso wie Peter, nicht zweimal die gleiche Kugel haben.
Die möglichen Kombinationen entsprechen also denen von Peter, nur dass man nun noch anschauen muss, auf wie viele mögliche Weisen man 3 Kugeln in ein Eis mischen kann. Man nenne hierfür die Kugeln 1 (für die Kugel der Sorte 1), 2 und 3. Diese kann man wie folgt in das Eis tun: 123 (d.h. zuerst Sorte 1, anschließend Sorte 2 und zuletzt Sorte 3), 132, 213, 231, 312 oder 321. Drei Kugeln kann man also auf sechs verschiedene Weisen in das Eis tun.

Insgesamt ergibt sich, da es für jede der neun Möglichkeiten aus a) sechs verschiedene Möglichkeiten des Einfüllens gibt: $10 \cdot 6$, also 60 Tage.

8 Ideen, die Marvin gehabt haben könnte:
Möglichkeit 1:
Marvin hat entdeckt:
$1 + 3 + 5 = 9 = 3 \cdot 3$
(hier werden 3 ungerade Zahlen addiert)
$1 + 3 + 5 + 7 = 16 = 4 \cdot 4$
(hier werden 4 ungerade Zahlen addiert)
$1 + 3 + 5 + 7 + 9 = 25 = 5 \cdot 5$
(hier werden 5 ungerade Zahlen addiert)
also vermutet er
$1 + 3 + \ldots + 97 + 99 = 50 \cdot 50 = 2500$
(weil hier 50 ungerade Zahlen von 1 bis 99 liegen)
Möglichkeit 2:
Marvin addiert immer die erste und letzte Zahl
$1 + 99 = 100$
$3 + 97 = 100$
bis
$49 + 51 = 100$
Das sind 25-mal 100 also 2500.
Möglichkeit 3:
Marvin sieht folgendes: $1 + 3 + 5 + 7$
Es kommt dasselbe heraus, wenn man die erste Zahl um 3 größer macht und die letzte um 3 kleiner, also: $4 + 3 + 5 + 4$
Genauso kann man die zweite um 1 größer machen und die vorletzte um 1 kleiner: $4 + 4 + 4 + 4 + 4$
Auf diese Weise kann man
$1 + 3 + 5 + 7 + \ldots + 95 + 97 + 99$ auch als
$50 + 50 + 50 + \ldots + 50 + 50 = 50 \cdot 50 = 2500$
schreiben.

3 Messen, schätzen oder rechnen?

Seite 113

1 a) **Raten:** Vor Bearbeitung der Aufgabe könnten die Schülerinnen und Schüler aufgefordert werden, einen Tipp abzugeben. Die Vermutungen werden gesammelt und später wieder betrachtet. Nach der Bearbeitung werden die geschätzen Werte mit dem Endergebnis verglichen und diskutiert.
Ausführen: Die Schülerinnen und Schüler falten verschieden große Papierblätter (DIN-A1 bis DIN-A6) wie im Aufgabentext beschrieben. Sie machen folgende Beobachtungen:
- Abhängig von der jeweiligen Größe kann man ein Blatt unterschiedlich oft falten.
- Durch jeden Faltvorgang wird die Anzahl der Papierlagen verdoppelt.
- Es ist unmöglich, sich dabei der eigenen Körpergröße auch nur anzunähern. Nur durch Falten kann die Aufgabe also nicht gelöst werden.

Schätzen: Die Dicke eines DIN-A4-Papiers wird geschätzt. Daraus wird auf die eigene Körpergröße hochgerechnet, wie oft das Papier gefaltet werden müsste, damit es höher ist als man selbst.
Messen und Rechnen: Die Schülerinnen und Schüler legen so viele Papierblätter aufeinander, sodass sie die Höhe des Stapels mit einem Lineal messen können.
(Bei $80 \frac{g}{m^2}$ Papier entspricht 1 mm einem Stapel von 10 Blättern).
Mit der Annahme, dass ein Blatt 0,1 mm dick ist, lässt sich die benötigte Anzahl von Faltungen mit folgender Tabelle ermitteln:

1x falten	0,2 mm
2x falten	0,4 mm
3x falten	0,8 mm
4x falten	1,6 mm
5x falten	3,2 mm
6x falten	6,4 mm
7x falten	12,8 mm = 1,28 cm
8x falten	2,56 cm
9x falten	5,12 cm
10x falten	10,24 cm
11x falten	20,48 cm
12x falten	40,96 cm
13x falten	81,92 cm
14x falten	163,84 cm = 1,6384 m
15x falten	3,2768 m

Ein Blatt Papier müsste 14-mal (bzw. bei großen Schülern 15-mal) gefaltet werden.
Alternativ ist auch das folgende Verfahren möglich: Die Schülerinnen und Schüler berechnen die Anzahl der benötigten Papierlagen mithilfe der Divisionsaufgabe
„eigene Körperhöhe"/„Papierdicke"
= „Anzahl der benötigten Papierlagen".
(Bei einer Körperhöhe von 150 cm ergibt sich z. B.: 1500 mm : 0,1 mm = 15 000)
Wie oft für die ausgerechnete Anzahl der Papierlagen gefaltet werden müsste, lässt sich aus folgender Tabelle ermitteln.

1x falten	2 Lagen
2x falten	4 Lagen
3x falten	8 Lagen
4x falten	16 Lagen
5x falten	32 Lagen
6x falten	64 Lagen
7x falten	128 Lagen
8x falten	256 Lagen
9x falten	512 Lagen
10x falten	1024 Lagen
11x falten	2048 Lagen
12x falten	4096 Lagen
13x falten	8192 Lagen
14x falten	16384 Lagen
15x falten	32768 Lagen

Ein Blatt müsste 14-mal gefaltet werden.

b) **Ausführen:** Die Schülerinnen und Schüler stanzen mit einem Locher Konfetti aus einem DIN-A4-Blatt. Hierbei kann verschieden vorgegangen werden:
- Das gesamte DIN-A4-Blatt zu Konfetti verarbeiten.
- Das DIN-A4-Blatt durch Falten in 2 (4, 8) gleich große Teile teilen, aus einem dieser Teile Konfetti ausstanzen, zählen und hochrechnen.

Schätzen: Ein Locherloch könnte auf die Größe eines Kästchens bei Karopapier geschätzt werden. Auf einem Din-A4-Karopapier sind
$41{,}5 \cdot 59 = 2448{,}5$ Kästchen.
Daher können ca. 2448,5 Konfetti gestanzt werden.
Messen und Rechnen: Ein DIN-A4-Papier wird ausgemessen. Die Maße betragen genau
$21{,}0\,cm \cdot 29{,}7\,cm = 623{,}7\,cm^2$. Anschließend wird ein Konfetti gestanzt und seine Fläche vermessen. Sie beträgt ca. $0{,}25\,cm^2$. Dann wird die Fläche des Papiers durch die Fläche eines Loches dividiert: $623{,}7\,cm^2 : 0{,}25\,cm^2 = 2494{,}8$. Es könnten also ca. 2494,6 Konfettis gestanzt werden.
(Man sollte bei der Aufgabenbesprechung auch auf die Genauigkeit und mögliche Fehler der Ergebnisse eingehen. Auch können Gründe angegeben werden, warum die Anzahl der Konfettikreise bei der Ausführung mit Sicherheit geringer ausfällt als bei den beiden anderen rechnerischen Strategien. Man kann die Schülerinnen und Schüler auch recherchieren lassen, wie Konfetti tatsächlich hergestellt werden und wie sie aussehen. Was geschieht mit den Resten? Kann man die Kreise überlappend ausstechen, sodass vielleicht „Möndchen" entstehen und dabei Papier sparen?)

c) **Schätzen:** Die Schülerinnen und Schüler schätzen, wie viele Kopien an einem Tag gemacht werden, sowie die Anzahl der Schultage pro Jahr. Daraus lässt sich dann die verbrauchte Anzahl von Kopien pro Jahr errechnen. Durch Multiplikation mit der (geschätzten) Papierdicke erhalten sie die daraus resultierende Stapelhöhe.
Messen und Rechnen: Die Schülerinnen und Schüler messen sowohl vor Schulbeginn, als auch nach Schulschluss die Höhe des in dem Kopierraum vorhandenen Papiers. Die Differenz der beiden Messungen liefert die verbrauchte Papierhöhe pro Schultag. Diese kann dann auf ein ganzes Jahr hochgerechnet werden. (Diese Methode hat ihre Tücken, da z. B. auch das schon in den Kopierern vorhandene Papier berücksichtigt werden müsste.)

Alternative Lösungsmöglichkeiten:
- Die Schülerinnen und Schüler erfragen im Sekretariat den Papierverbrauch des letzten Schuljahres. Durch Multiplikation mit der Dicke eines Blattes erhalten sie die gesuchte Stapelhöhe.
  Annahme, z. B. 500 000 Blätter.
  $500\,000 \cdot 0{,}125\,mm = 62\,500\,mm = 62{,}5\,m$
- Die Schülerinnen und Schüler befragen mehrere Lehrer nach deren durchschnittlichem Kopienverbrauch pro Tag und schätzen daraus die pro Tag gemachten Kopien. Diese können sie wieder auf ein Jahr hochrechnen und die dazugehörige Stapelhöhe ermitteln.

d) **Raten:** Vor Bearbeitung der Aufgabe werden die Schülerinnen und Schüler aufgefordert, einen Tipp abzugeben. Die Vermutungen werden gesammelt und später wieder betrachtet. Nach der Bearbeitung werden die geschätzten Werte mit dem Endergebnis verglichen und diskutiert.
Schätzen und Rechnen: Die Schülerinnen und Schüler überlegen sich, wie lange sie für das Lesen eines bestimmten Buches brauchen bzw. wie viele Seiten sie zum Beispiel während eines zweistündigen Aufsatzes schreiben.
Beispiele:
- Tim hat 50 Seiten des neuen Harry Potter-Bandes in drei Stunden gelesen.
  $5000 : 50 = 100$
  $100 \cdot 3\,h = 300\,h$ = 12 Tage 12 Stunden
  Das Ergebnis dieser Rechnung sagt aus, dass Tim 300 Stunden bräuchte, um ein Buch mit 5000 Seiten zu lesen.
- Lisa schreibt bei einstündigen Aufsätzen im Durchschnitt zwei DIN-A4-Seiten.
  $5000 : 2 = 2500$
  $2500 \cdot 1\,h = 2500\,h$ = 104 Tage 4 Stunden
  Laut dem Ergebnis bräuchte Lisa 104 Tage und 4 Stunden, um einen 5000-seitigen Roman zu verfassen.

Die Ergebnisse müssen noch einmal überdacht und verbessert werden:
Tim überlegt, dass er nur an drei Tagen in der Woche Zeit zum Lesen hat. Während er an manchen Tagen tatsächlich 50 Seiten in drei Stunden schafft, liest er an manchen Abenden nur 30 Seiten. An besonders schwierigen Stellen im Buch schafft er sogar nur 20 Seiten während der drei Stunden.
In einer Woche liest er also im Durchschnitt ca. 100 Seiten. Somit bräuchte er für den gesamten Roman ungefähr 50 Wochen anstelle von 12 Tagen und 12 Stunden!
Die Zeit, die für das Schreiben eines Romans vorgesehen wird, berechnen die Schüler unter demselben Gesichtspunkt näherungsweise.

2 **Messen und Rechnen:** Das Bild wird z. B. in sechs Rechtecke eingeteilt (siehe Grafik) und deren Kantenlängen jeweils ausgemessen.

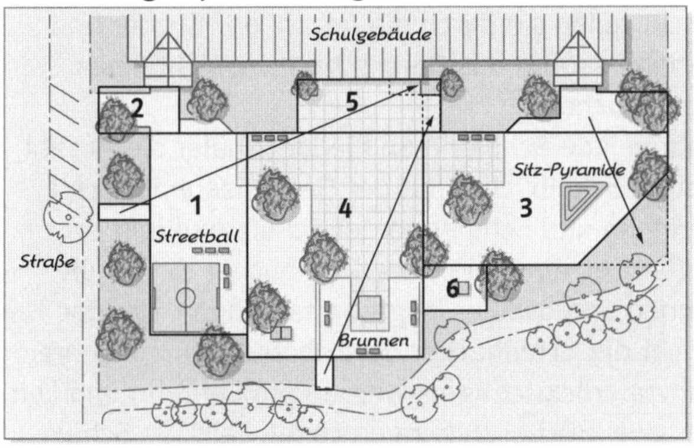

Durch Multiplikation der Kantenlängen werden die Flächeninhalte berechnet.
1: $3\,cm \cdot 1{,}5\,cm = 4{,}5\,cm^2$
2: $1{,}25\,cm \cdot 0{,}7\,cm = 0{,}875\,cm^2$
3: $3{,}7\,cm \cdot 2\,cm = 7{,}4\,cm^2$
4: $2{,}75\,cm \cdot 3{,}35\,cm = 9{,}2125\,cm^2$
5: $2{,}6\,cm \cdot 0{,}8\,cm = 2{,}08\,cm^2$
6: $1\,cm \cdot 0{,}7\,cm = 0{,}7\,cm^2$
Die Summe der Flächen beträgt gerundet $24{,}8\,cm^2$.
Ein Zentimeter auf der Karte entspricht vier Metern. Ein Quadratzentimeter entspricht daher 16 Quadratmetern. Damit ergibt sich: $24{,}8 \cdot 16 = 396{,}8$.
Der Schulhof hat also eine Fläche von ca. $400\,m^2$.
Damit jeder Schülerin und jedem Schüler $5\,m^2$ zur Verfügung stehen, dürfen auf der Schule maximal 80 Schülerinnen und Schüler sein ($400\,m^2 : 5\,m^2 = 80$).
eigener Schulhof:
Schätzen: Der Schulhof wird in geeignete Flächen aufgeteilt und zu Rechtecken zusammengesetzt. Diese können z. B. abgegangen werden und durch die Anzahl der dafür benötigten Schritte die Länge geschätzt werden. (Hierfür muss die Länge eines Schrittes geschätzt werden.)
Aus den Längen lassen sich die einzelnen Flächen berechnen und ergeben addiert die Gesamtfläche.
Die Gesamtfläche muss dividiert durch die Anzahl der Schülerinnen und Schüler mindestens 5 ergeben, damit die Anforderung erfüllt ist.
Messen: Der Schulhof kann mithilfe von langen Maßbändern (z. B. aus dem Sportunterricht) vermessen werden.
Die weitere Rechnung entspricht der vorherigen.
Rechnen: Existiert ein Grundriss des Pausenhofs mit Längenangaben, so lässt sich daraus die Fläche des Hofes berechnen.

Seite 114

3 a) Sinnvoll ist es, die Aufgabe auf die Lehrer der jeweiligen Klasse zu begrenzen.
Raten: Durch eine Umfrage in der Klasse kann grob abgeschätzt werden, welcher Lehrer am meisten redet. Dabei entscheidet jeder Schüler, welcher Lehrer seiner Meinung nach am meisten redet. Zum Schluss werden die Einzelergebnisse in Form von Strichlisten an der Tafel gesammelt und ausgewertet.
Messen und Rechnen: Die Schülerinnen und Schüler versuchen in jeder Stunde festzuhalten, wie viele Sekunden der Stunde der Lehrer redet. Sie müssen dazu ein Verfahren entwerfen, z. B. indem sie für jede Minute die Sekunden des Lehreranteils festhalten.
Sie können auch berücksichtigen, wie schnell ein Lehrer redet, also z. B. wie viele Worte er in einer Minute spricht.
Das Ergebnis hängt natürlich von der jeweils gemessenen Stunde ab.

b) **Raten:** Vor Bearbeitung der Aufgabe werden die Schülerinnen und Schüler aufgefordert, einen Tipp abzugeben. Die Vermutungen werden gesammelt und später wieder betrachtet. Nach der Bearbeitung werden die geschätzten Werte mit dem Endergebnis verglichen und diskutiert.
Schätzen und Rechnen: Es werden Länge und Anzahl von Laufwegen geschätzt und zusammengerechnet. Schülerinnen und Schüler können auch schätzen, wie viele Minuten ein Lehrer läuft und mithilfe einer ungefähren Laufgeschwindigkeit den Weg berechnen.
Messen und Rechnen: Jede Schülerin und jeder Schüler bittet einen Lehrer der Schule darum, ihr bzw. ihm eine Kopie seines Stundenplans zu geben, auf welchem neben den Fächern auch die verschiedenen Räume angegeben sind. Die Schülerinnen und Schüler suchen sich auf diesem Plan einen Tag aus, an dem der Lehrer ihrer Meinung nach einen durchschnittlich langen Weg zurücklegt. Bevor die Schüler nun selbst den Weg ablaufen, welchen der Lehrer am ausgesuchten Tag von Raum zu

Raum zurücklegt, messen sie ihre Schrittlänge ab. Anhand einer Tabelle berechnen sie die zurückgelegten Wegstrecken. Berücksichtigt werden auch zusätzliche Wegstrecken des Lehrers wie z. B. die Entfernung eines Raumes zur Toilette oder zum Kopier-/Materialraum. Zum Schluss werden dann die einzelnen Wegstrecken aufsummiert. Anschließend werden die Wegstrecken der einzelnen Lehrer in der Klasse besprochen und verglichen. Gemeinsam einigt man sich durch eine grobe Abschätzung auf einen Durchschnittswert oder man berechnet zusammen an der Tafel den Mittelwert aller Ergebnisse.

Beispiel für eine „Streckenauflistungstabelle":
Annahme: Schrittmaß eines Schülers: ca. 0,8 m

	LZ – R 101	R 101 – R 315	R 315 – LZ
Anzahl der Schritte	30	75	123
Streckenlänge	$30 \cdot 0{,}8\,m = 24\,m$	$75 \cdot 0{,}8\,m = 60\,m$	$123 \cdot 0{,}8\,m \approx 98\,m$

	LZ – R 205	R 205 – LZ	Sonstiges
Anzahl der Schritte	64	68	100
Streckenlänge	$64 \cdot 0{,}8\,m \approx 51\,m$	$68 \cdot 0{,}8\,m \approx 54\,m$	$100 \cdot 0{,}8\,m \approx 80\,m$

LZ: Lehrerzimmer; R: Raum

Summe: 367 m

Alternative Lösungsstrategie:
Die Strecke, die ein Lehrer im Durchschnitt an einem Tag im Schulhaus zurücklegt, wird mithilfe einer langen Schnur ermittelt. Wie schon bei der ersten Strategie laufen die Kinder die Strecken einzelner Lehrer ab. Anstatt aber die Schritte zu zählen wird einfach die Schnur um das entsprechende Stück abgerollt und am jeweiligen Ziel dann abgeschnitten. Anschließend wird das Schnurstück abgemessen. Bei dieser Strategie ist es am besten, wenn die Schüler zu zweit oder zu dritt zusammenarbeiten. Um die recht langen Schnurstücke geschickt und schnell abmessen zu können, legen die Schüler im Klassenzimmer bzw. im Schulgang eine Strecke von ca. 5 m oder 10 m fest. Diese dient ihnen als grobes Maßband. Zum Schluss werden die einzelnen Längen wie oben addiert.

c) **Raten:** Vor Bearbeitung der Aufgabe werden die Schülerinnen und Schüler aufgefordert, einen Tipp abzugeben. Die Vermutungen werden gesammelt und später wieder betrachtet. Nach der Bearbeitung werden die geschätzten Werte mit dem Endergebnis verglichen und diskutiert.

Messen und Rechnen:

Teil 1: Gewicht aller Lehrerinnen und Lehrer
Das Durchschnittsgewicht eines Erwachsenen wird mit der Anzahl der Lehrerinnen und Lehrer an ihrer Schule multipliziert:
Annahme: 40 Lehrerinnen und Lehrer. Durchschnittliches Gewicht eines Erwachsenen: ca. 70 kg.
$40 \cdot 70\,kg = 2800\,kg$

Teil 2: Gewicht aller Schülerinnen und Schüler
Da sich die Menge der Schüler aus Unter-, Mittel- und Oberstufenschüler zusammensetzt, halten sich die Schüler bei ihren Schätzungen an einen durchschnittlichen Mittelstufenschüler. Analog zu oben wird nun dieses Gewicht mit der Gesamtanzahl der Schüler multipliziert:
Annahme: 500 Schülerinnen und Schüler. Durchschnittliches Gewicht: 45 kg. $500 \cdot 45\,kg = 22\,500\,kg$

Teil 3: Gewicht aller Schulbücher
Mithilfe einer Personenwaage ermitteln die Schülerinnen und Schüler zu Hause das Gesamtgewicht ihrer Schulbücher von einem Schuljahr. Dieses Gewicht teilen sie durch die Anzahl der Bücher und erhalten somit das Durchschnittsgewicht eines Schulbuchs.
Indem jede Schülerin und jeder Schüler die Anzahl seiner Schulbücher mit der Gesamtzahl der Schülerinnen und Schüler an der Schule multipliziert, erfährt er, über wie viele Schulbücher die Schülerinnen und Schüler insgesamt verfügen. Um das Gewicht der Schulbücher der Lehrerinnen und Lehrer mitzuberücksichtigen, werden pro Lehrerin und Lehrer zwei Bücher miteingerechnet. Falls die Schule über eine Bibliothek verfügt, erfragen die Schülerinnen und Schüler die ungefähre Anzahl der dort zur Verfügung stehenden Bücher. Die Schülerinnen und Schüler multiplizieren die Gesamtanzahl der Schulbücher mit dem errechneten Durchschnittsgewicht eines Buches:
Annahme: 500 Schülerinnen und Schüler; 40 Lehrerinnen und Lehrer; pro Schüler 10 Bücher
Schulbibliothek: 500 Bücher
Durchschnittsgewicht eines Schulbuchs:
$6\,kg : 10 = 0{,}6\,kg$
Gesamtanzahl der Bücher:
$500 \cdot 10 + 40 \cdot 2 + 500 = 5580$
Gesamtgewicht aller Bücher: $5580 \cdot 0{,}6\,kg \approx 3350\,kg$

Teil 4: Gewicht aller Tische und Stühle
Das ungefähre Gewicht eines Tisches bzw. eines Stuhles erfragen die Schülerinnen und Schüler. Die Gesamtanzahl aller Stühle und Tische ermitteln die Schülerinnen und Schüler, indem sie pro Schülerin und Schüler einen Stuhl und immer für zwei Schülerinnen oder Schüler einen Tisch einplanen.
Je nachdem, über welche Räume eine Schule außer den Klassenzimmern sonst noch verfügt (Biologie-, Physik-, Chemiesaal), erhöhen die Schülerinnen und Schüler die bereits ermittelten Stückzahlen: pro Zimmer wird von einem Klassensatz von 30

Schülerinnen und Schülern ausgegangen. Für jedes Unterrichtszimmer der Schule werden außerdem noch ein zusätzlicher Tisch und ein Stuhl für die Lehrerin oder den Lehrer miteingerechnet. Beim Lehrerzimmer gehen die Schülerinnen und Schüler wie bei den Klassenzimmern vor und richten die Stückzahlen nach der Gesamtzahl der Lehrerinnen und Lehrer.
Nachdem die Schülerinnen und Schüler durch Aufsummieren die Gesamtzahl aller Tische und Stühle ermittelt haben, multiplizieren sie diese Anzahlen nun mit der entsprechenden Gewichtsangabe:
Annahme: 500 Schülerinnenund Schüler; 40 Lehrerinnen und Lehrer; 16 Klassen; jeweils ein Biologie-, ein Physik- und ein Chemiesaal; Durchschnittsgewicht eines Tisches: 20 kg, Durchschnittsgewicht eines Stuhles: 5 kg
Gesamtzahl der Stühle:
$500 + 3 \cdot 30 + 19 + 40 = 649 \approx 650$
Gesamtzahl der Tische:
$(500:2) + (3 \cdot 30):2 + 19 + (40:2) = 334 \approx 330$
Gesamtgewicht aller Stühle: $650 \cdot 5\,\text{kg} = 3250\,\text{kg}$
Gesamtgewicht aller Tische: $330 \cdot 20\,\text{kg} = 6600\,\text{kg}$
Gesamtgewicht aller Möbelstücke:
$3250\,\text{kg} + 6600\,\text{kg} = 9850\,\text{kg}$
Schlussfolgerung: Das Gewicht der Schülerinnen und Schüler ist mit Abstand am größten.

d) individuelle Lösung, z. B.:
- Wie viele Kreidestücke verbraucht ein Lehrer am Tag/in einer Woche/in einem Jahr?
- Welche Fläche nehmen die Fenster der Schule ein?
- Wie viel Schreibpapier verbraucht eine Schülerin oder ein Schüler im Laufe seiner Schulzeit?
- Wie lange hatte ein Abiturient im Laufe seiner Schulzeit insgesamt Pausen/Ferien?
- Wie viel Müll entsteht im Schulgebäude in einem Schuljahr?

4 **Messen/Schätzen:** Um die Länge des Weges zu bestimmen, kleben die Schülerinnen und Schüler mithilfe eines Fadens das Labyrinth auf einem Zettel nach (z. B. auf einer Kopie des Labyrinths). Anschließend wird der Faden wieder abgelöst und die Länge des Fadens ausgemessen. Die benötigte Fadenlänge beträgt ca. 90 cm. 1 cm Faden entspricht 5 m in der Realität. Die Länge des Weges ist somit 450 m.
Die Fläche des Labyrinths lässt sich bestimmen indem man das Labyrinth auf ein Karopapier durchpaust und dann die Kästchen abzählt. Vier Kästchen entsprechen $1\,\text{cm}^2$. Man zählt ca. 66 Kästchen. Die Fläche beträgt ca. $16{,}5\,\text{cm}^2$. Dies entspricht $412{,}5\,\text{m}^2$.

5 Diese Aufgabe kann analog zu Aufgabe 3 b) gelöst werden.
Schätzen: Schätzen der Wege im Haus.
Messen: Messen der Wege im Haus.
Rechnen: Schrittzähler zur Bestimmung der Schritte und daraus Berechnung der zurückgelegten Strecke.

6 individuelle Lösung, z. B.:
- Wie viele Äpfel wachsen auf einem durchschnittlich großen Apfelbaum?
- Wie viel Liter Wasser verbraucht eine Kleinstadt mit 10 000 Einwohnern pro Tag?
- Wie viele Nadeln hat eine Tanne?
- Wie oft sagt ein Mensch pro Tag die Wörter „Ja“ und „Nein“?
- Wie viele Haare hat der Lehrer auf dem Kopf?
- Wie viele Gummibärchen passen in unseren Klassenraum?
- Wie viele Schneeflocken benötigt man, um einen 120 cm großen Schneemann zu bauen?

7 a) -21 b) -12 c) -24
d) -15 e) -240

8 a) -8 b) -96 c) -6 d) 8

9 a) -9 b) -20 c) 9 d) -3

10 individuelle Lösung (Eine ungerade Anzahl der Faktoren muss negativ sein. Kein Faktor darf 0 sein.)

4 Probleme finden

Seite 116

1 Mögliche gefundene Probleme:
1. Zahl der Quadrate vorgeben und nach der Anzahl der benötigten Streichhölzer fragen:
- Problem: Wenn ich vier Quadrate umranden möchte, wie viele Streichhölzer brauche ich dazu mindestens? Lösung: 8 Streichhölzer
- Problem: Gibt es noch mehrere Lösungen? Lösung: Es gibt auch noch eine Lösung, die 10 Streichhölzer benötigt.

Weitere analoge Probleme ergeben sich mit größeren Anzahlen von zu umrandenden Quadraten.
2. Nach möglichen Anordnungen fragen:
- Problem: Welche bzw. wie viele verschiedene Anordnungen gibt es, um vier Quadrate zu legen?

Lösung:

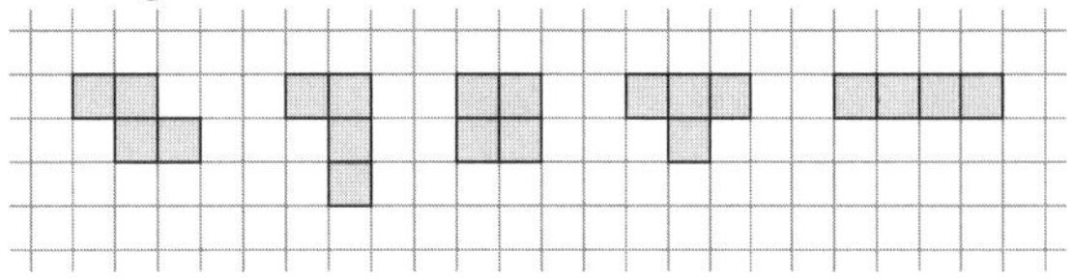

- Problem: Welche Formen kann man überhaupt legen?
  Lösung: Durch Probieren, Sammeln, Beschreiben, Kategorisieren erhält man z. B. Triominos, Tetrominos in L- oder T-Form usw.
- Problem: Kann man schon vorher ersehen, ob eine gegebene Zahl von Quadraten in verschiedenen Rechtecken umrandet werden kann?
  Lösung: Jeder Teiler der vorgegebenen Anzahl von Quadraten kann zu einer möglichen Länge einer Rechteckseite werden

3. Anzahl der Streichhölzer festhalten und nach möglichen Zahlen von zu umrandenden Quadraten fragen:

- Problem: Kann man mit jeder Anzahl von Streichhölzern Rechtecke umranden?
  Lösung: Mit jeder geraden Anzahl größer 2.
- Problem: Mit welcher Anzahl von Streichhölzern kann man ein Quadrat umranden?
  Lösung: Die Anzahl muss durch vier teilbar sein.
- Problem: Wann kann man mit einer geraden Anzahl von Streichhölzern mehrere verschiedene Rechtecke umranden?
  Lösung: Immer. Wenn man z. B. 12 Hölzer hat, dann müssen die beiden Seitenlängen zusammen 6 ergeben.
- Problem: Welche Form benötigt für eine vorgegebene Anzahl von zu umrandenden Quadraten die wenigsten Streichhölzer?
  Lösung: Wenn möglich ein Quadrat, sonst das Rechteck, das dem Quadrat am nächsten kommt, z. B. bei 14 Hölzern das Rechteck 3 + 4.

2 Mögliche gefundene Probleme:

1. Wege ohne Abzusetzen:

- Problem: Gibt es einen Weg ohne Abzusetzen? Gibt es mehrere? Wo muss man anfangen?
  Lösung: Es klappt nur ohne Abzusetzen, wenn man links oder rechts unten anfängt. (Mathematische Erklärung: Diese beiden Ecken sind die einzigen ungeraden Knoten, d. h. einer muss Endpunkt und einer Anfangspunkt sein.)
- Problem: Wie oft muss man mindestens absetzen?
  Lösung: Beim gegebenen Haus muss man gar nicht absetzten. Allgemein gibt es zwei Arten von Häusern, die man ohne Absetzen durchziehen kann: 1. Häuser, die genau zwei Ecken haben, an denen eine ungerade Anzahl von Kanten zusammentrifft; 2. Häuser, bei denen an allen Ecken eine gerade Anzahl von Kanten zusammentrifft. Bei allen anderen Häusern muss man absetzen.
- Problem: Wie oft muss man höchstens absetzen?
  Lösung: Bei der gegebenen Figur ist es möglich viermal abzusetzen. Dazu muss man versuchen, möglichst schnell in einer Ecke „festzufahren".

2. verschiedene Wege:

- Probleme: Gibt es mehrere Wege?
  Lösung: Auf jeden Fall kann man einen Weg auch in umgekehrter Richtung durchlaufen. Nur bei ganz einfachen Figuren gibt es sonst keine anderen Wege.
- Problem: Wie viele verschieden Wege gibt es?
  Lösung: Am besten systematisch an einem der beiden möglichen Anfangspunkte anfangen und sich jeweils überlegen, wie viele Möglichkeiten es jetzt gibt, weiterzugehen; dabei die Möglichkeiten systematisch notieren. Die umgekehrten Wege hat man so auch schon erfasst, man durchzeichnet sie nur in anderer Richtung.

3. andere Häuser:

- Problem: Kann man ein „Nikolausreihenhaus" zeichnen ohne abzusetzen?
  Lösung: Nein, das Reihenhaus funktioniert nicht, da es vier Ecken mit einer ungerader Anzahl von Kanten gibt.

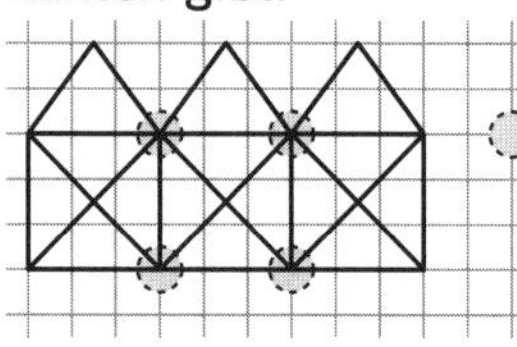

3 Mögliche gefundene Probleme:

1. Rechnung verstehen:

- Problem: Was wäre, wenn man subtrahieren würde?
  Lösung: 5 – 4 = 3, entspricht dem Auseinandersägen
- Problem: Warum kommt eine falsche Rechnung heraus, wenn man die Ecken zählt?
  Lösung: 3 + 4 = 7. Es kommt 2 weniger heraus, weil zwei Kanten zusammenfallen und daher nicht mehr gezählt werden (man kann auch sagen, weil zweimal zwei Ecken zu einer zusammenfallen).

2. Andere Vielecke kombinieren:

- Problem: In wie viele Dreiecke kann man ein Vieleck (n-Eck) zersägen, wenn man nur von Ecke zu Ecke sägen darf?
  Lösung: in n – 2 Dreiecke – durch zwei Ecken wird nicht durchgesägt.
- Problem: Was passiert, wenn man nicht von Ecke zu Ecke sägt?

Lösung: Je nach Beispiel ergibt sich z. B.

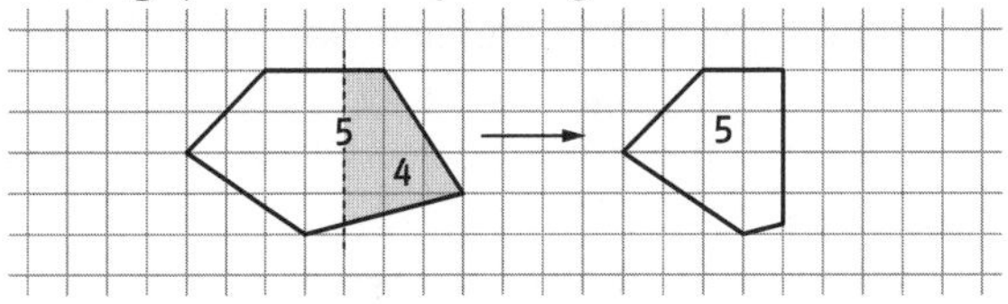

5 – 4 = 5. Die Rechnung wird „noch falscher".

3. Zur Rechnung Bilder finden:
- Problem: Kann man auch zu anderen „verrückten" Rechnungen Bilder finden? Gibt es zu jeder Rechnung ein Bild?
  Lösung z. B.: 5 + 3 – 3 = 9

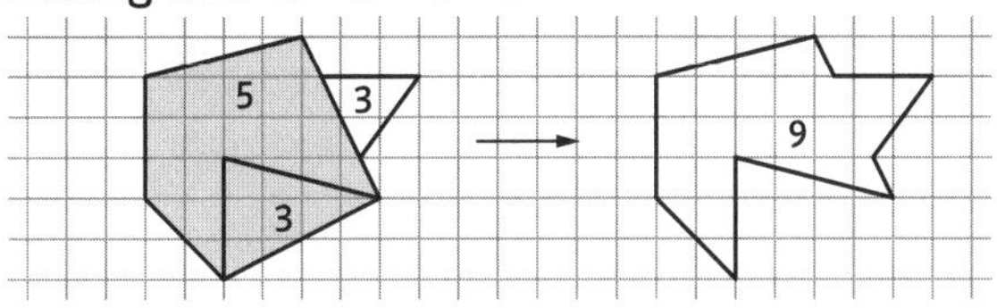

4 Vorbemerkung: Die Forderung „klein" kann auf verschiedene Maße bezogen aufgefasst werden: Fläche oder Umfang des Rechtecks, Oberfläche oder Volumen eines Kartons. Die Lösungen können durch Messen ermittelt werden.
Mögliche gefundene Probleme:
- Problem: Wie packt man vier Teelichter ein?
  mögliche Anordnungen:

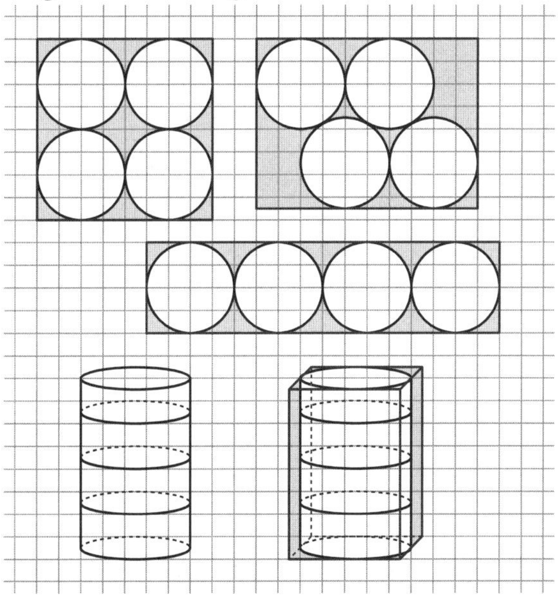

Mögliche weitere Probleme:
- Es können andere Teelicht-Anzahlen untersucht werden.
- Man kann auch fordern dass der Karton quadratisch ist, oder aber die Forderung „rechteckig" aufgeben.
- Man kann die Form der Teelichter verändern.
- Man kann von der Form der Teelichter weggehen und sich über das geschickte Packen anderer Formen, z. B. Kugeln, Gedanken machen.

5 Lösung der Zahlenmauer:

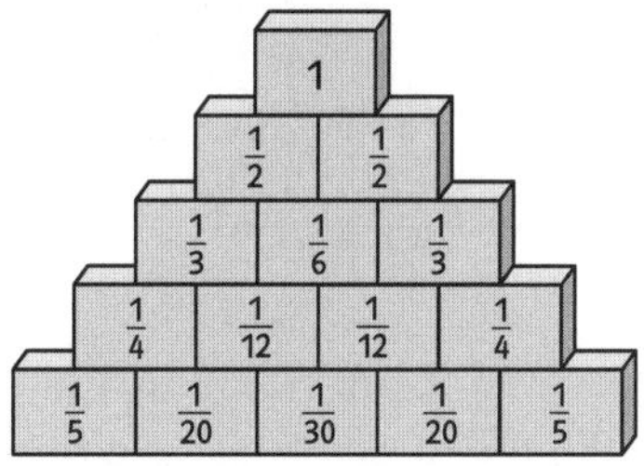

- Die Zahlen im Nenner werden nach außen hin und nach oben immer kleiner.
- Die Zahlenmauer ist symmetrisch aufgebaut.
- Der Zähler lautet (nach Kürzen) immer 1.

Mögliche gefundene Probleme:
- Problem: Was passiert, wenn man statt $\frac{1}{2}$ 2 schreibt, statt $\frac{1}{3}$ 3 usw. und diese Zahlen wieder größer werdend von unten nach oben anordnet?
- Problem: Was muss man ändern, damit die Zahlenmauer nicht mehr symmetrisch ist?
  Lösung: Beispielsweise $\frac{1}{2}$ in der zweiten Zeile gegen $\frac{1}{3}$ tauschen.
- Problem: Wie bekommt man andere symmetrische Zahlenmauern?
  Lösung: Man beginnt unten symmetrisch. Dann löscht man wieder alle Zahlen außer denen an der linken Seite.

6 a) Mögliche Problemlösungen:
- verschiedene Zahlen probieren und die Ergebnisse tabellarisch festhalten:

Startzahl	Ergebnis
7	58
6	54
5	50

- individuelle Lösung, z. B.: Die Startzahl wird immer um fünf vergrößert. Insgesamt fällt sie viermal herunter, also einmal wie sie ist, einmal um 5 vergrößert, einmal um 10 vergrößert und einmal um 15 vergrößert. Insgesamt kommt deshalb das Vierfache der Zahl plus 30 heraus.
  50 – 30 = 20. Also kommt 50 heraus, wenn man 5 einwirft.

b) Mögliche gefundene Probleme:
- Problem: Können alle Zahlen herauskommen?
  Lösung: Nur die Zahlen 30, 34, 38, 42 usw. können herauskommen.
- Problem: Was passiert, wenn man andere Zahlen als die 5 addiert?
- Problem: Was passiert, wenn man Brüche zulässt?
- Problem: Was passiert, wenn man multipliziert statt zu addieren?
- Problem: Was passiert, wenn man die Maschine verlängert oder vergrößert?

Seite 117

7 Es lassen sich alle Mengen von 1 l bis 13 l (in Liter-Schritten) abmessen:
(a, b) bedeutet, dass im 8-l-Eimer a Liter und im 5-l-Eimer b Liter Wasser sind.

Literzahl	Weg
1	(8, 0) → (3, 5) → (3, 0) → (0, 3) → (8, 3) → (6, 5) → (6, 0) → (**1**, 5)
2	(8, 0)→ (3, 5) → (0, 5) → (5, 0) → (5, 5) → (8, **2**)
3	(8, 0) → (**3**, 5)
4	(8, 0) → (3, 5) → (3, 0) → (0, 3) → (8, 3) → (6, 5) → (6, 0) → (1, 5) → (1, 0) → (0, 1) → (8, 1) → (**4**, 5)
5	(0, **5**)
6	(8, 0) → (3, 5) → (3, 0) → (0, 3) → (8, 3) → (**6**, 5)
7	(8, 0) → (3, 5) → (3, 0) → (0, 3) → (8, 3) → (6, 5) → (0, 2) → (2, 0) → (2, 5) → (**7**, 0)
8	(**8**, 0)

Für Mengen größer als 8 l misst man jeweils die Mengen von 1 l bis 4 l nach obigem Schema ab, füllt sie in den kleinen Eimer und füllt zusätzlich den großen Eimer.

8

- Problem: Wie weit kommt man, wenn man bis 5 beschleunigt und dann wieder bis zum Stehen bremst?
  Lösung: 1 + 2 + 3 + 4 + 5 + 4 + 3 + 2 + 1 = 25.
- Problem: Wie weit kommt man, wenn man bis 6 beschleunigt und dann wieder bis zum Stehen bremst? Lösung: Insgesamt 5 + 6 weiter als wenn man nur bis 5 beschleunigt.
  Also: 25 + 5 + 6 = 36.
  Es kommen immer Quadratzahlen heraus!
- Problem: Wie gut kommt man um eine Kurve, je nachdem, wie schnell man ist?
  Lösung: Mit Geschwindigkeit 1 ist man in 3 Schritten um die Kurve. Mit Geschwindigkeit 2 kann man auf verschiedene Weisen durch die Kurve fahren:

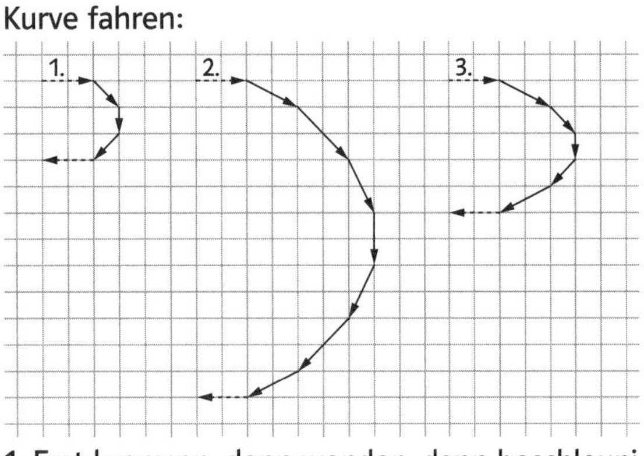

1. Erst bremsen, dann wenden, dann beschleunigen.
2. Möglichst wenig bremsen und nur die Richtung wechseln.
3. Bremsen und lenken gleichzeitig.

Die Kurven sind dann unterschiedlich groß und man braucht unterschiedlich viel Zeit.

Exkursion: Elementar, mein lieber Watson …

Seite 119

Sherlock Holmes wohnt in der Baker Street 221 b. Auf Seite 221 des Buches stehen die Lösungen zu den beiden Problemen.

V Multiplikation und Division von rationalen Zahlen

Lösungshinweise Kapitel 5 Erkundungen

Seite 125

Erkundung 2: „$\frac{1}{3}$ von $\frac{1}{2}$ ist ...“ – Bruchteile von Bruchteilen sehen

Forschungsauftrag 1:

- Der dritte Teil von der Hälfte ist $\frac{1}{6}$ des Ganzen, wie man an der rot schraffierten Fläche erkennen kann.
- Zunächst hat Kira das Blatt einmal gefaltet, um die Hälfte des Blattes zu erhalten. Anschließend hat sie es durch zwei weitere Faltungen nochmals gedrittelt. Nun entstehen 6 gleich große Flächenstücke, von denen eines dem Flächenanteil von $\frac{1}{6}$ der ganzen Fläche entspricht.

Forschungsauftrag 2:

- Bruchteile:

  linke Spalte von oben nach unten:

  Rechteckbild: $\frac{3}{4}$ von $\frac{1}{2} = \frac{3}{8}$

  Stabbild: $\frac{2}{3}$ von $\frac{1}{4} = \frac{2}{12}$

  Kreisbild links: $\frac{1}{3}$ von $\frac{3}{8} = \frac{1}{8}$

  Kreisbild rechts: $\frac{1}{2}$ von $\frac{1}{3} = \frac{1}{6}$

  Rechteckbild: $\frac{2}{3}$ von $\frac{1}{3} = \frac{2}{9}$

  Stabbild: $\frac{1}{3}$ von $\frac{1}{3} = \frac{1}{9}$

  rechte Spalte von oben nach unten:

  Kreisbild links: $\frac{1}{4}$ von $\frac{1}{2} = \frac{1}{8}$

  Kreisbild rechts: $\frac{1}{3}$ von $\frac{1}{4} = \frac{1}{12}$

  Stabbild: $\frac{1}{4}$ von $\frac{2}{3} = \frac{1}{6}$

  Rechteckbild: $\frac{1}{3}$ von $\frac{1}{4} = \frac{1}{12}$

  Rechteckbild: $\frac{1}{5}$ von $\frac{1}{4} = \frac{1}{20}$

  Stabbild: $\frac{1}{4}$ von $\frac{1}{2} = \frac{1}{8}$
- die Darstellungen, bei denen oben derselbe Anteil schraffiert wurde, beschreiben denselben Bruchteil. So kommt der Bruchteil $\frac{1}{8}$ dreimal vor (siehe graue Unterlegung oben). Der Bruchteil $\frac{1}{6}$ kommt dreimal vor (einmal als $\frac{2}{12}$). $\frac{1}{12}$ kommt zweimal vor und die anderen Bruchteile kommen jeweils einmal vor.
- individuelle Lösungen
- $\frac{1}{12}$ kann man als $\frac{1}{3}$ von $\frac{1}{4}$ oder als $\frac{1}{4}$ von $\frac{1}{3}$ oder als $\frac{1}{6}$ von $\frac{1}{2}$ oder als $\frac{1}{2}$ von $\frac{1}{6}$ oder als $\frac{1}{12}$ von einem Ganzen darstellen (siehe teilweise oben)
- individuelle Lösungen
- Weitere Darstellungsformen könnten beispielsweise die Angabe von Strichen bzw. Punkten sein. Wenn zum Beispiel 12 Punkte gegeben sind, kann man die Hälfte eines Drittels als die Hälfte von vier Strichen bzw. Punkten erkennen:
  • • • • • • • • • • • • → ein Drittel: • • • • →
  die Hälfte von diesem Drittel • •;
  also sind die Hälfte von einem Drittel von 12 Punkten zwei Punkte. Die Darstellung mit Strichen wäre ähnlich.
  Ferner könnte man das Falten der Papierbogen in einer Richtung als weitere Darstellungsform angeben – dies entspricht dann im weiteren Sinne der Zahlengeraden.
  Im Folgenden ist der Anteil „ein Drittel von der Hälfte“ skizziert:

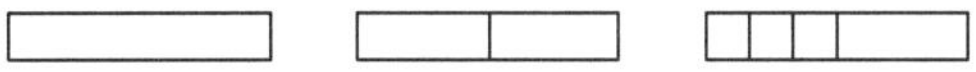

Seite 126

Erkundung 3: Rezept

- $\frac{1}{4}\,l = 250\,ml$ Wasser und $\frac{2}{3}$ von
  $\frac{3}{8}\,l = \frac{2}{3}\cdot\frac{3}{8}\,l = \frac{6}{24}\,l = \frac{1}{4}\,l = 250\,ml$ Milch
- Da das Rezept für 4 Personen ausgelegt ist, muss sie von allen Angaben $\frac{3}{4}$ der Mengen errechnen:

a) $\frac{1}{4}$ von 180 g sind 45 g; dann sind $\frac{3}{4}$ von 180 g 135 g Zucker.

b) $\frac{3}{4}$ von $\frac{1}{4}\,l$ sind $\frac{3}{4}$ von 250 ml. $\frac{1}{4}$ von 250 ml ist 62,5 ml, also sind $\frac{3}{4}$ von 250 ml genau 187,5 ml Wasser.

c) $\frac{3}{4}$ von $\frac{1}{2}$ Teelöffel sind $\frac{3}{8}$ Teelöffel.

d) $\frac{3}{4}$ von $\frac{3}{8}\,l$ sind $\frac{3}{4}$ von 375 ml. $\frac{1}{4}$ von 375 ml sind 93,75 ml. Also sind $\frac{3}{4}$ von 375 ml genau 281,25 ml Milch.

e) $\frac{3}{4}$ von 20 g Cremepulver sind 15 g.

f) $\frac{3}{4}$ von 3 Eidotter sind 3 mal ein $\frac{3}{4}$ Eidotter sind $\frac{9}{4}$ Eidotter, also $2\frac{1}{4}$ Eidotter.

Bei allen Werten wird man beim Kochen sinnvoll runden.

- Anleitung:
  Zunächst muss man sich überlegen, auf welchen Anteil man das Rezept verkleinern bzw. vergrößern muss. Die Anzahl der Personen durch 4 ergibt den Anteil. Als nächstes kann man sich eine Tabelle erstellen, in der man alle Mengenangaben auf $\frac{1}{4}$ runterrechnet. Anschließend muss man dann alle heruntergerechneten Werte mit der Anzahl der Personen multiplizieren.
- individuelle Lösungen

Erkundung 4: „passt in"

- „Wenn man also 7 Äpfel nimmt und diese beispielsweise als Kreise darstellt, kann man sehen wie häufig ein $\frac{3}{4}$ Apfel bzw. ein $\frac{3}{4}$ Kreis in die 7 Kreise hineinpasst.

Hier sieht man insgesamt $7 \cdot 4 = 28$ Viertelkreise, also passt ein $\frac{3}{4}$ Kreis insgesamt $28 : 3 = 9\frac{1}{3}$-mal in die sieben vollen Kreise. Also ist $7 : \frac{3}{4} = 9\frac{1}{3}$."

a) „Wie viele Fliesen der Breite $\frac{1}{5}$m passen in den Raum, der 6m breit ist?"
Antwort: Auf einen Meter passen 5 Fliesen, also passen auf 6m 30 Fliesen.

b) „Wie viel $\frac{1}{3}$-Pizzen passen in 4 Pizzen?"
Antwort: $4 : \frac{1}{3}$ kann man so berechnen, dass in eine Pizza drei $\frac{1}{3}$-Stücke passen, somit passen in 4 Pizzen 12 $\frac{1}{3}$-Stücke.

c) „Wie viele $\frac{2}{3}$-Schokoladetafeln passen in 4 Tafeln?"
Antwort: $4 : \frac{2}{3}$ ist halb so viel wie $4 : \frac{1}{3}$, weil die Stücke doppelt so groß sind. Teilt man die 4 Tafeln jeweils in 3 Teile, so erhält man 12 Stücke. Also bekommt jeder 6 der $\frac{2}{3}$-Stücke.
d) „Wie lang ist $\frac{3}{4}$ von einem Band?"
Antwort: Bei den zwei Bändern kann man zwei $\frac{3}{4}$ Bänder erhalten.

- Wenn man durch $\frac{1}{3}$ dividiert, muss man mit 3 multiplizieren und wenn man durch $\frac{2}{3}$ dividiert, muss man mit 3 multiplizieren und durch 2 dividieren:
Wenn man durch einen Bruch dividiert, muss man mit dem Nenner multiplizieren und durch den Zähler dividieren.

1 Vervielfachen und Teilen von Brüchen

Seite 129

1 a) $\frac{1}{3} \cdot 4 = \frac{4}{3}$

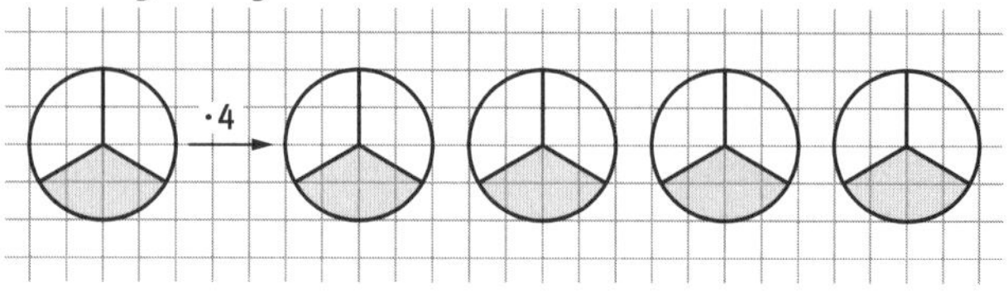

b) $\frac{4}{5} : 2 = \frac{2}{5}$

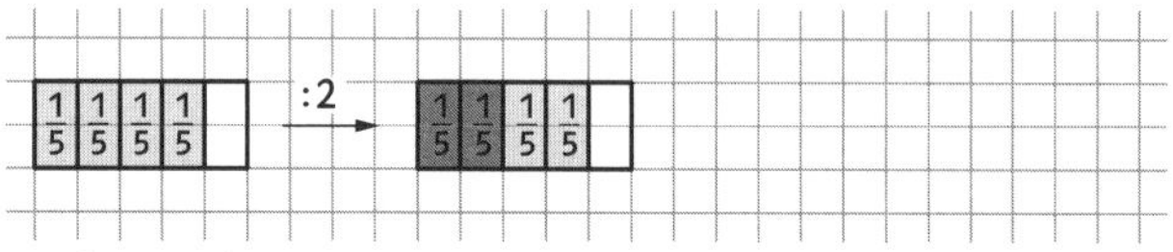

c) $\frac{3}{7} : 4 = \frac{3}{28}$

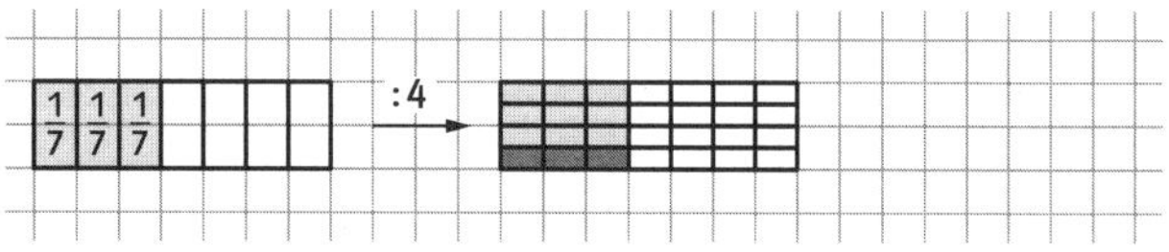

d) $\frac{3}{4} \cdot 8 = 6$

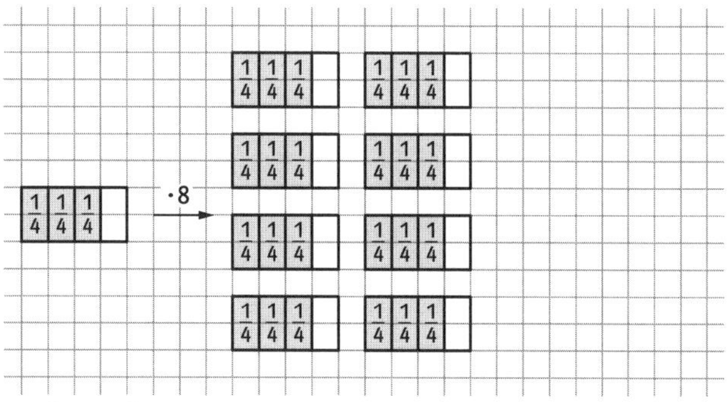

e) $\frac{3}{4} : 2 = \frac{3}{8}$

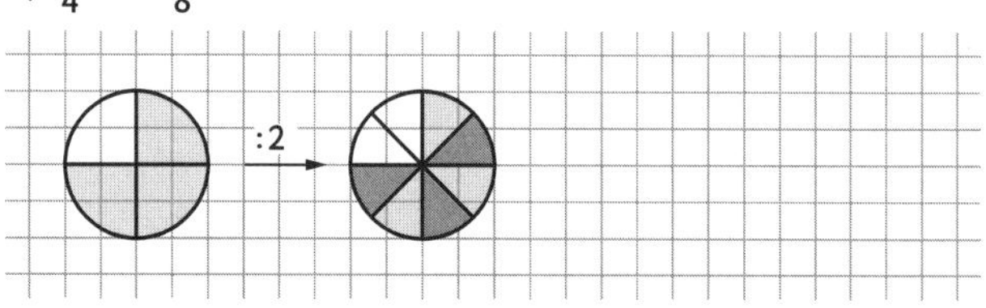

f) $\frac{2}{3} : 3 = \frac{2}{9}$

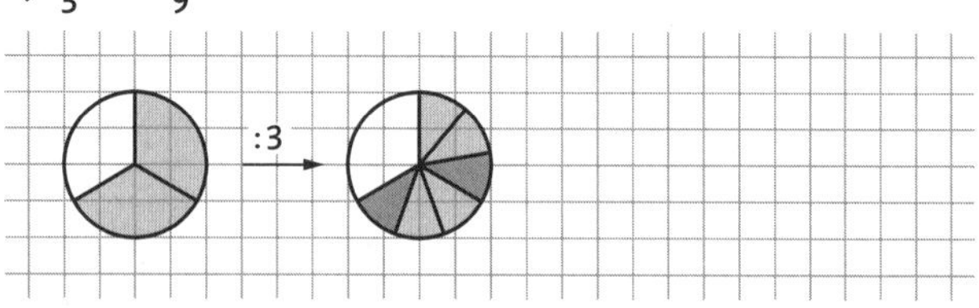

Seite 130

2 a) $6 \cdot \frac{2}{3} = \frac{6 \cdot 2}{3} = \frac{12}{3}$

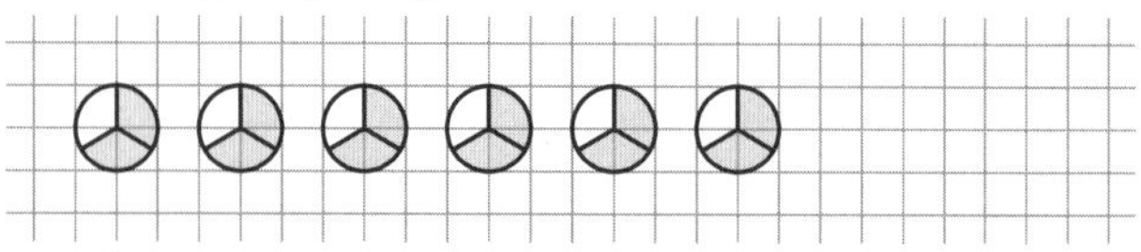

$\frac{2}{3} + \frac{2}{3} + \frac{2}{3} + \frac{2}{3} + \frac{2}{3} + \frac{2}{3} = \frac{12}{3}$

b) $5 \cdot \frac{5}{6} = \frac{5 \cdot 5}{6} = \frac{25}{6}$

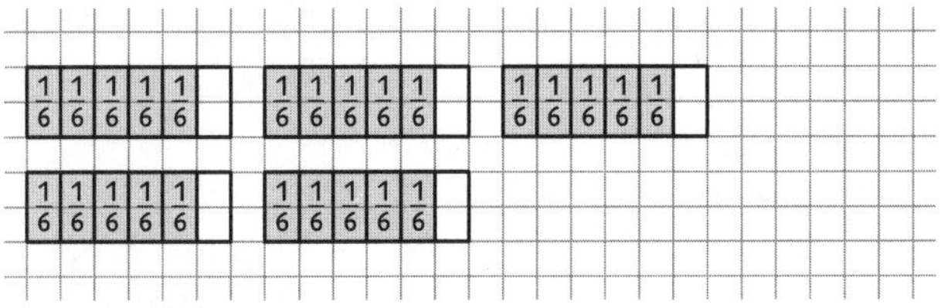

c) $\frac{8}{11} : 4 = \frac{8}{4 \cdot 11} = \frac{8}{44}$

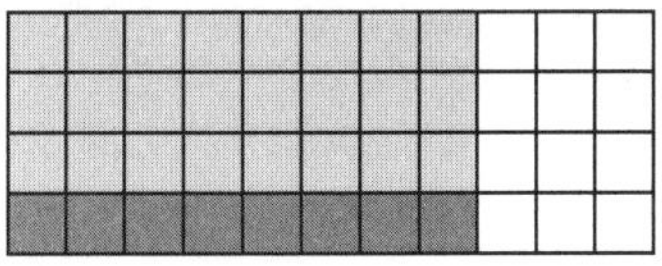

oder $\frac{8 : 4}{11} = \frac{2}{11}$

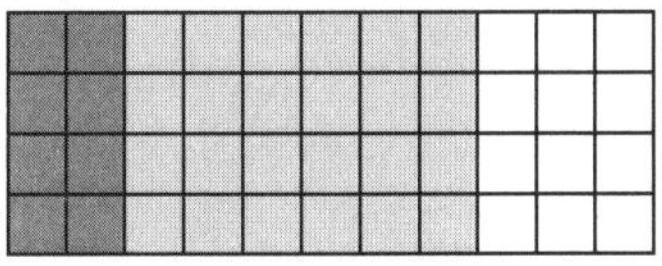

d) $\frac{7}{9} : 3 = \frac{7}{9 \cdot 3} = \frac{7}{27}$

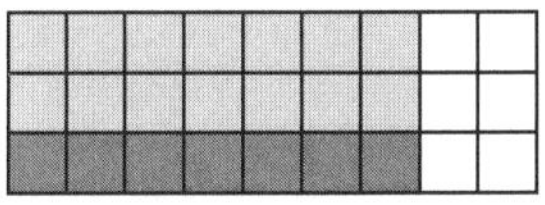

e) $\frac{6}{7} \cdot 70 = \frac{6 \cdot 70}{7} = \frac{60}{1}$

f) $\frac{15}{7} : 5 = \frac{15}{7 \cdot 5} = \frac{15}{35} = \frac{3}{7}$

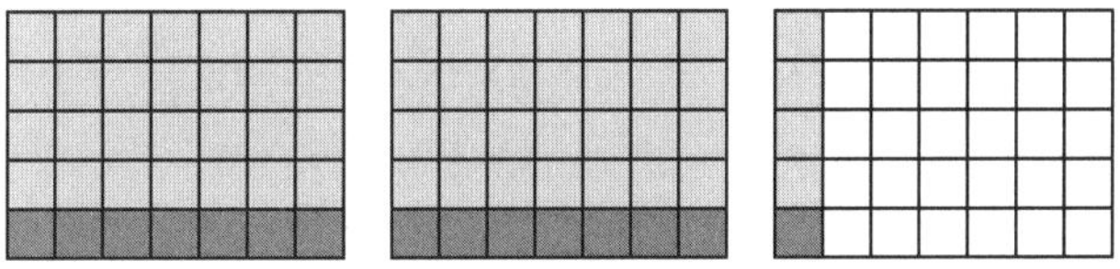

g) $\frac{23}{8} : 7 = \frac{23}{8 \cdot 7} = \frac{23}{56}$

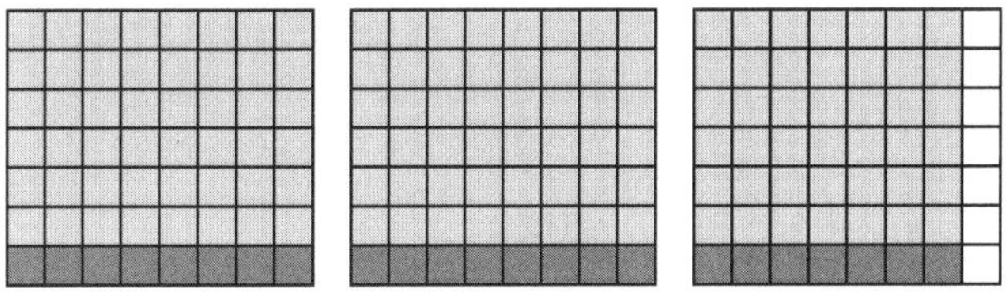

h) $\frac{73}{4} : 11 = \frac{73}{4 \cdot 11} = \frac{73}{44}$

3

a) $\frac{4}{9}$	b) $\frac{7}{12}$	c) $\frac{10}{11}$	d) 4	e) 8
$\frac{1}{10}$	$\frac{1}{6}$	$\frac{3}{5}$	$\frac{3}{11}$	$\frac{3}{7}$

4

a) 2	b) $-\frac{1}{2}$	c) -48	d) $\frac{16}{33}$	e) $\frac{63}{4}$
$\frac{1}{31}$	$-\frac{5}{27}$	$\frac{8}{59}$	$-\frac{2}{33}$	$\frac{1}{96}$

Lösungswort: LUFTBALLON

5 a) $5 \cdot \frac{12}{2} = 30$ oder $12 \cdot \frac{5}{2} = 30$

b) $2 \cdot \frac{5}{12} = \frac{5}{6}$ oder $5 \cdot \frac{2}{12} = \frac{5}{6}$

c) $2 \cdot \frac{12}{5} = \frac{24}{5}$ oder $5 \cdot \frac{12}{2} = 30$ oder $12 \cdot \frac{5}{2} = 30$ oder $12 \cdot \frac{2}{5} = 30$

6

a) 2 b) 7 c) 3 d) $\frac{2}{13}$

e) 3 f) $\frac{8}{11}$ g) $11 \cdot \frac{7}{12} = \frac{77}{12}$ h) $\frac{6}{7} \cdot 8 = \frac{48}{7}$

i) $6 \cdot \frac{13}{15} = \frac{78}{15}$ j) $\frac{9}{14} \cdot 20 = \frac{90}{7}$

7 Trainingszeiten pro Woche:

1. Karin: $3 \cdot 1\frac{1}{2}\,h = 3 \cdot \frac{3}{2}\,h = \frac{9}{2}\,h = 4\frac{1}{2}\,h$
2. Dennis: $5 \cdot \frac{3}{4}\,h = \frac{15}{4}\,h = 3\frac{3}{4}\,h$
3. Susanne: $4 \cdot 1\frac{1}{4}\,h = 4 \cdot \frac{5}{4}\,h = \frac{20}{4}\,h = 5\,h$

Susanne trainiert am meisten, Dennis am wenigsten.

8 Sebastian legt in der Minute $3\frac{1}{2}\,km : 15 = \frac{7}{30}\,km$, Thomas $5\frac{1}{4}\,km : 21 = \frac{1}{4}\,km$.
$\frac{7}{30} = \frac{14}{60}$ und $\frac{1}{4} = \frac{15}{60}$. Also ist Thomas schneller.

Seite 131

9 $\frac{1}{5}$ mm: 4 mm, 5 mm, 15 mm

$\frac{1}{10}$ mm: 2 mm, 2,5 mm, 7,5 mm

$\frac{1}{15}$ mm: $1\frac{1}{3}$ mm, $1\frac{2}{3}$ mm, 5 mm

10 a) Der schwarz gefärbte Teil beträgt $\frac{1}{32}$ der gesamten Fläche.
b) Zunächst färbt man $\frac{1}{4}$ des Blattes blau. Dieses Viertel zerteilt man dann durch Falten in 8 gleichgroße Stücke. Das Falten ist daher eine Veranschaulichung der Rechnung $\frac{1}{4} : 8$.
c) Um $\frac{1}{4} = 1 \cdot \frac{1}{2} \cdot \frac{1}{2}$ des Blattes zu erhalten, benötigt man zwei Faltvorgänge, denn bei jedem Falten wird die Größe des Blattes halbiert. Um das Viertel in 8 gleich große Teile zu zerlegen, muss man noch drei Mal falten.
d) individuelle Lösung

11 a) $\frac{15}{3} : 5 = \frac{15}{5} : 3 = 1$ b) $\frac{3}{5} : 15 = \frac{3}{15} : 5 = \frac{1}{25}$

12 a) Teilen durch 5: $\frac{1}{45}, \frac{1}{18}, \frac{4}{27}, \frac{37}{10}$
Kürzen durch 5: $\frac{1}{9}, \frac{5}{18}, \frac{20}{27}, \frac{37}{2}$

b) Beim Kürzen werden Zähler und Nenner durch dieselbe Zahl geteilt, beim Dividieren nur der Zähler.

13 nach links unten: Multiplikation mit 2
nach rechts unten: Erweitern mit 2

14 a) z. B. $\frac{2}{10} \cdot 2 = \frac{2}{5}$ b) z. B. $-2 \cdot \frac{7}{18} = -\frac{7}{9}$
c) z. B. $\frac{4}{5} : 5 = 4$ d) z. B. $\frac{5}{12} : (-5) = -\frac{1}{12}$

15 a) $\frac{1}{8}$ kg = 125 g b) $\frac{3}{4}$ kg = 750 g c) 8,10 €

16 $4:\frac{1}{8}=32;\ 4:\frac{1}{4}=16;\ 4:\frac{1}{2}=8;\ 4:1=1;$
$4\cdot\frac{1}{2}=2;\ 4\cdot\frac{1}{4}=1;\ 4\cdot\frac{1}{8}=\frac{1}{2}$
Das Ergebnis wird bei dieser Reihenfolge immer halbiert.

2 Multiplizieren von Brüchen

Seite 133

1 a) Zunächst hat Natalie das Blatt durch senkrechte Faltungen dreimal gefaltet, sodass vier gleich große Streifen entstehen ($\frac{1}{4}$ des Blattes). Sie kann diese Faltung auch durch zwei Faltungen erreichen, wenn das Blatt nach dem ersten Faltvorgang zweilagig bleibt. Anschließend hat sie das Blatt in der anderen Richtung (waagerecht) zweimal gefaltet, sodass drei gleichgroße Streifen entstehen. Durch die Faltlinien ist das Blatt insgesamt in 12 gleich große Teile gefaltet. Das schraffierte Feld entspricht einem dieser Teile, also $\frac{1}{12}$.

b) $\frac{3}{4}\cdot\frac{1}{3}=\frac{1}{4}$

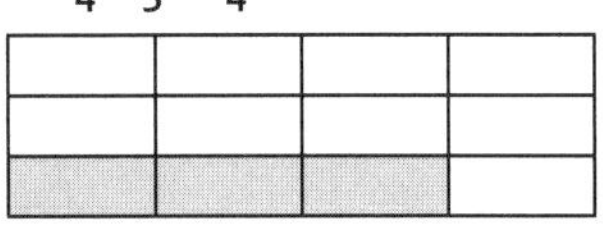

$\frac{5}{8}\cdot\frac{3}{4}=\frac{15}{32}$

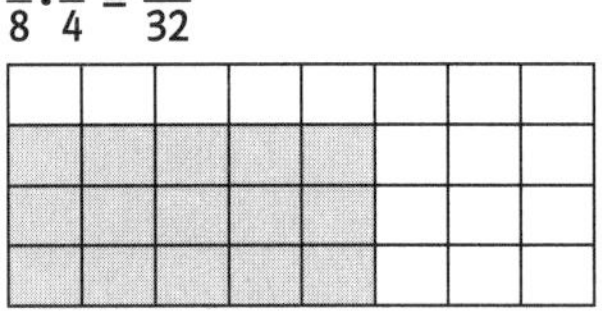

c) individuelle Lösung

2 a) $\frac{1}{2}\cdot\frac{3}{4}$ b) $\frac{2}{3}\cdot\frac{4}{5}$

3 a) $\frac{3}{4}\cdot\frac{4}{9}=\frac{12}{36}=\frac{1}{3}$

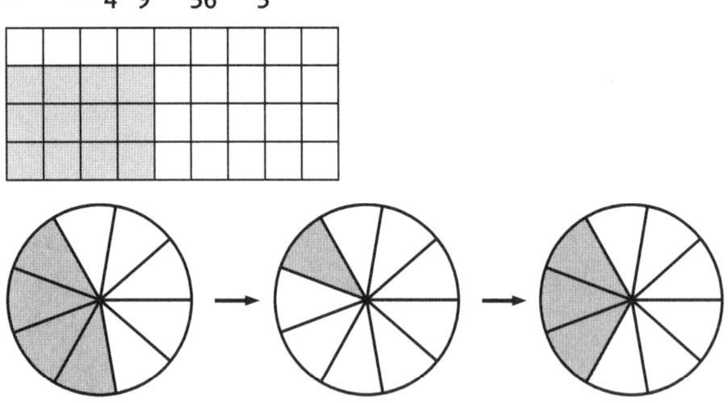

b) $\frac{1}{6}\cdot\frac{2}{3}=\frac{2}{18}=\frac{1}{9}$

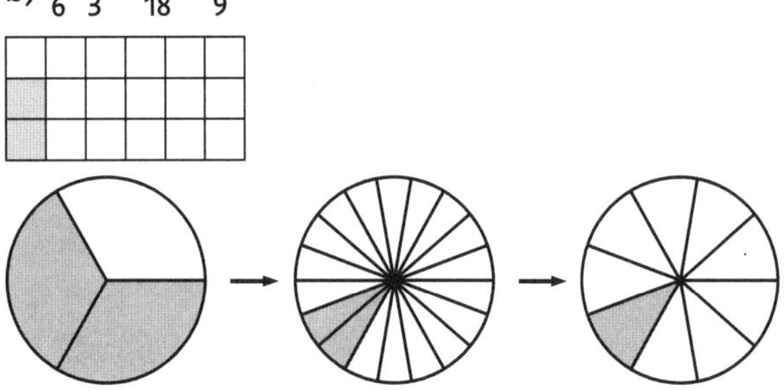

c) $\frac{5}{4}\cdot\frac{2}{5}=\frac{10}{20}=\frac{1}{2}$

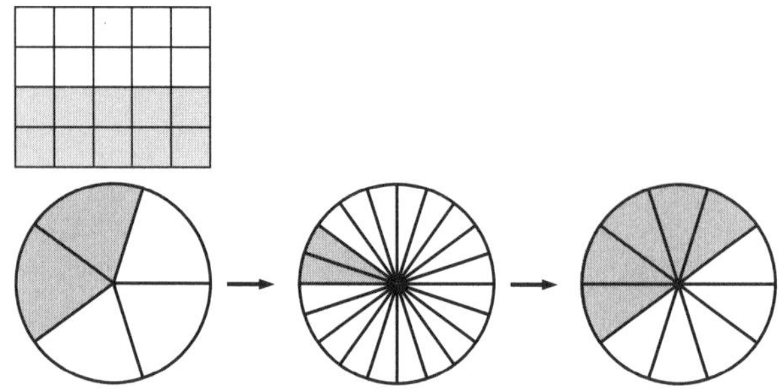

d) $\frac{2}{3}\cdot\frac{5}{8}=\frac{10}{24}=\frac{5}{12}$

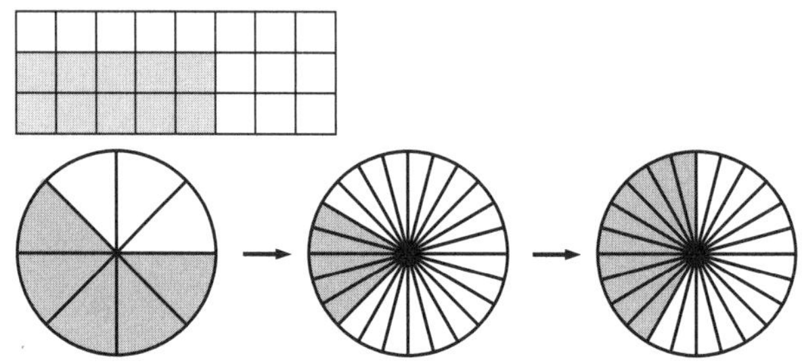

4 a) $\frac{2}{3}$kg b) $\frac{1}{6}$km c) $\frac{1}{8}$h d) $\frac{15}{8}$l
e) $\frac{21}{12}$m f) $\frac{7}{6}m^2$ g) $\frac{9}{12}$l h) $\frac{5}{4}$h

5
a) $\frac{1}{6}$ b) $\frac{6}{35}$ c) $-\frac{12}{35}$ d) $-\frac{5}{12}$
e) $\frac{5}{48}$ f) $\frac{27}{56}$ g) $-\frac{6}{35}$ h) $\frac{20}{63}$
i) $\frac{2}{3}$ j) $\frac{4}{15}$ k) $\frac{1}{3}$ l) $-\frac{4}{3}$

Seite 134

6
a) $\frac{11}{10}$ b) $-\frac{6}{17}$ c) $\frac{83}{15}$ d) $\frac{45}{68}$
$\frac{7}{3}$ $\frac{8}{3}$ $\frac{11}{3}$ $-\frac{5}{3}$
Lösungswort: BORDEAUX
In Aufgabenteil c) werden nicht zwei Brüche multipliziert, sondern ein gemischter Bruch soll in einen Bruch umgewandelt werden.

7 a) $\frac{1}{3}$ Liter b) $\frac{3}{8}$ Liter c) $\frac{3}{5}$km d) $\frac{1}{2}$ Stunde

8 a)

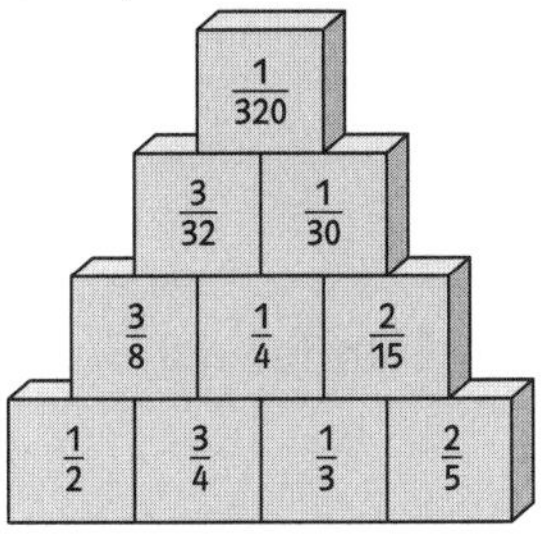

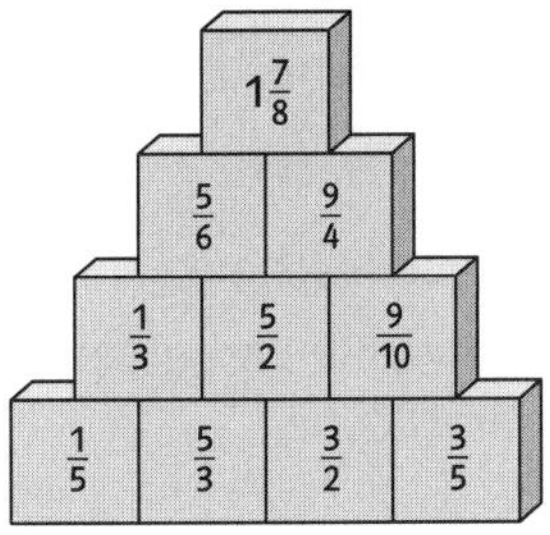

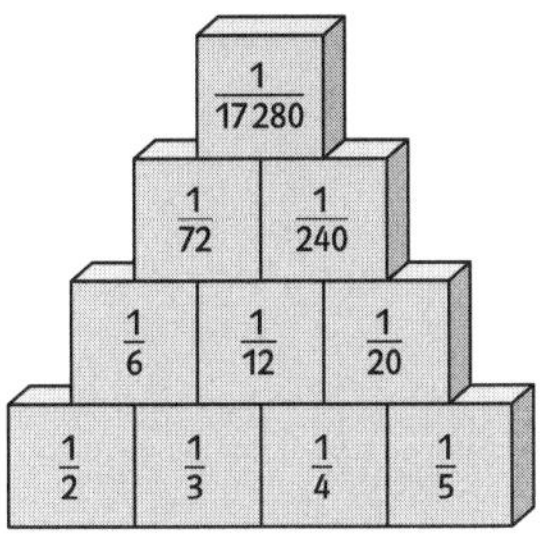

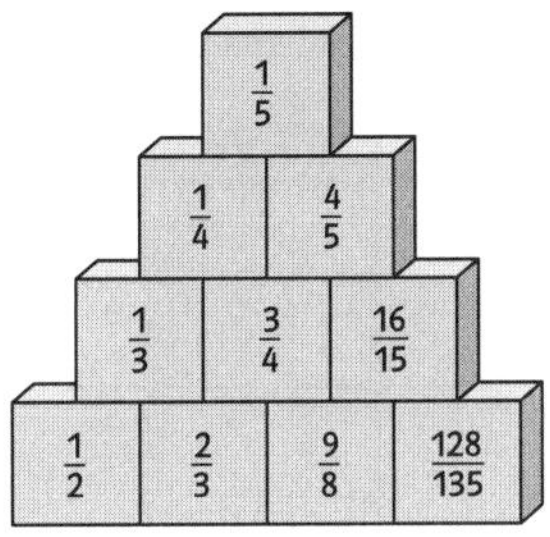

b) individuelle Lösung

c) individuelle Lösung, z. B.:

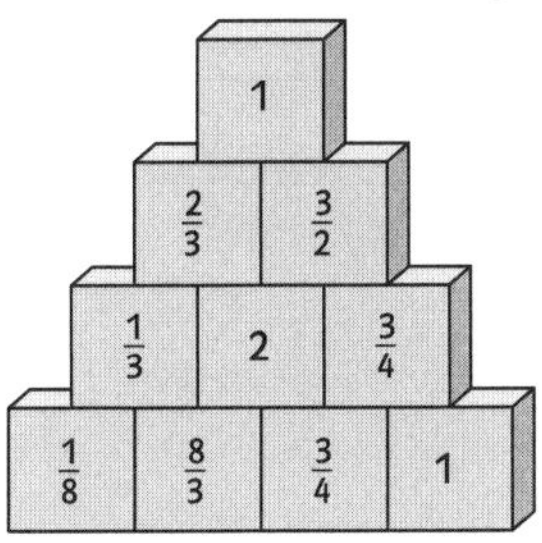

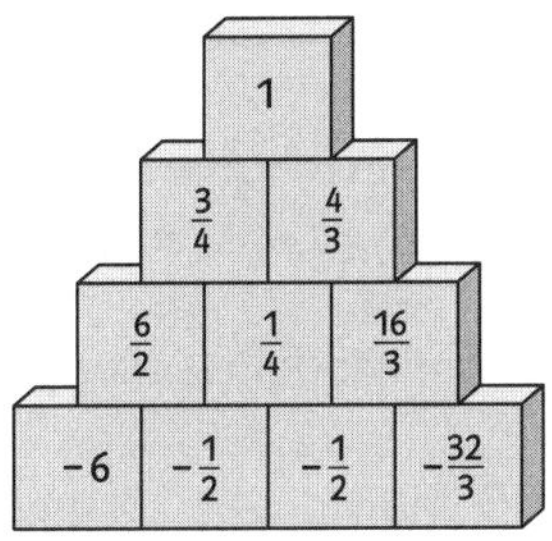

9 a) $\frac{1}{6}$ b) 5 Kinder

10 a) $-21\frac{1}{2}$ b) $-23\frac{5}{8}$ c) $1\frac{2}{3}$ d) $10\frac{5}{6}$
e) $10\frac{1}{2}$ f) $-5\frac{2}{5}$ g) $\frac{1}{15}$ h) -3
i) $43\frac{3}{4}$ j) $-5\frac{1}{2}$ k) $-67\frac{1}{2}$

11 Überschlag: $2\cdot 3 = 6$. Es wurden jeweils die ganzen Zahlen und die Brüche getrennt multipliziert und addiert.
$1\frac{17}{19}\cdot 3\frac{19}{37} = \frac{36}{19}\cdot\frac{130}{37} = \frac{4680}{703} = 6\frac{462}{703}$

12 a) $\left(\frac{2}{5}\right)^2 = \frac{4}{25}$; $\left(\frac{2}{4}\right)^4 = \frac{16}{624}$; $\left(\frac{2}{5}\right)^8 = \frac{256}{390\,625}$
$\left(\frac{2}{5}\right)^8 < \left(\frac{2}{5}\right)^4 < \left(\frac{2}{5}\right)^2$
b) $\left(\frac{5}{2}\right)^x > 10 \rightarrow x > 3$. $\frac{5}{2}$ muss mindestens drei Mal mit sich selbst multipliziert werden, damit das Ergebnis größer als 10 ist.
c) Brüche deren Nenner größer sind als ihre Zähler werden beim Multiplizieren mit sich selbst kleiner. Brüche deren Nenner kleiner sind als ihre Zähler werden beim Multiplizieren mit sich selbst größer.

13
Kleine Zahl: Z.B.
$\frac{1}{6}\cdot\frac{2}{8}\cdot\frac{5}{9}$
Große Zahl: Z.B.
$\frac{6}{1}\cdot\frac{8}{2}\cdot\frac{9}{5}$
b) Der Nenner sollte möglichst groß werden und der Zähler möglichst klein.

Seite 135

14

	Länge	Größe	Gewicht
Tyrannosaurus	12 m	$4\frac{3}{4}$ m	$6\frac{1}{2}$ t
Brontosaurus	20 m	9 m	20 t
Stegosaurus	9 m	$4\frac{18}{43}$ m	$1\frac{7}{10}$ t
Coelophysis	3 m	$1\frac{3}{5}$ m	$\frac{2}{25}$ t
Velociraptor	$1\frac{4}{5}$ m	1 m	$\frac{3}{50}$ t
Archaeopterix	1 m	$\frac{1}{2}$ m	$\frac{3}{50}$ m

15 a) 1 b) $\frac{3}{2}$ c) $\frac{3}{10}$ d) $2\frac{6}{7}$
e) $\frac{7}{10}$ f) $-\frac{7}{33}$ g) $-\frac{15}{418}$ h) $-1\frac{186}{451}$

16 a) $\frac{12}{10} = 1{,}2$ b) $\frac{3}{8} = 0{,}375$
c) $\frac{51}{32} = 1\frac{19}{32}$ d) $\frac{49}{20} = 2\frac{9}{20} = 2{,}45$
e) $\frac{32}{65}$ f) $\frac{372}{5} = 74\frac{2}{5}$
g) $\frac{1}{8}$ h) $\frac{2261}{25} = 90\frac{11}{25}$ (= 90,44)

17 a) $\frac{11}{29}\cdot 100 \approx 37{,}9 \rightarrow 37{,}9\,\%$
b) $\frac{2}{3} - \frac{3}{5} = \frac{1}{15}$
c) $\frac{18}{4} = 4{,}5$. Kurt gibt 4,50 € für Süßigkeiten aus.

18 a) $1\frac{11}{16} = 1{,}6875$ g b) $16\frac{497}{1000} = 16{,}497$ g
c) individuelle Lösung.

Seite 136

19 Spiel

20 a) $\frac{3}{8}\,dm^2$ b) $\frac{1}{200}\,m^2$

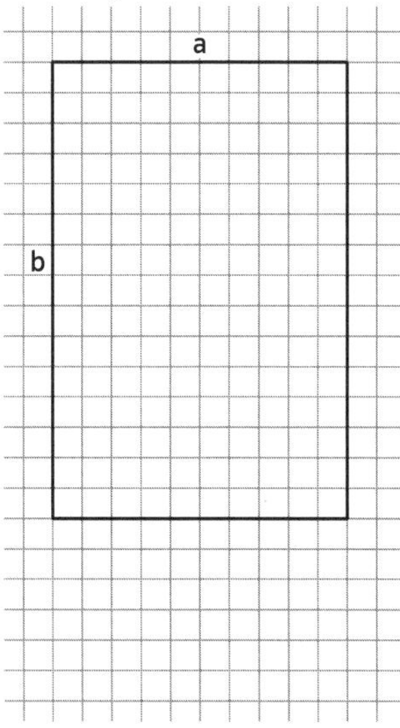

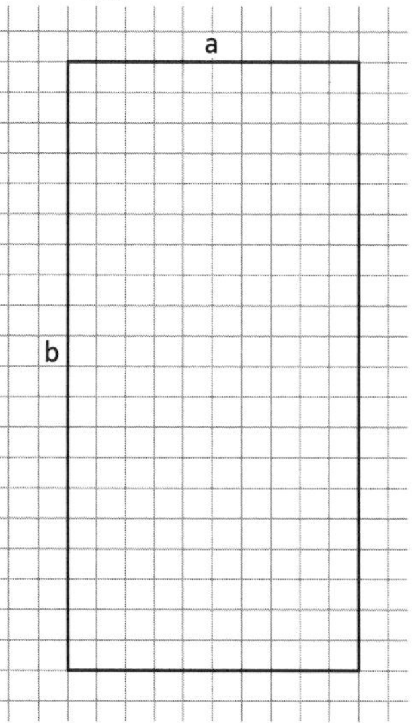

c) $\frac{77}{4}\,cm^2$ d) $\frac{35}{2}\,cm^2$

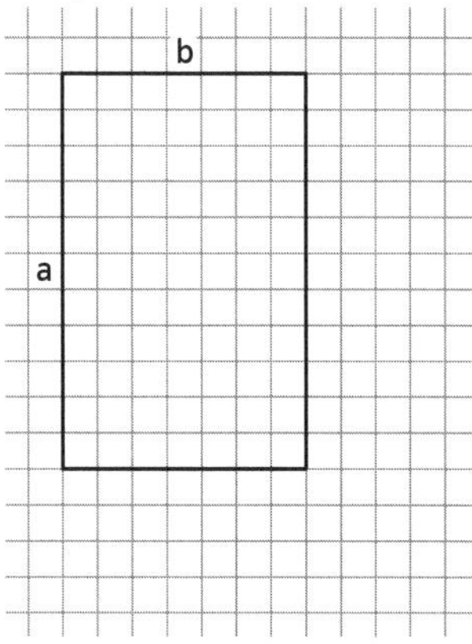

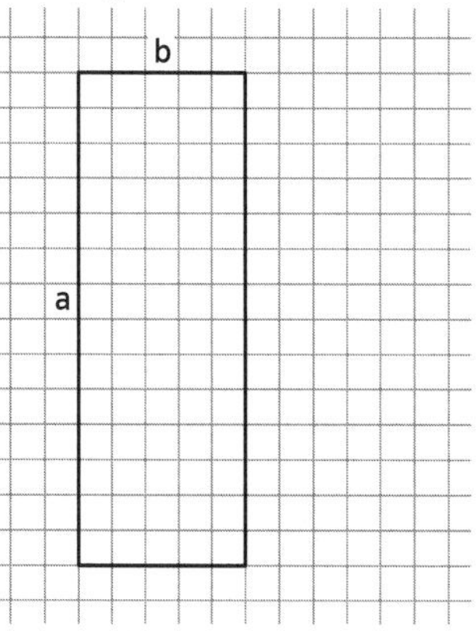

e) individuelle Lösung, z.B.: $a = \frac{4}{5}\,dm$; $b = \frac{3}{7}\,dm$.

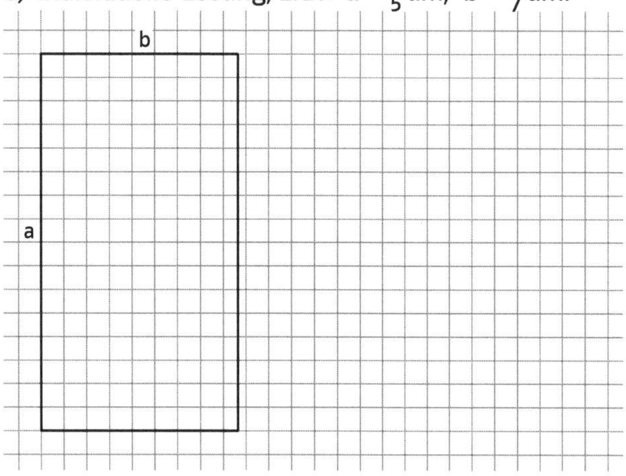

21 a) $\frac{1}{3} + \frac{1}{3} + \frac{1}{12} + \frac{1}{4} = 1 = \frac{1}{4} + \frac{1}{4} + \frac{1}{6} + \frac{1}{3}$

Es handelt sich beim Bruchbild um ein Quadrat.

b) Gesamtfläche: $1 \cdot 1 = 1$

Blaue Fläche: $\left(\frac{1}{6} \cdot \frac{1}{4}\right) + \left(\left(\frac{1}{4} + \frac{1}{4}\right) \cdot \frac{1}{12}\right) + \frac{1}{6} \cdot \frac{1}{3} = \frac{5}{36}$.

$\frac{5}{36}$ von 1 sind $\frac{5}{36}$, also entspricht es gerade dem geforderten Verhältnis.

c) Gelbe Fläche: $\frac{29}{144}$

Rote Fläche: $\frac{5}{18}$

Grüne Fläche: $\frac{1}{16}$

Weiße Fläche: $\frac{23}{72}$

Die weiße Farbe bedeckt den größten Teil der Gesamtfläche.

22 a) $V = \frac{7}{5}\,cm \cdot \frac{9}{4}\,cm \cdot \frac{13}{5}\,cm = \frac{819}{100}\,cm^3$.

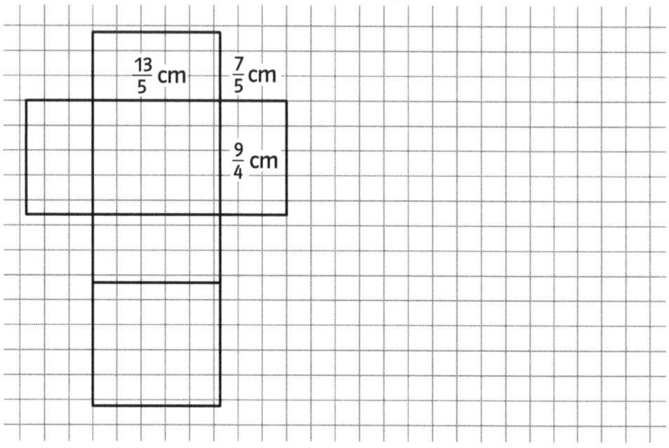

$O = 2 \cdot \frac{9}{4}\,cm \cdot \frac{13}{5}\,cm + 2 \cdot \frac{7}{5}\,cm \cdot \frac{9}{4}\,cm + 2 \cdot \frac{7}{5}\,cm \cdot \frac{13}{5}\,cm$

$= \frac{632}{25}\,cm^2$

b) individuelle Lösung

23 individuelle Lösung, z.B.:

das Vierfache von $\frac{2}{3}$ ist anschaulich:

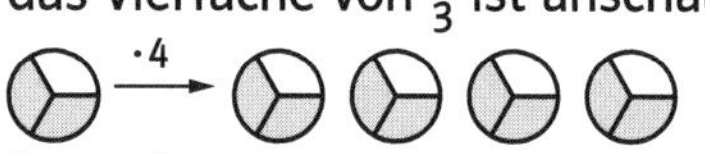

$\frac{2}{3} \cdot 4 = \frac{8}{3}$

$\frac{2}{3}$ von 4 sind anschaulich:

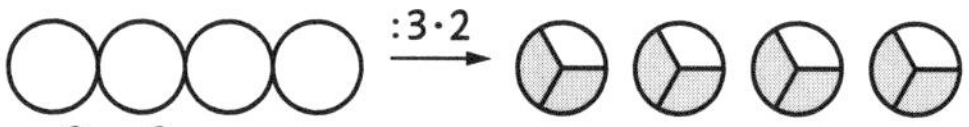

$4 \cdot \frac{2}{3} = \frac{8}{3}$

Man erkennt, dass bei beiden Rechnungen dasselbe Ergebnis herauskommt. Somit sind die Rechnungen gleichwertig.

24 a) Atlantischer Ozean: $\frac{21}{100} = 21\,\%$

Indischer Ozean: $\frac{7}{50} = 14\,\%$

Pazifischer Ozean: $\frac{7}{20} = 35\,\%$

b) Afrika: $\frac{3}{50}$ Nordamerika: $\frac{6}{125}$ Südamerika: $\frac{9}{250}$

Antarktis: $\frac{7}{250}$ Asien: $\frac{9}{100}$ Ozeanien: $\frac{9}{500}$ Europa: $\frac{1}{50}$

c) $\frac{1}{4}$

25 Nach 3 Stunden hat die dicke Kerze noch $\frac{3}{4}$ ihrer ursprünglichen Länge, die dünnere Kerze noch $\frac{1}{2}$ ihrer Länge. Da $\frac{2}{3} \cdot \frac{3}{4} = \frac{1}{2}$ ist, war die dicke Kerze nur $\frac{2}{3}$ so lang wie die dünne Kerze.

3 Dividieren von Brüchen

Seite 138

1 a) 9 Mal

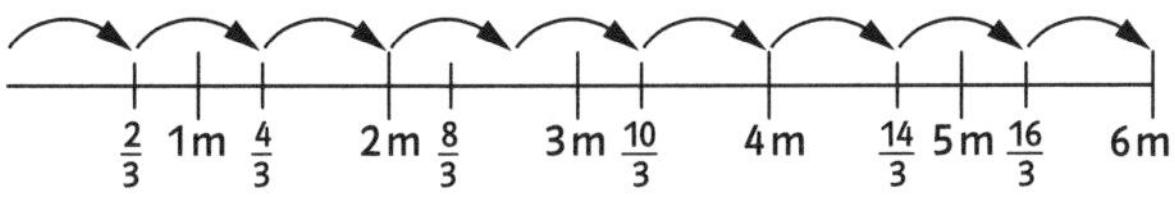

b) 10 Mal

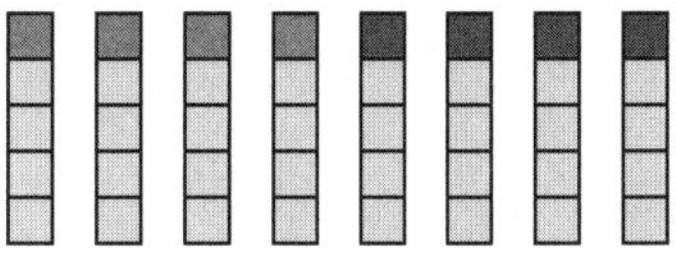

Begründung: 8 Litergefäße können zunächst jeweils mit $\frac{4}{5}$ l befüllt werden. Dann bleibt noch acht Mal $\frac{1}{5}$ l (also insgesamt $\frac{8}{5}$ l) zum Befüllen übrig. Diese $\frac{8}{5}$ l können durch $2 \cdot \frac{4}{5}$ l gefüllt werden.

c) 16 Mal

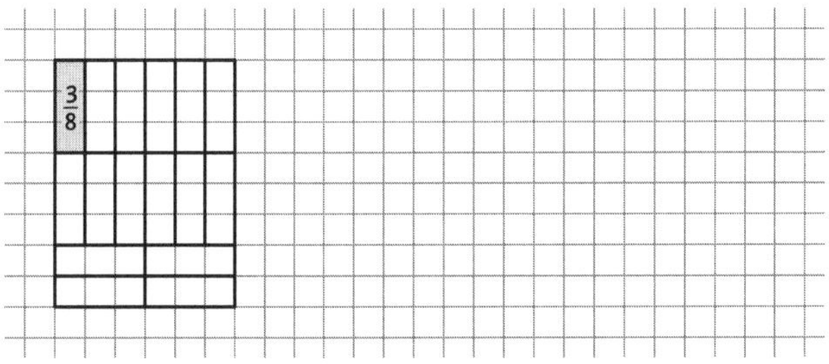

Begründung: $6\,\text{kg} = \frac{48}{8}\,\text{kg}$

d) individuelle Lösung

2

a) 4	b) $-\frac{3}{2}$	c) $\frac{2}{5}$	d) 8	e) $\frac{8}{3}$
$\frac{8}{3}$	1	$-\frac{75}{49}$	1	$-\frac{2}{5}$

3

a) $\frac{2}{9}$	b) $\frac{4}{9}$	c) $-\frac{8}{3}$	d) $\frac{4}{7}$	e) $\frac{16}{21}$
$\frac{57}{10}$	$-\frac{9}{10}$	$\frac{12}{7}$	$\frac{125}{567}$	$\frac{2}{5}$

4

a) 6	b) $-\frac{25}{2}$	c) $\frac{32}{3}$	d) $-\frac{9}{20}$	e) $-\frac{3}{5}$
$-\frac{15}{8}$	$\frac{3}{2}$	-2	$\frac{3}{25}$	$-\frac{75}{7}$

5

a) $\frac{5}{2}$ b) -2 c) $\frac{1}{8}$ d) $-\frac{1}{3}$ e) 1

Seite 139

6

a)

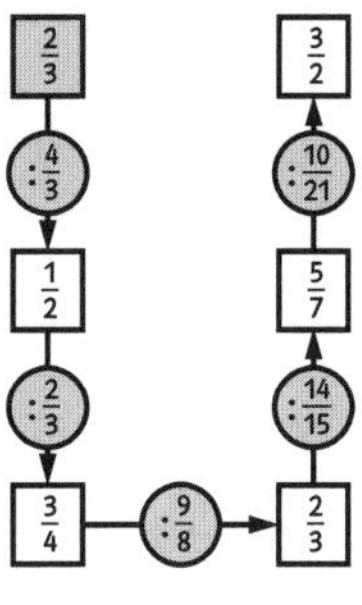

b)

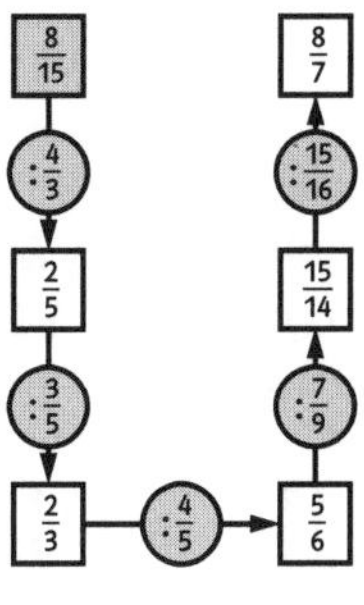

c)

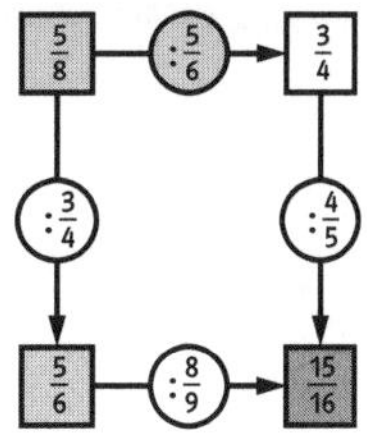

d)

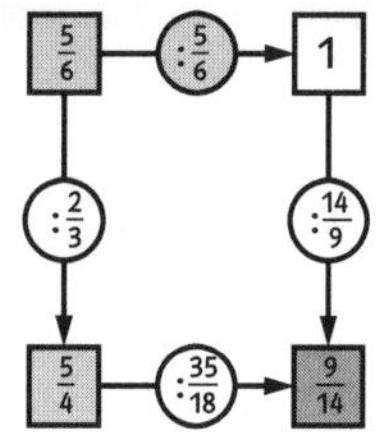

7 $730 : 18\frac{1}{4} = 40$. Die zweite Länge beträgt 40 m.

8 a) $b = \frac{13}{3}\,\text{cm}$ b) $b = \frac{8}{3}\,\text{m}$

c) $b = 12\,\text{dm}$ d) $b = \frac{3}{4}\,\text{m}$

9 12 Liter sollen auf Gefäße, die jeweils $\frac{3}{8}$ l Fassungsvermögen haben, verteilt werden. Die Anzahl der benötigten Gefäße beträgt somit $12 : \frac{3}{8} = 32$.

10 $5\frac{1}{2}\,\text{l} : \frac{7}{10}\,\text{l} = \frac{11}{2} \cdot \frac{10}{7} = 7\frac{6}{7}$.
Aufgerundet benötigt Anna somit 8 Flaschen.

11 $\square \cdot 2\frac{1}{4} = 9\,€$. Sebastian bekommt $9\,€ : 2\frac{1}{4} = 4\,€$ Taschengeld.

12 a) Mehrere Möglichkeiten: z. B.

$\frac{1}{3} \cdot \frac{2}{1} = \frac{2}{3}$ oder $\frac{2}{3} \cdot \frac{1}{1} = \frac{2}{3}$ ...

Zwei Möglichkeiten: $\frac{3}{2} : \frac{2}{3} = 2\frac{1}{4}$ und $\frac{4}{3} : \frac{1}{2} = 2\frac{2}{3}$

$1\frac{2}{3} : \frac{5}{3} = \frac{2}{2}$ und $2\frac{1}{2} : \frac{3}{2} = \frac{5}{3}$

b) Am besten löst man diese Aufgaben über den Kehrbruch.
Wenn das Ergebnis möglichst groß sein soll, müssen die Zahlen im Nenner möglichst klein und die im Zähler möglichst groß sein. Für das größtmögliche Ergebnis muss daher gelten: $\frac{6 \cdot 5}{3 \cdot 4} = \frac{5}{2}$. Als Division lässt sich diese Lösung wie folgt darstellen:
$\frac{6}{3} : \frac{4}{5} = \frac{6}{4} : \frac{3}{5} = \frac{5}{3} : \frac{4}{6} = \frac{5}{4} : \frac{3}{6}$.
Wenn das Ergebnis möglichst klein sein soll, muss der Zähler möglichst klein und der Nenner möglichst groß sein. Das kleinstmöglichste Ergebnis ist somit der Kehrbruch des größtmöglichsten. Für das kleinstmöglichste Ergebnis muss daher gelten: $\frac{3 \cdot 4}{5 \cdot 6} = \frac{2}{5}$. Als Division lässt sich die Lösung wie folgt darstellen:
$\frac{3}{5} : \frac{6}{4} = \frac{3}{6} : \frac{5}{4} = \frac{4}{6} : \frac{5}{3} = \frac{4}{5} : \frac{6}{3}$.

Seite 140

13

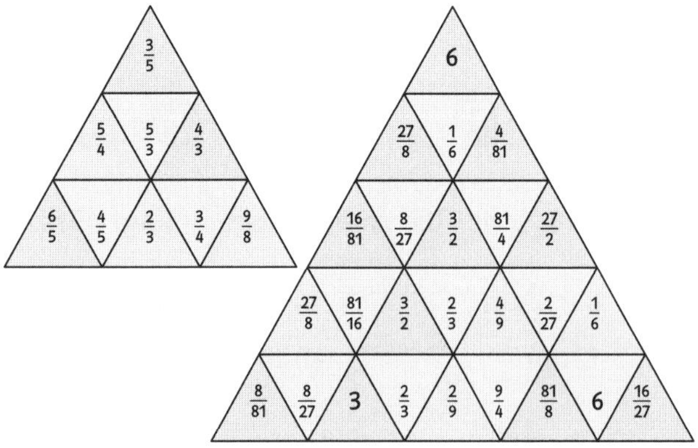

14 Fläche einer Fliese: $\frac{1}{4} \cdot \frac{1}{4} = \frac{1}{16}$.
Gesamtzahl der Fliesen: $800 : \frac{1}{16} = 12\,800$
Kosten: 160 000 €

15 a) $\left(\frac{3}{4} : \frac{9}{16}\right) : \frac{5}{3}$
b) keine Klammerung notwendig
c) $\left(\frac{26}{3} : \frac{52}{27}\right) : \frac{36}{11}$
d) $\left(\frac{36}{35} : \frac{18}{49}\right) \cdot \frac{27}{28}$
e) keine Klammerung notwendig
f) $\frac{8}{21} : \left(\frac{16}{35} : \frac{25}{8}\right)$

16 Spiel

17 Spiel

18
a) 1. Jahr: 10 800 € 2. Jahr: 8400 € 3. Jahr: 6600 €
b) $\frac{11}{24}$ c) 19 200 d) $\frac{1}{8}$

19 $\frac{3}{5}$ der Strecke sind $\frac{18}{30}$, $\frac{5}{6}$ der Zeit sind $\frac{25}{30}$. Sie haben also mehr Zeit für die Teilstrecke benötigt. Das Lob ist ironisch gemeint.

20 $\frac{3}{2} = 1{,}5$ Liter

21 Die Tafel kostet 70 ct. Rufus hat $\frac{49}{70}$ von den Gesamtkosten getragen. $\frac{49}{70}$ von 100 g sind 70 g. Er darf noch 20 g Schokolade essen.

Seite 141

22 Der Vater behauptet, aus der Karaffe $3\frac{1}{2}$ Becher gefüllt zu haben. Das bedeutet, ein Becher würde ein Volumen von $1\frac{1}{4}\,l : 3\frac{1}{2} = \frac{5}{14}\,l$ haben. $\frac{5}{14}\,l > \frac{1}{3}\,l$. Wenn der Vater Recht hat, muss Rosi also Unrecht haben, denn dann würde mehr als ein drittel Liter in ihren Lieblingsbecher passen. Umgekehrt muss der Vater Unrecht haben, wenn Rosi Recht hat. Es kann daher nur einer der beiden Recht haben.

23 a) Uhu: 1600-mal
Taube: 150
Seeadler: 3350
Zwergwachtel: 22,5
b) Buntspecht: $\frac{47}{500}$ kg
Kaiserpinguin: 43 kg

24 a) Vom Divisor wurde nicht der Kehrbruch gebildet.
$\frac{2}{5} : 5 = \frac{2}{5} \cdot \frac{1}{5} = \frac{2}{25}$
b) Vom Divisor wurde nicht der Kehrbruch gebildet.
$\frac{4}{5} : \frac{3}{2} = \frac{4}{5} \cdot \frac{2}{3} = \frac{8}{15}$
c) Nicht vom Divisor, sondern von $\frac{7}{10}$ wurde der Kehrbruch gebildet.
$\frac{7}{10} : \frac{2}{3} = \frac{7}{10} \cdot \frac{3}{2} = \frac{21}{20}$
d) Es wurde gekürzt, bevor der Kehrbruch gebildet wurde.
$\frac{4}{9} : \frac{1}{2} = \frac{4}{9} \cdot \frac{2}{1} = \frac{8}{9}$
e) Nur der echte Bruchteil des gemischten Bruchs wurde durch den Divisor geteilt.
$9\frac{1}{10} : \frac{1}{5} = \frac{91}{10} : \frac{1}{5} = 45$
f) Richtige Reihenfolge wurde nicht eingehalten.
$\left(\frac{2}{9} : \frac{5}{3}\right) : \frac{5}{6} = \frac{2}{15} : \frac{5}{6} = \frac{4}{25}$
g) Ganzzahl und Bruchteil wurden separat berechnet.
$4\frac{1}{6} : 2\frac{5}{12} = \frac{25}{6} : \frac{29}{12} = \frac{25}{6} \cdot \frac{12}{29} = 1\frac{21}{29}$
h) Reihenfolge wurde vertauscht.
$\frac{3}{8} : \frac{1}{5} : \frac{3}{16} : \frac{2}{5} = \frac{15}{8} : \frac{3}{16} : \frac{2}{5} = 10 : \frac{2}{5} = 25$

25 a) 1 b) 24 c) $\frac{4}{15}$ d) $\frac{11}{15}$

26 Katharina schafft in der gleichen Zeit das Vierfache der Arbeit von heute.

27 Die Pflaumen kosteten zuvor das Sechsfache.

28 Man füllt 4-mal das $\frac{3}{4}$-Liter-Gefäß, dies ergibt 3 Liter. Das $\frac{2}{3}$-Liter-Gefäß füllt man 3-mal, dies ergibt 2 Liter.

29 a) 100 m b) 250 kg c) 25 km d) 12 t

30 a) 20 000 : 1000 = 20 m
b) 12 000 kg : 100 = 120 kg
c) 200 cm : 1000 = 0,2 cm
d) 5000 m : 10 000 = 0,5 m

31 a) $-\frac{3}{5}$ b) $-1\frac{1}{3} = -\frac{4}{3}$ c) $1\frac{1}{56} = \frac{57}{56}$ d) $5\frac{2}{7} = \frac{37}{7}$

4 Multiplizieren und Dividieren mit Zehnerpotenzen – Maßstäbe

Seite 143

1 a) 721,3; 7213; 72 130
b) 147; 0,000 147; 0,000 147
c) 0,00006; 0,006; 0,6
d) 9900; 0,99; 0,0099

2

a)	b)	c)
6542	24,5	1500
27,26	0,006	0,021
0,00 047	340	3,003

d)	e)
0,4	41
0,043 21	0,003 07
2100	0,07

3 a) $\cdot 10$, $:10$ b) $\cdot 100$, $:100$
c) $\cdot 10^4$, $:10^5$ d) $\cdot 10^6$, $:10^3$

4

a)	b)	c)	d)
10^2	-10^3	10^4	-10^6
10^3	-10^2	-10^4	10

Es gibt mehrere Möglichkeiten. 0,04 könnte man z. B. auch mit 1000 multiplizieren, sodass man 40 erhält. Die kleinste Zehnerpotenz, mit der man multiplizieren muss um eine natürliche Zahl zu erhalten, ist jedoch genau festgelegt.

5 a) 10 b) 100 c) 10^3 d) 10^5
e) 100 f) 10^3 g) 10^3 h) -10^3

6 a) 0,005 mm b) 4 mm

7 a) 1,85 € b) 45 € c) 747,50 € d) 1,395 €

8 2 t Kohle und 8 m^3 Wasser.

9 In 10 000 Minuten wächst es 0,2 cm.
10 000 Minuten sind etwa 7 Tage.

10 a) 43 km 500 m b) 18,3 km/h

Seite 144

11

a)	b)	c)
532	0,8	40
3100	0,017 362	22,83

12 6,975 kg gebrannter Kaffee.

13 a) Kölner Dom – Bergheim: ca. 22 km
b) Kölner Dom – Kerpen: ca. 20 km
c) Kölner Dom – Niederkassel: ca. 15 km

Seite 145

14 a) Auf der Karte misst man für die Länge des Guderadiswegs 1,6 cm. Damit ist er in Wirklichkeit $1{,}6 \cdot 10\,000\,\text{cm} = 16\,000\,\text{cm} = 160\,\text{m}$ lang.
b) Etwa 410 m.
c) Setzt man den Startpunkt der Messung auf die Kreuzung Mariengartenstraße/Hermülheimerstraße, dann beträgt die Entfernung zum See etwa 630 m Luftlinie und etwa 720 m wenn man der Straße folgt.
d) Auf der Karte hat sie in den vier Minuten 3 cm zurückgelegt. Diese Strecke entspricht 300 m. Sie ist also in vier Minuten 300 m gegangen; damit geht sie pro Minute 75 m und in 60 Minuten $75 \cdot 60 = 4500\,\text{m} = 4{,}5\,\text{km}$. Sie hat also eine Gehgeschwindigkeit von $4{,}5\,\frac{\text{km}}{\text{h}}$.

15 a) ca. 6 km b) ca. 13 km^2
c) Claras Strecke: ca. 5,8 km
Emmas Strecke: ca. 16,2 km
Sophias Strecke: ca. 20,8 km

Durchschnittsgeschwindigkeiten von
- Fußgänger: $4\,\frac{\text{km}}{\text{h}}$
- Fahrradfahrer: $15\,\frac{\text{km}}{\text{h}}$
- Auto in der Stadt: $40\,\frac{\text{km}}{\text{h}}$

Claras Zeit: 1,45 h
Emmas Zeit: 1,08 h
Sophias Zeit: 0,52 h

Sophia hat wahrscheinlich als erste das Ziel erreicht.

16 a) Die Lokomotive müsste 7,62 cm lang sein, da $7{,}62\,\text{m} : 100 = 7{,}62\,\text{cm}$ sind. Die Zeichnung stimmt mit der berechneten Größe überein.
b) Der Durchmesser der kleinen Räder auf der Zeichnung beträgt ca. 0,9 cm und der der großen Räder ca. 1,2 cm. Die kleinen Räder haben daher einen Durchmesser von 90 cm und die großen einen Durchmesser von 120 cm.
Der Kamin ist auf der Zeichnung ca. 2,3 cm lang, was einer Höhe von 2,3 m entspricht.
c) Bei den kleinen Rädern zählt man 14 Speichen. Zwei benachbarte Speichen schließen somit einen Winkel von $360° : 14 \approx 25{,}7°$ ein. Bei den großen Rädern gilt: $360° : 16 = 22{,}5°$. Hier schließen die benachbarte Speichen daher einen Winkel von 22,5° ein.
d) Die BR 146 wäre im Maßstab 1 : 100 19,9 cm lang.

5 Multiplizieren von Dezimalzahlen

Seite 147

1 Lösungswort: EISBÄR

2 a)

(1) 2,5	(2) 0,56	(3) 0,079
(4) 4,8	(5) 0,062	(6) 0,35

b) individuelle Lösung. Es sollte herausgefunden werden, dass das Ergebnis genauso viele Nachkommastellen wie die beiden Faktoren zusammen haben muss. Um die Anzahl der Nachkommastellen des zweiten Faktors bestimmen zu können, muss man also die Anzahl der Nachkommastellen des ersten Faktors von der Anzahl der Nachkommastellen vom Ergebnis subtrahieren.

3 a) Das Ergebnis ist jeweils 1,98.
b) individuelle Lösung, z. B.:
$0{,}78 \cdot 4{,}65$; $78 \cdot 0{,}0465$; $7{,}8 \cdot 0{,}465$
Ergebnis: 3,627
c) Wenn bei zwei Multiplikationen von Dezimalzahlen die Ziffernfolgen der beiden Faktoren jeweils gleich sind und die Summe der Nachkommastellen beider Faktoren zusammen ebenfalls gleich ist, dann ist das Ergebnis bei beiden Multiplikationen identisch.

4

a)	b)	c)	d)	e)
0,8	1,8	3,6	9,1	16,8
0,08	0,18	0,36	0,91	1,68
0,008	0,018	0,036	0,091	0,168

5

a) −0,07	b) 0,15	c) −0,32
0,07	0,15	−0,32
0,07	−0,15	0,32
d) 0,06	e) 0,048	
0,06	0,048	
0,006	0,000 48	

6

a)	b)	c)	d)
48,6	−13,65	9,375	12,6
0,33	−0,7296	−0,0012	107,1

Lösungswort: SIZILIEN

7 a) $30 \cdot 7 = 210$
$27{,}86 \cdot 7 = 195{,}02$
b) $-7 \cdot 200 = -1400$; $-1505{,}856$
c) $-71 \cdot (-1) = 71$; $67{,}334\,16$
d) $6 \cdot 0{,}6 = 3{,}6$; $3{,}858$
e) $-0{,}06 \cdot 0{,}09 = -0{,}0054$; $-0{,}005\,355$

8

$80 \cdot 0{,}3 =$ **24**	$0{,}7 \cdot 0{,}05 =$ **0,035**
$12 \cdot 0{,}4 =$ **4,8**	$0{,}05 \cdot 1{,}11 =$ **0,0555**
$4 \cdot 0{,}06 =$ **0,24**	$0{,}33 \cdot 0{,}33 = 0{,}1089$

9 individuelle Lösungen, z. B.
a) $2 \cdot 16{,}3$; $3{,}26 \cdot 10$; $4 \cdot 8{,}15$
b) $2 \cdot 48{,}2$; $4 \cdot 24{,}1$; $8 \cdot 12{,}05$
c) $2 \cdot (-8{,}2)$; $-4 \cdot 4{,}1$; $8 \cdot (-2{,}05)$

10 a) Im Ergebnis verschiebt sich das Komma ebenfalls um eine Stelle nach links.
b) Im Ergebnis verschiebt sich das Komma um zwei Stellen nach rechts.

Seite 148

11 Der Einkauf kostet 21,99 €.

12 a) $30 \cdot 1{,}852\,\text{km} = 55{,}56\,\text{km}$. Das Schiff legt 55,56 km in einer Stunde zurück.
b) H – NY: $3700 : 30 = 123\frac{1}{3}$.
H – SYD: $11\,800 : 30 = 393\frac{1}{3}$.
Das Schiff braucht für die Strecke Hamburg – New York ca. 123 Stunden und für die Strecke Hamburg – Sydney ca. 393 Stunden.

13 a) $47 \cdot 1{,}527\,€ = 71{,}769\,€$
$53{,}4 \cdot 1{,}401\,€ = 74{,}8134\,€$
Herr Thiel muss mehr bezahlen.
b) individuelle Lösung

14 a) $420 \cdot 3{,}7 = 1554$.
Eine Stunde Dauerlauf wäre zu wenig.
b) – $(350 \cdot 3{,}7) \cdot \frac{1}{4} = 323{,}75$.
Sie müsste etwas länger als eine Viertel Stunde Dauerlauf machen.
– $(350 \cdot 4{,}4) \cdot 0{,}2 = 308$.
Sie verbraucht etwas mehr Energie als sie durch 100 g Joghurt einnehmen würde.
c) individuelle Lösung

15 a) $25 \cdot 2{,}54\,\text{cm} = 63{,}5\,\text{cm}$
$26 \cdot 2{,}54\,\text{cm} = 25 \cdot 2{,}54\,\text{cm} + 2{,}54\,\text{cm} = 66{,}04\,\text{cm}$
b) $27 \cdot 2{,}54\,\text{cm} = 68{,}58\,\text{cm}$
$29 \cdot 2{,}54\,\text{cm} = 73{,}66\,\text{cm}$
c) individuelle Lösung

16 a) Die Verwendung des Taschenrechners ist nicht sinnvoll, da man die Kommaverschiebung im Kopf schneller berechnen kann.
Ergebnis: $0{,}3 \cdot 10\,000 = 3000$
b) Die Verwendung des Taschenrechners ist sinnvoll, weil es viele Ziffern gibt. Eine Überschlagsrechnung ergibt: $0{,}5 \cdot 10 = 5$.
Ergebnis: $0{,}3764 \cdot 14{,}6782 \approx 5{,}524\,8744$
c) Die Verwendung des Taschenrechners ist nicht sinnvoll, da $0{,}5 = \frac{1}{2}$.
Ergebnis: 9,2500
d) Die Verwendung des Taschenrechners ist nicht sinnvoll, da man die Kommaverschiebung im Kopf schneller berechnen kann.
Ergebnis: 0,009 5678

Seite 149

17 a) $1{,}6\,m^2$; 7,4 m b) $19{,}32\,dm^2$; 17,6 dm
c) $320{,}41\,cm^2$; 71,6 cm d) $79{,}2\,dm^2$; 36,4 dm

18 Umfang: $2{,}3\,cm + 6{,}2\,cm + 4{,}9\,cm + 6{,}8\,cm + 7{,}2\,cm + 13\,cm = 40{,}4\,cm$
Flächeninhalt:
$7{,}2\,cm \cdot 13\,cm - 6{,}2\,cm \cdot 4{,}9\,cm = 63{,}22\,cm^2$

19 a) 193,016 25 kg b) individuelle Lösung

20 Franka hat Recht. $20\,\% = \frac{20}{100}$ und $30\,\% = \frac{30}{100}$.
20 % von 30 % entsprechen demnach $\frac{20}{100}$ von $\frac{30}{100}$.
Die Rechnung lautet somit
$\frac{20}{100} \cdot \frac{30}{100} = \frac{6}{100} = 6\,\%$.
Diese Rechnung kann man ebenfalls mit Dezimalzahlen darstellen. (Aus $20\,\% = 0{,}2$ und $30\,\% = 0{,}3$ ergibt sich: $0{,}2 \cdot 0{,}3 = 0{,}06 = 6\,\%$.)

21 Die Raumfähre hat nach 8,5 Minuten nach dem Start eine Geschwindigkeit von
$1{,}34\,\frac{km}{s} \cdot 6 = 8{,}04\,\frac{km}{s}$.
In einer Stunde legt sie etwa
$3600 \cdot 8{,}04\,\frac{km}{s} = 28\,944\,km$ zurück.

22 a) individuelle Lösung, z. B.:
Fahrzeit für die Fahrt vom Erdgeschoss in den elften Stock:
Ergebnis: ca. 17,77 s
Rechnung: Der Fahrstuhl legt 11 Stockwerke, d. h. eine Höhe von $11 \cdot 4{,}2\,m = 46{,}2\,m$ zurück.
$46{,}2\,m : 2{,}6\,m/s \approx 17{,}77\,s$
b) individuelle Lösung, z. B.: Der Weg auf der Treppe ist wesentlich länger. Um in der gleichen Zeit wie der Fahrstuhl im gewünschten Stockwerk anzukommen, müsste man also wesentlich schneller als der Fahrstuhl sein. Die Geschwindigkeit des Fahrstuhls entspricht ca. 9,4 km/h. Ein Fußgänger geht im Durchschnitt mit einer Geschwindigkeit von 5 – 7 km/h. Man müsste die Treppe also sehr schnell hoch laufen, um genauso schnell wie der Fahrstuhl zu sein. Im Allgemeinen geht es also schneller, den Aufzug zu nehmen, wenn man sonst in normalem Tempo die Treppen steigen würde.
Eine Ausnahme ist, wenn man nur ein oder zwei Stockwerke fahren möchte. Hier muss man die Öffnungs- und Schließzeit der Tür mit berücksichtigen und dass der Fahrstuhl auch erst beschleunigen muss und dann wieder abbremst. In diesem Fall ist es wahrscheinlich schneller, zu Fuß zu gehen.

23 a) individuelle Lösung, z. B.:
Deutschland hat ca. 85 Millionen Einwohner. Auf einen Quadratmeter passen ca. 5 Personen. Auf der Karte kann man den Chiemsee durch ein Quadrat mit einer Seitenlänge von 10 km umranden. Für die Landflächen könnte man ca. ein Viertel der Fläche wieder abziehen, sodass man $75\,km^2$ erhält.
$85\,000\,000 : 75\,km^2 = 85\,000\,000 : 75\,000\,000\,m^2 = 1\frac{2}{15}$
Es muss also pro Quadratmeter etwas über eine Person Platz finden. Da auf einen Quadratmeter ca. 5 Personen passen, ist es also theoretisch möglich, dass alle Einwohners Deutschlands auf den Chiemsee passen.
b) Fläche des Chiemsees: $80\,km^2$
Einwohnerzahl Deutschlands: 85 Millionen
Der Chiemsee hat sogar eine größere Fläche als in a) geschätzt. Die Behauptung stimmt daher.

24 a) individuelle Lösung, z. B.:

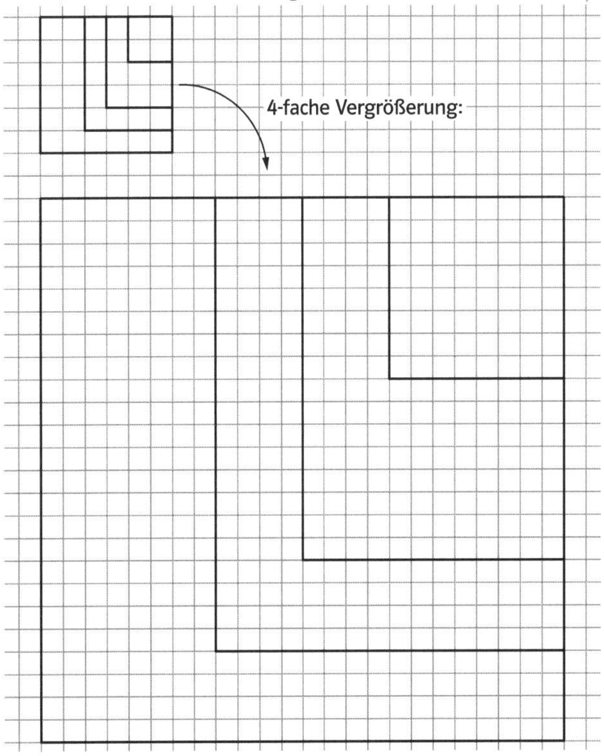

b) individuelle Lösung

6 Dividieren von Dezimalzahlen

Seite 151

1 a) 3,5; 0,35; 0,035; 0,0035
b) 3,5; 0,35; 0,035; 0,0035

2

0,5 : 5 = **0,1**	0,21 : 7 = **0,03**
6,06 : 6 = **1,01**	5,6 : 8 = **0,7**
0,99 : 9 = **0,11**	0,144 : 12 = **0,012**
0,48 : 0,06 = **8**	1,44 : 1,2 = 1,2
3 : 0,6 = **5**	12,4 : 0,02 = 620

Bis auf den Fehler, der bei 6,06 : 6 aufgetreten ist, sollte man alle Fehler durch Überschlag erkennen.

3

a)	b)	c)	d)	e)
0,3	−0,02	3	−2,1	0,4
−0,02	0,005	0,11	5,1	−0,04
2,06	−2,06	2,03	0,003	0,007

4 a) 0,5 : 5 = 0,1; 0,12
b) 72 : 2 = 36; 45,3
c) 1 : 2 = 0,5; 0,57
d) 180 : 8 = 22,5; 21,6
e) 2700 : 9 = 300; 314

Seite 152

5

a)	b)	c)	d)	e)
50	200	60	4	15
−50	−200	−3	−40	3500

Lösungswort: PELOPONNES

6
a) 5,0375 (Ü: 40 : 8 = 5)
−1,21 (Ü: 6 : (−5) = −1,2)
3,8 (Ü: 36 : 9 = 4)
b) 31,875 (Ü: 128 : 4 = 32)
64,56 (Ü: 325 : 5 = 65)
−56,3 (Ü: -336 : 6 = 56)
c) −0,27 (Ü: 4 : (−16) = −0,25)
4,525 (Ü: 54 : 12 = 4,5)
6,7 (Ü: 105 : 15 = 7)
d) 78,2 (Ü: 1014 : 13 = 78)
−36,7 (Ü: −629 : 17 = 37)
$0{,}122\overline{6}$ (Ü: 9 : 90 = 0,1)
e) 2,7 (Ü: 36 : 12 = 3)
2,8 (Ü: 33 : 11 = 3)
5,3 (Ü: 65 : 13 = 5)
f) −34,6 (Ü: −140 : 4 = −35)
−86,3 (Ü: 258 : (−3) = −86)
45,3 (Ü: −315 : (−7) = 45)
g) 2,56 (Ü: 9 : 3 = 3)
3,47 (Ü: 294 : 84 = 3,5)
1,96 (Ü: −190 : (−95) = 2)
h) 56,5 (Ü: 171 : 3 = 57)
45,2 (Ü: 135 : 3 = 45)
0,56 (Ü: −15 : (−30) = 0,5)
Lösungswort: GRIECHENLAND

7 a)
Ü: 60 : 5 = 12;
5,75 : 0,5 = 5,75 · 2 = 11,5 (im Kopf)
Ü: 3300 : 25 = 132
33,2 : 0,25 = 33,2 · 4 = 132,8 (im Kopf)
Ü: 12 000 : 125 = 96
12,1 : 0,125 = 12,1 · 8 = 96,8 (im Kopf)
b)
Ü: 48 : 6 = 8
46,5 : 6,1 = 465 : 61 ≈ 7,623 (schriftlich)
Ü: 48 : 3 = 16
46,5 : 3,1 = 465 : 31 = 15 (im Kopf)
Ü: 47 : 1 = 47
46,5 : 1,1 = 465 : 11 ≈ 42,273 (schriftlich)
(Bei c) und d) entspricht die Rechnung dem Überschlag)
c)
6 (Ü: 36 : 6 = 6) – im Kopf
7 (Ü: 56 : 8 = 7) – im Kopf
16 (Ü: 256 : 16 = 16) – im Kopf
d)
2 (Ü: 1362 : 681 = 2) – im Kopf
3 (Ü: 2559 : 853 = 3) – im Kopf
6 (Ü: 798 : 133 = 6) – im Kopf

8

a)	b)	c)	d)
2,56	4,2	0,278	11
25,6	4,2	2,78	1,1
256	0,42	2780	11
256	4,2	278	0,11

9

a) 0,2	b) 0,375	c) −0,175	d) 4,25
e) $0{,}\overline{6}$	f) $-0{,}1\overline{6}$	g) $0{,}\overline{1}$	h) $0{,}\overline{4}$

10 1175 : 30,5 ≈ 38,52. Da es keine halben Lampen gibt, werden 39 Lampen benötigt.

11 142 Flaschen; 0,6 l Saft bleiben übrig.

12 8 mm : 0,05 mm = 160
Auf der Kunststofffolienrolle sind 160 Lagen.
(Experiment: individuell)

13 a) Wird das Komma bei der zu teilenden Dezimalzahl verschoben, dann verschiebt sich das Komma beim Ergebnis um eine Stelle nach rechts. Wird das Komma bei der anderen Zahl verschoben, so verschiebt sich das Komma beim Ergebnis um eine Stelle nach links.

b) Das Komma verschiebt sich beim Ergebnis um zwei Stellen nach rechts.
c) Das Ergebnis ändert sich nicht.

Seite 153

14 a) 6,26 b) 5,28 c) 3,5 d) 123,45

15

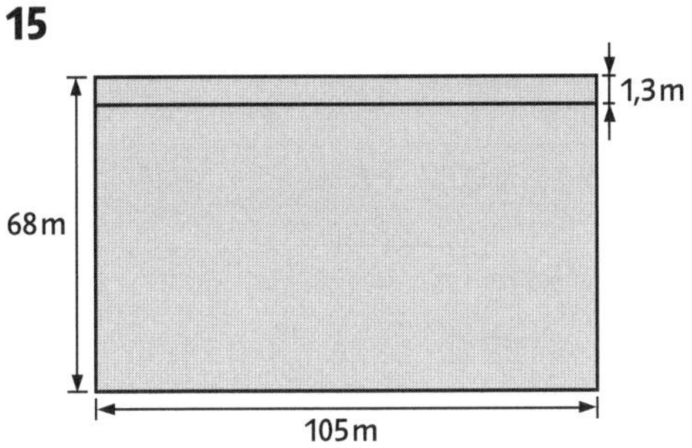

Gesamte Rasenfläche: $7140\,m^2$
Die abgemähte Fläche beim einmaligen Ablaufen der Länge des Fußballfelds beträgt
$1{,}3\,m \cdot 105\,m = 136{,}5\,m^2$.
$7140\,m^2 : 136{,}5\,m^2 \approx 52{,}3$
Der Platzwart müsste demnach etwa 53 Mal hin und her fahren. Dies entspricht einer Strecke von ca. $53 \cdot 105\,m = 5565\,m = 5\,km\ 565\,m$.
Bemerkung: Es macht keinen Unterschied ob er den Rasen längs oder quer abmäht. Er muss die gleiche Strecke laufen.

16 a) 1,40€ b) 7,8 l

17

	Körperlänge	Sprungweite	Verhältnis
Waldmaus	9cm	0,7m	7,8
Löwe	1,8m	4,5m	2,5
Grashüpfer	2cm	2m	100
Riesenkängeru	2,2m	9m	4,1
Tiger	2,5m	7m	2,8

	Maus	Löwe	Grashüpfer	Kängeru	Tiger
Kind	12,1m	3,9m	155m	6,4m	4,3m

18 Der Verbrauch beträgt: 5,7 l bzw. 6,15 l auf 100 km.

19 a) Eissprinter: ca. 14,5 m/s
Radfahrer: ca. 12,5 m/s
b) Sprinter: ca. 10,2 m/s
Eisschnellläuferin: ca. 12,6 m/s

20 a) Der Obsthändler hat insgesamt
(250 kg − 25 kg) : 12,5 kg = 18 Steigen.
Eine Steige hat ihn 164,70€ : 18 = 9,15€ gekostet.
Damit er pro Steige 4€ Gewinn macht, müsste er sie für 13,15€ verkaufen.

Seite 154

21 a) 24 Mal
b) Höhe: 37 Mal
Breite: 81 Mal
c) Strafraumtiefe: 68,75 cm
Länge Spielfeld: 375 cm – 500 cm
Strafraumlänge: 168 cm
Breite Spielfeld: 187,5 cm – 375 cm

22 a) $7\frac{1}{2}$ Gläser
b) 1,5 : 0,8 = 15 : 8 = 0,1875. Jeder bekäme 187,5 ml.
c)

0,1 l	1,5 : 0,1 = 15	15 Gläser
0,2 l	$1{,}5 : 0{,}2 = 7\frac{1}{2}$	$7\frac{1}{2}$ Gläser
0,3 l	1,5 : 0,3 = 5	5 Gläser
0,4 l	$1{,}5 : 0{,}4 = 3\frac{3}{4}$	$3\frac{3}{4}$ Gläser
0,5 l	1,5 : 0,5 = 3	3 Gläser

23 0,000 0476 m = 0,00476 cm = 0,0476 mm

24 a) ca. 28,45€ b) 1 kg

25 individuelle Lösung, z. B.:
Länge und Breite von Jils Tisch stehen im Verhältnis 18 : 7. Dies entspricht einem Verhältnis von 10 : 3,9 und entspricht daher den Anforderungen als Stellfläche für ein Standardaquarium.
Damit Höhe und Breite im Verhältnis 5 : 6 stehen, muss die Höhe 0,84 m betragen. Damit Höhe und Breite im Verhältnis 3 : 4 stehen, muss die Höhe 0,93 m betragen. Somit kann man die Höhe von 0,84 m bis 0,93 m variieren, damit das Aquarium Standardmaßen entspricht.
Daraus ergibt sich z. B.: Länge 1,8 m, Breite 0,7 m und Höhe 0,88 m.
Das Volumen berechnet sich mit
$1{,}8\,m \cdot 0{,}7\,m \cdot 0{,}88\,m = 1{,}1088\,m^3$. Wenn man oben 10 cm Luft lassen möchte, damit das Aquarium nicht überläuft muss man $1{,}8\,m \cdot 0{,}7\,m \cdot 0{,}1\,m = 0{,}126\,m^3$ vom Gesamtvolumen abziehen.
Für Steine und Pflanzen kann man grob geschätzt etwa die ersten 5 cm Höhe einkalkulieren, sodass noch $1{,}8\,m \cdot 0{,}7\,m \cdot 0{,}05\,m = 0{,}063\,m^3$ Volumen für das Wasser abgehen.
Im Zoohandel findet man z. B. folgende Fische: Neonfische (bis zu 4 cm lang) und Platys (bis zu 6 cm lang). Für einen Neonfisch benötigt man daher $2\,l \cdot 4 = 8\,l$ und für einen Platy 12 l.
Insgesamt fasst das Aquarium
$1{,}1088\,m^3 - 0{,}126\,m^3 - 0{,}063\,cm^3 = 0{,}9198\,m^3$ also ungefähr 1000 l.
Jil könnte also 50 Platys und 50 Neonfische in das Aquarium setzen, denn 1000 : (12 + 8) = 50, wobei sich die Fische nicht vermehren dürfen!

7 Grundregeln für Rechenausdrücke – Terme

Seite 156

1 a) 2 b) 2 c) 0,6
5 2 −9

2 a) $\frac{2}{3}+\frac{4}{5}\cdot\frac{10}{3}=\frac{10}{3}$
b) $3\frac{1}{2}\cdot\left(-\frac{1}{3}\right)+\frac{1}{2}-\frac{1}{3}=-1$
c) $9{,}6:(-2{,}4)-(-5)=1$

3 a) 23 b) 5 c) 9 d) 20
e) 5 f) 18 g) 19 h) 15

4 a) 5,375 b) −6102,25 c) 146 d) 185

5 a) $\frac{4}{7}:\left(2-\frac{12}{7}\right)=2$
b) $\left(\frac{7}{3}-\frac{2}{3}\right):\frac{1}{3}-1=4$
c) $\left(\frac{8}{3}-\frac{4}{3}\right):\left(-\frac{2}{3}+1\right)=4$
d) $(0{,}5\cdot7+5\cdot0{,}5):(0{,}5+1{,}5)-1=2$

Seite 157

6 a) Länge: $(7\cdot14{,}4-2\cdot9{,}6):6=13{,}6$ cm
Breite: $(3\cdot14{,}4):4=10{,}8$ cm
b)

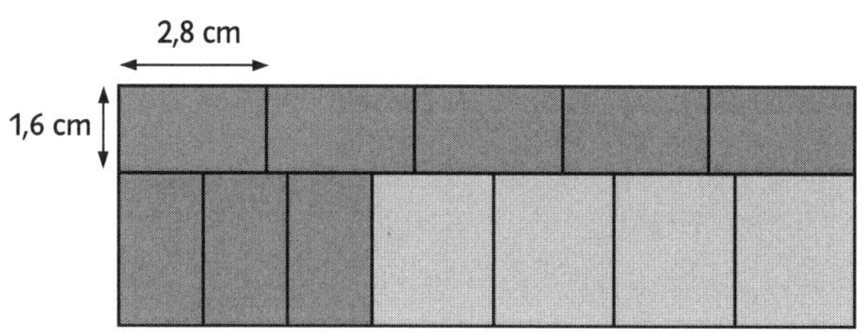

7 A) Term 3): $(4{,}2+1{,}4-0{,}7):7$
B) Term 5): $(4{,}2-0{,}7):7+1{,}4:7$
C) Term 2): $(4{,}2+1{,}4):7-0{,}7$
D) Term 1): $(5\cdot4{,}2+3\cdot1{,}4):7$
E) Term 4): $(4{,}2\cdot1{,}4-0{,}7):7$

8 individuelle Lösung. Zum Beispiel:
a) Max erhält pro Woche von seinen Eltern 4 € Taschengeld und 1,60 € von seiner Tante. Jeden Tag gibt er gleich viel Geld aus, er spart nichts. Wie viel Geld gibt Max täglich aus?
b) Tabea ist Langstreckenläuferin. Im Mai hat sie im Training insgesamt 43,8 km im Wald gejoggt, 33,7 km ist sie im Stadion gelaufen. Wie viele Kilomenter hat Tabea im Mai im Durchschnitt täglich trainiert?
c) Mareike bekommt jeden Monat 15 € Taschengeld, viermal im Jahr (zu den Zeugnissen, zu Weihnachten und an ihrem Geburtstag) erhält sie zusätzlich 7,50 €. Wie viel erhält sie insgesamt im Jahr?
d) Vier Malerinnen streichen eine Wohnung. Die Wände sind 2,4 m hoch. Vor der Pause streichen sie zusammen eine 7 m lange Wand, danach eine 6 m lange Wand. Wie viele Quadratmeter Wand hat jede Malerin gestrichen?

9 Allgemein: Der zugehörige Term ist
$\left(x\cdot\left(-\frac{3}{7}\right)+\frac{5}{7}\right):\frac{1}{7}=-3x+5$ für Startzahl x.
Das größte Ergebnis ergibt sich für Startzahl 1.

Startzahl	1	2	3	4	5	6
Ergebnis	2	−1	−4	−7	−10	−3

10 Die monatliche Rate ist
$\left[\left(597{,}6-597{,}6\cdot\frac{1}{3}\right)-\left(597{,}6-597{,}6\cdot\frac{1}{3}\right)\cdot0{,}3\right]:16=$
17,43 €

Schrittweise Berechnung:

Erlassen wegen Kratzer:	$597{,}6\cdot\frac{1}{3}$
Rest:	$597{,}6-597{,}6\cdot\frac{1}{3}=398{,}4$
Anzahlung:	$398{,}4\cdot0{,}3=119{,}52$
Restschuld:	$398{,}4-119{,}52=278{,}88$
Raten:	$278{,}88:16=17{,}43$

8 Rechengesetze – Vorteile beim Rechnen

Seite 159

1 a) $\left(-\frac{13}{5}+\frac{12}{5}\right)+\frac{2}{3}=-\frac{1}{5}+\frac{2}{3}=-\frac{3}{15}+\frac{10}{15}=\frac{7}{15}$
b) $\left(-\frac{13}{5}\cdot\frac{5}{26}\right)\cdot\frac{2}{3}=-\frac{1}{2}\cdot\frac{2}{3}=-\frac{1}{3}$
c) $-\frac{23}{15}-\left(\frac{17}{11}+\frac{5}{11}\right)=\frac{-23}{25}-\frac{22}{11}=\frac{-23}{25}-2$
$=\frac{-23}{25}-\frac{50}{25}=-\frac{73}{25}$
d) $\left(-\frac{113}{51}\cdot\frac{51}{226}\right)\cdot\frac{4}{3}=-\frac{1}{2}\cdot\frac{4}{3}=-\frac{2}{3}$

2
a) Distributivgesetz bringt Vorteile: $3+4-\frac{3}{2}=5\frac{1}{2}$
b) Distributivgesetz bringt keine Vorteile: 9
c) Distributivgesetz bringt Vorteile: $2+56-21=37$
d) Distributivgesetz bringt keine Vorteile: $52-47=5$
e) Distributivgesetz bringt Vorteile:
$(4{,}7+5{,}3)\cdot5{,}5=55$
f) Distributivgesetz bringt Vorteile:
$4\cdot(4{,}3+6{,}5-3{,}8)=4\cdot7=28$
g) Distributivgesetz bringt keine Vorteile: 0
h) Distributivgesetz bringt Vorteile:
$\frac{3}{4}\cdot\left(\frac{7}{5}+\frac{1}{5}\right)=\frac{3\cdot8}{4\cdot5}=\frac{6}{5}$
i) Distributivgesetz bringt Vorteile:
$\frac{2}{3}\cdot4\cdot\left(\frac{1}{9}+\frac{1}{3}\right)=\frac{8}{3}\cdot\frac{4}{9}=\frac{32}{27}$

Seite 160

3

	Klammerregel	Ausmultiplizieren	Vergleich	Buchstabe
a)	$4{,}2\cdot(7+3) = 4{,}2\cdot10 = 42$	$4{,}2\cdot(7+3) = 4{,}2\cdot7 + 4{,}2\cdot3 = 29{,}4 + 12{,}6 = 42$	Klammerregel einfacher	C
b)	$12\cdot(30+5) = 12\cdot35 = 420$	$12\cdot(30+5) = 12\cdot30 + 12\cdot5 = 360 + 60 = 420$	Ausmultiplizieren einfacher	L
c)	$12\cdot\left(\frac{7}{8} - 4\right) = 12\cdot\left(\frac{7}{2} - \frac{8}{2}\right) = 12\cdot\left(-\frac{1}{2}\right) = -6$	$12\cdot\left(\frac{7}{2} - 4\right) = 12\cdot\frac{7}{2} - 12\cdot4 = 42 - 48 = -6$	Gleichwertig	E
d)	$(60-4)\cdot4 = 56\cdot4 = 224$	$(60-4)\cdot4 = 60\cdot4 - 4\cdot4 = 240 - 16 = 224$	Ausmultiplizieren einfacher	V
e)	$-0{,}4\cdot(20-5) = (-0{,}4)\cdot15 = -6$	$-0{,}4\cdot(20-5) = (-0{,}4)\cdot20 - (-0{,}4)\cdot5$ $= -8 + 2 = -6$	Ausmultiplizieren einfacher	E
f)	$\left(\frac{2}{3} - \frac{1}{6}\right)\cdot4 = \left(\frac{4}{6} - \frac{1}{6}\right)\cdot4 = \frac{1}{2}\cdot4 = 2$	$\left(\frac{2}{3} - \frac{1}{6}\right)\cdot4 = \frac{2}{3}\cdot4 - \frac{1}{6}\cdot4 = \frac{8}{3} - \frac{2}{3} = 2$	Klammerregel einfacher	R
g)	$1{,}2\cdot(-1{,}4 - 3{,}6) = 1{,}2\cdot(-5) = -6$	$1{,}2\cdot(-1{,}4) - 1{,}2\cdot3{,}6 = -1{,}68 - 4{,}32 = -6$	Klammerregel einfacher	E
h)	$\left(0{,}005 - \frac{3}{200}\right)\cdot(-200)$ $= \left(\frac{1}{200} - \frac{3}{200}\right)\cdot(-200)$ $= \left(-\frac{1}{100}\right)\cdot(-200) = 2$	$\left(0{,}005 - \frac{3}{200}\right)\cdot(-200)$ $= 0{,}005\cdot(-200) - \frac{3}{200}\cdot(-200)$ $= -1 + 3 = 2$	Ausmultiplizieren einfacher	R

Lösungswort: CLEVERER

4

	Ausklammern	Punkt-vor-Strich-Regel	Vergleich	Buchstabe
a)	$4{,}2\cdot6 + 4{,}2\cdot4 = 4{,}2\cdot(6+4) = 42$	$4{,}2\cdot6 + 4{,}2\cdot4 = 25{,}2 + 16{,}8 = 42$	Ausklammern einfacher	C
b)	$15\cdot20 + 8\cdot15 = 15\cdot(20+8)$ $= 15\cdot28 = 420$	$15\cdot20 + 8\cdot15 = 300 + 120 = 420$	Punkt-vor-Strich einfacher	L
c)	$3\cdot(-1{,}2) + (-1{,}2)\cdot2 = (-1{,}2)\cdot(3+2)$ $(-1{,}2)\cdot5 = -6$	$3\cdot(-1{,}2) + (-1{,}2)\cdot2 = -3{,}6 - 2{,}4 = -6$	Gleichwertig	E
d)	$56\cdot8 - 4\cdot56 = 56\cdot(8-4)$ $= 56\cdot4 = 224$	$56\cdot8 - 4\cdot56 = 448 - 224 = 224$	Ausklammern einfacher	V
e)	$\frac{2}{3}\cdot(-6) - 3\cdot\frac{2}{3} = \frac{2}{3}\cdot(-6-3)$ $= \frac{2}{3}\cdot(-9) = -6$	$\frac{2}{3}\cdot(-6) - 3\cdot\frac{2}{3} = -4 - 2 = -6$	Punkt-vor-Strich einfacher	E
f)	$(-7)\cdot0{,}5 - 0{,}5\cdot(-11)$ $= 0{,}5\cdot((-7) - (-11)) = 0{,}5\cdot4 = 2$	$(-7)\cdot0{,}5 - 0{,}5\cdot(-11)$ $= (-3{,}5) + 5{,}5 = 2$	Gleichwertig	R
g)	$1200\cdot0{,}3 + 1200\cdot0{,}05 = 1200\cdot(0{,}3 + 0{,}05)$ $= 1200\cdot0{,}35 = 420$	$1200\cdot0{,}3 + 1200\cdot0{,}05 = 360 + 60 = 420$	Punkt-vor-Strich einfacher	L
h)	$1{,}2\cdot1{,}4 - 1{,}2\cdot6{,}4$ $= 1{,}2\cdot(1{,}4 - 6{,}4) = 1{,}2\cdot(-5) = -6$	$1{,}2\cdot1{,}4 - 1{,}2\cdot6{,}4 = 1{,}68 - 7{,}68 = -6$	Ausklammern einfacher	E

Lösungswort: CLEVERLE

5

	Ergebnis	Benutzte Regel
a)	$4{,}7 - (1{,}7 + 4{,}7) = -1{,}7$	Minusklammerregel
	$4{,}7 - (1{,}7 - 4{,}7) = 7{,}7$	Klammerregel
	$4{,}7 - (-1{,}7 + 4{,}7) = 1{,}7$	Minusklammerregel
	$4{,}7 + (-1{,}7 - 4{,}7) = -1{,}7$	Plusklammerregel
b)	$15 \cdot 100 - 15 \cdot 4 = 1440$	Punkt-vor-Strich-Regel
	$15 \cdot 104 - 15 \cdot 4 = 1500$	Ausklammern
	$15 \cdot (-100) - 15 \cdot 4 = -1560$	Punkt-vor-Strich-Regel
	$15 \cdot (-96) + 15 \cdot (-4) = -1500$	Ausklammern
c)	$\frac{3}{4} \cdot \left(\frac{5}{7} + \frac{9}{7}\right) = \frac{3}{2}$	Klammerregel
	$\frac{6}{5} \cdot \left(\frac{5}{3} + \frac{5}{2}\right) = 5$	Ausmultiplizieren
d)	$\frac{15}{14} \cdot \left(\frac{7}{10} - \frac{14}{15}\right) = -\frac{1}{4}$	Ausmultiplizieren
	$\frac{15}{14} \cdot \left(\frac{4}{11} - \frac{8}{22}\right) = 0$	2. Faktor = 0

6 a) 3510 (Ausmultiplizieren)
b) 16,4 (Minusklammerregel)
c) 0,8 (Ausklammern)
d) 0 (Ausklammern)
e) 2 (Minusklammerregel oder Klammerregel)
f) –6 (Ausmultiplizieren)

7 a) $24 \cdot 12 - 12 \cdot 14 = 12 \cdot 10 = 120$
b) $1{,}4 \cdot (20 - 5) = 1{,}4 \cdot 20 - 1{,}4 \cdot 5 = 28 - 7 = 21$
c) $(6{,}6 - 8{,}9) - (3{,}4 - 8{,}9) = 6{,}6 - 3{,}4 = 3{,}2$
d) $(-12{,}4 - 7{,}8) \cdot (-6) + (-12 + (-3{,}8))$
$= 121{,}2 - 15{,}8 = 105{,}4$

8 $\underbrace{0{,}43 \cdot 0{,}82}_{\text{rosa Rechteck}} + \underbrace{0{,}43 \cdot (0{,}6 + 0{,}82 - 0{,}24)}_{\text{blaues Rechteck}}$
$= 0{,}43 \cdot (2 \cdot 0{,}82 + 0{,}6 - 0{,}24) = 0{,}43 \cdot 2 = 0{,}86.$
Der Flächeninhalt ist also $0{,}86\,m^2$.

9 Rechenausdruck für die Ratenzahlung:
$198 + 12 \cdot 27{,}2 + 12 \cdot 24{,}9 + 12 \cdot 17{,}9 = 198$
$+ 12 \cdot (27{,}2 + 24{,}9 + 17{,}9) = 198 + 12 \cdot 70$
$= 198 + 840 = 1038$
Die Ersparnis bei Barzahlung ist
1038 € – 998 € = 40 €.

Seite 161

10 a) Überschlag: 5 · 0,6 € + 3 · 0,7 € + 2,8 € + 4,2 € + 6 · 0,4 € + 3 · 0,3 € + 2,7 € = 18,1 €.
Die 20 € reichen aus.
b) Rechnungsterm: 5 · 0,59 € + 3 · 0,7 € + 2,79 € + 4,21 € + 6 · 0,39 € + 3 · 0,3 € + 2,66 €
Geschickte Zusammenfassung:
5 · (0,59 € + 0,39 €) + 3 · (0,7 € + 0,3 €) + (2,79 € + 4,21 €) + (0,39 € + 2,66 €) =
5 · (0,98 €) + 3 · (1 €) + (7 €) + (3,05 €) = 17,95 €

11 a) –38 b) 1 c) $-\frac{5}{8}$ d) –13
e) –0,875 f) $-\frac{1}{4}$ g) $-\frac{4}{7}$ h) 0,2

12 $-\frac{3}{4} : (1{,}7 - 0{,}7) = -0{,}75$
$0 \cdot \left(-1\frac{3}{17} + 0{,}375\right) = 0$
$[0{,}3 - (-0{,}7)] \cdot 3{,}25 = 3{,}25$
$\left(-\frac{7}{8} + \frac{1}{3}\right) \cdot \left(-\frac{4}{17} + \frac{4}{17}\right) = 0$

13 a) Möglichst groß: $(-2) \cdot \left[\frac{1}{3} + \frac{1}{2}\right] : \left(-\frac{1}{3}\right) = 5$
Möglichst klein: $(-2) \cdot \frac{1}{3} + \left[\frac{1}{2} : \left(-\frac{1}{3}\right)\right] = -\frac{13}{6} = -2\frac{1}{6}$
b) Möglichst groß: z. B. $(-2) \cdot \left[\frac{1}{3} \cdot \left(-\frac{1}{2}\right)\right] = 12$
Möglichst klein: z. B. $(-2) : \frac{1}{3} + \left(-\frac{1}{2}\right) = -\frac{13}{2} = -6{,}5$

14

[1] 1	■	[2] 7	,	[3] 1	[4] 1
[5] 2	[6] 9	1	■	[7] 1	2
[8] 9	,	8	[9] 9	9	■
■	9	■	2	■	[10] 5
[11] –	3	[12] 3	,	[13] 6	■
■	[14] 5	0	5	0	5

15 a) 13 % b) 14 % c) 72 % d) 40 %
e) 20 % f) $23{,}\overline{3}$ % g) 62,5 % h) 40 %

16 a) 5 % b) $33{,}\overline{3}$ % c) $1{,}\overline{1}$ % d) $16{,}\overline{6}$ %
e) 60 % f) 0,2 %

Wiederholen – Vertiefen – Vernetzen

Seite 162

1 a) 3,478 260 87 b) 144,9955
c) $3{,}277777778 = 3{,}2\overline{7}$ d) $33{,}2\overline{3}$
(1. Auflage: 33,9)

2 a) 3,3525 g (Orang-Utan), 133,875 g (Nilpferd)
b) individuelle Lösung

3 a) 700 kg Zement, 1400 kg Sand, 1000 kg Kies
b) 400 l Wasser, denn 1 Liter Wasser wiegt ca. 1 kg.

4 a) Fernsehen: 4,21 ct, Waschen: 20,05 ct
b) individuelle Lösung

5 Wenn man als Kriterium das Verhältnis aus Sprungweite und Körperlänge wählt, ergibt sich eine andere Reihenfolge.

1. Helga Heuschrecke 39
2. Willi Waldmaus $8,\overline{4}$
3. Klara Känguru 6,8
4. Harald Hirsch 4,5
5. Leo Löwe 2,6

6 Spiel

Seite 163

7 a) 598,8 g Kohlenhydrate; 264,6 g Fett; 598,8 g Eiweiß
b) Frühstück: 2500 kJ, Abendessen: 2500 kJ, Zwischenmahlzeiten: 1000 kJ, Mittagessen: 3000 kJ

8 a) Rechnerisches Ergebnis: $327,\overline{27}$; tatsächlich: 288, da der Koffer nicht bis unter den Deckel gefüllt werden kann.
b) Ein Barren wiegt $25{,}9875\,cm^3 \cdot 19{,}3\,g/cm^3 \approx 501\,g$.
Der volle Koffer insgesamt: 145,198 kg bei 288 Barren.
c) 98 Goldbarren

9 **Gruppe 1**
Uta: $2{,}8 \cdot 4{,}5\,m^2 + 4{,}9 \cdot 3\,m^2 = 27{,}3\,m^2$
Roland: $7{,}7 \cdot 2{,}9\,m^2 + 2{,}8 \cdot 0{,}9\,m^2 = 24{,}85\,m^2$
Bad: $3{,}2 \cdot 3{,}2\,m^2 = 10{,}24\,m^2$
Abstellkammer: $2{,}7 \cdot 2{,}8\,m^2 = 7{,}56\,m^2$
Gesamtfläche: $69{,}95\,m^2 : 2 = 34{,}975\,m^2$
Gruppe 2
$2 \cdot 0{,}6 \cdot 10{,}7\,m^2 = 12{,}84\,m^2$
Es gehen $12{,}84\,m^2$ verloren.
Für Roland stehen rechts und links 1,01 m weniger zur Verfügung.
Rolands Zimmerfläche mit Stehhöhe:
$5{,}68 \cdot 2{,}9\,m^2 + 1{,}79 \cdot 0{,}9\,m^2 = 18{,}083\,m^2$
Gruppe 3
Länge der Dachschräge: ca. 2,5 m
Beginn Dachschräge auf einer Höhe von 1 m
Roland: $1{,}7 \cdot (7{,}7 + 2{,}8 + 4{,}9)$
$+ 2{,}5 \cdot (3{,}8 + 2{,}9 + 0{,}9)$
$+ 1 \cdot (3{,}8 + 2{,}9) = 51{,}88$
Uta: $1{,}7 \cdot (7{,}7 + 2{,}8 + 4{,}9)$
$+ 2{,}5 \cdot (4{,}0 + 3{,}0 + 1{,}0)$
$+ 1 \cdot (4{,}0 + 3{,}0) = 53{,}18$
Für beide Zimmer werden ca. $105\,m^2$ Tapete benötigt.
Gruppe 4
Fußboden: $3{,}2 \cdot 3{,}2\,m^2 = 10{,}24\,m^2$
Wand rechts: $3{,}2 \cdot 2{,}5 = 8\,m^2$
Wand links (mit Schräge): $2{,}5 \cdot 3{,}2 + 1 \cdot 3{,}2 = 11{,}2\,m^2$
Wand oben und unten: $2 \cdot [3{,}2 \cdot 1{,}7] = 10{,}88\,m^2$
Nimmt man bei Schrägen den Höhenfaktor 1,7 wie beim Tapezieren, ergibt sich eine Fläche von $40{,}32\,m^2$. Zieht man ca. $1 \cdot 2{,}2\,m^2$ für die Tür ab, ergeben sich rund $38\,m^2$.

Seite 164

10 a) $0{,}0000006\,m^3 = 0{,}0006\,dm^3 = 0{,}6\,cm^3$
b) $107325\,mm^2 = 1073{,}25\,cm^2 = 10{,}7325\,dm^2$
c) $0{,}015\,km^2 = 1{,}5\,ha$
d) 35 000 Liter $= 35000\,dm^3 = 35\,m^3$

11 a) 100 Reiskörner wiegen ca. 3 g.
$300\,g : 3\,g = 100$, also $100 \cdot 100 = 10000$ Reiskörner
b) 10 Spaghetti wiegen je nach Dicke ca. 4 g bis 6 g.
Annahme: 10 Spaghetti wiegen 4 g.
$500\,g : 4\,g = 125 \rightarrow 10 \cdot 125 = 1250$ Spaghetti wiegen 500 g.
Annahme: 10 Spaghetti wiegen 6 g.
$500\,g : 6\,g \approx 83 \rightarrow 10 \cdot 83 = 830$ Spaghetti wiegen 500 g.

12 individuelle Lösung (Die Lösungen variieren stark je nach Papierdicke und Papierformat.)

13 individuelle Lösung
(Grafiken siehe Seite L 60)

14 a) Auf der Karte muss sich Ullas Vater in der Nähe der Beschriftung „Vord. Nörderberg" befunden haben.
(Dies ergibt sich aus der Perspektive des Fotos.)
b) Auf der Karte misst man für den Seilbahnabschnitt 2,3 cm. Dies entspricht in der Realität
$2{,}3 \cdot 12500 = 28750\,cm = 287{,}5\,m$.
c) individuelle Lösung, z. B.:
- Man kann der Karte die Höhenlinien (2200 m, 2300 m, 2400 m) entnehmen. Die Linien dazwischen beschreiben jeweils Anstiege von $100\,m : 5 = 20\,m$.
- Der Karte kann außerdem die Lage und die Höhe der Berge aus der Umgebung der „Rifflseite" entnommen werden.
- Auch die Lage von Straßen, Flussläufen sowie Seen können der Karte zu entnommen werden.

d) Die markierten Abschnitte können verwendet werden um den Maßstab zu ermitteln. Der Abschnitt ist auf der Karte 2,3 cm und auf dem Foto 3,7 m lang.
e) Siehe Seite L 61

zu Aufgabe **13**

1:4

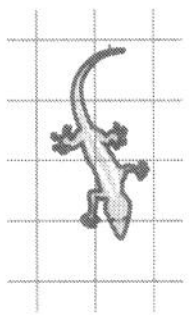

1:2

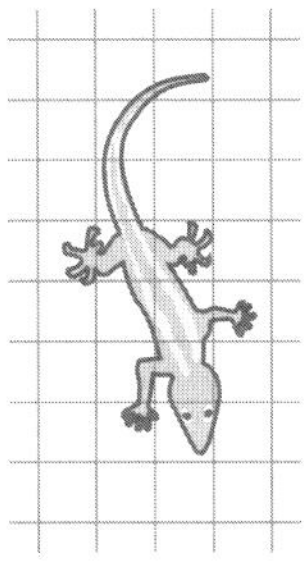

1:1

4:1

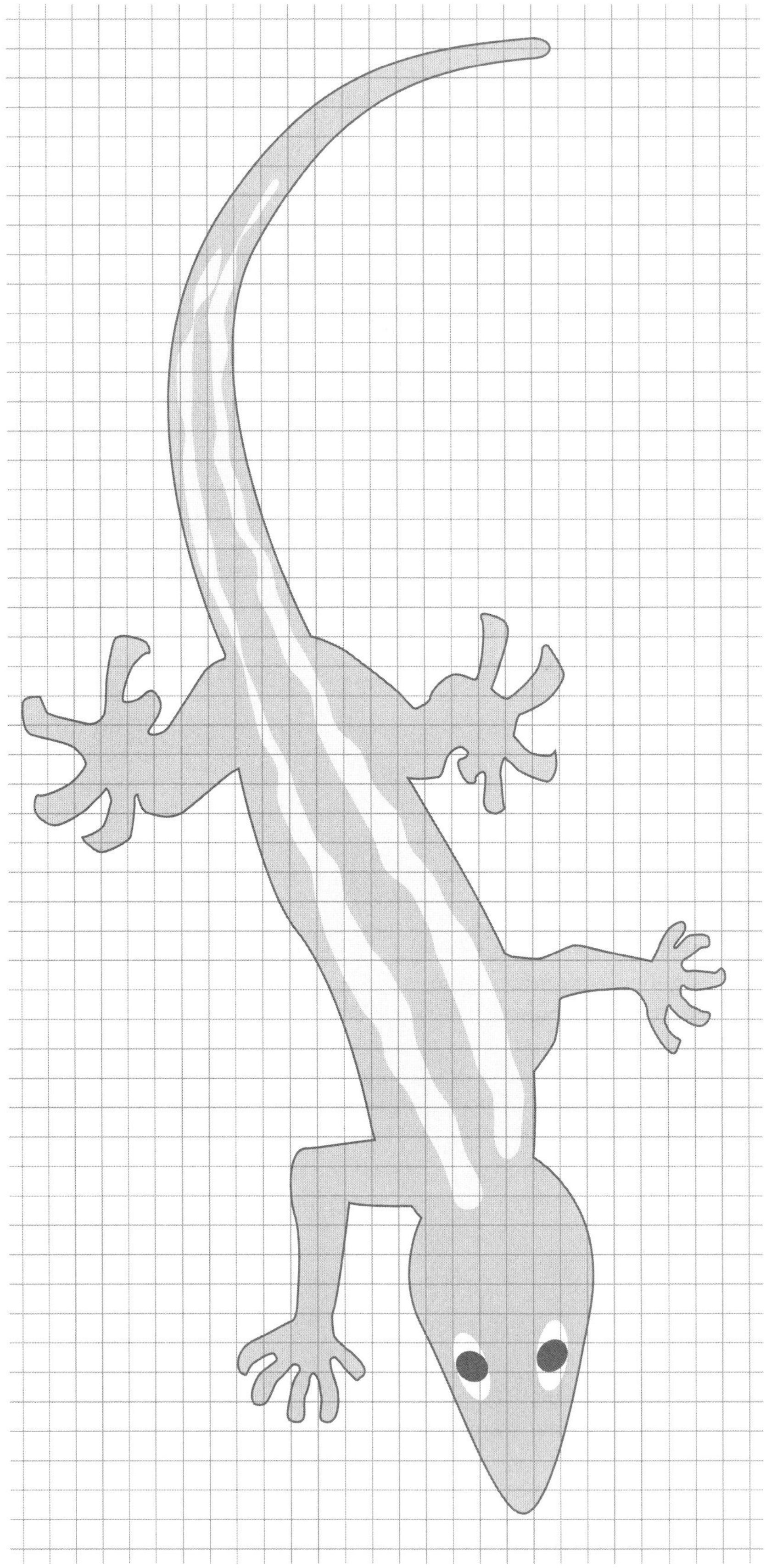

2:1

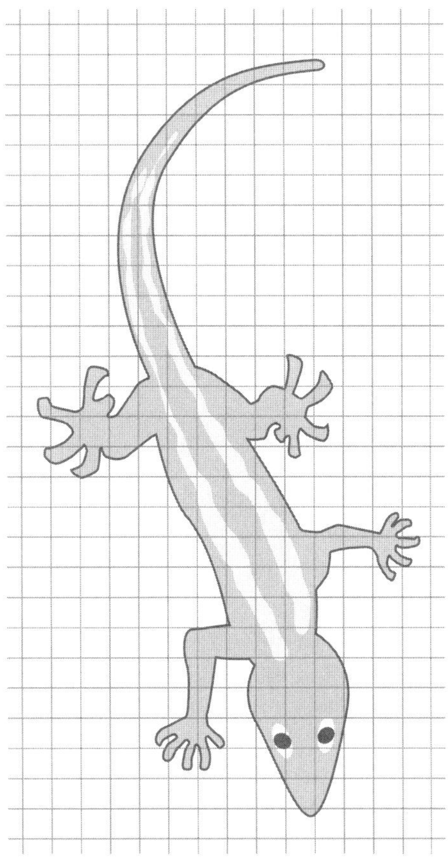

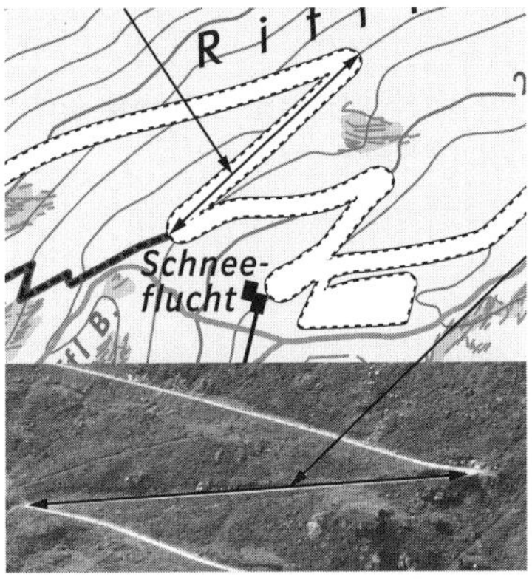

Die auf der Karte markierte Strecke entspricht demnach in der Wirklichkeit $2{,}3 \cdot 12\,500 = 28\,750\,\text{cm}$.
→ Maßstab des Fotos: etwa 1 : 7770
(Rechnung: $28\,750\,\text{cm} : 3{,}7\,\text{cm} \approx 7770{,}3$)
e)

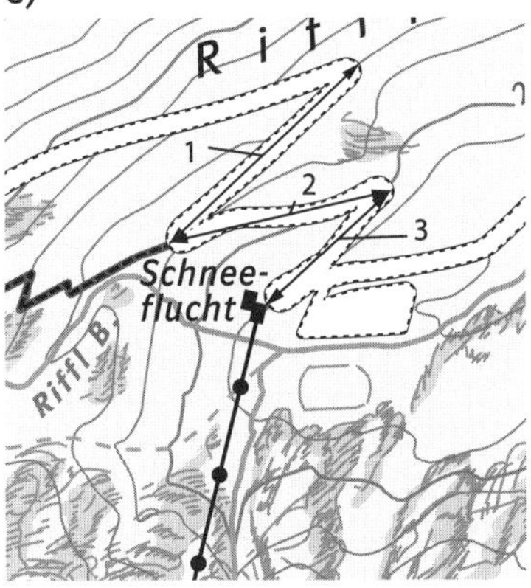

Karte:
1) 2,3 cm entsprechen 287,5 m. Der Höhenanstieg ist eine Höhenlinie; er beträgt also 20 m.
Die Serpentine steigt in 287,5 m um 20 m.
Auf 100 Meter entspricht dies $20 : 2{,}875 \approx 7{,}0\,\text{m}$.
2) 2 cm entsprechen 250 m. Der Höhenanstieg beträgt 20 m. Die Serpentine steigt in 250 m um 20 m.
Auf 100 Meter entspricht dies $20 : 2{,}5 = 8{,}0\,\text{m}$.
3) 1,5 cm auf der Karte entsprechen 187,5 m. Der Höhenanstieg beträgt ebenfalls 20 m. Die Serpentine nimmt in 187,5 m um 20 m an Höhe zu. Dies entspricht $20 : 1{,}875 \approx 10{,}7\,\text{m}$ auf 100 m.
Foto: Es ist nicht möglich, dem Foto die Höhenzunahme einer Serpentine zu entnehmen, da das Foto perspektivisch aufgenommen wurde.
Ein Vergleich von Foto und Karte ist daher nur eingeschränkt möglich.

Exkursion: Periodische Dezimalzahlen

Seite 165

$0{,}\overline{1}$ individuelle Lösung, z. B.:
Hier ist der Nenner ausschlaggebend:
Ist es möglich eine 1 zu erhalten, wenn man die Zahl, die im Nenner steht, (mehrfach) durch 2 oder/und 5 dividiert, so erhält man eine abbrechende Dezimalzahl.
Ist dies nicht möglich, so wird das Ergebnis eine periodische Dezimalzahl.
Alternativ: Kommen im Nenner nur die Faktoren 2 und 5 vor, dann ist der Bruch eine abbrechende Dezimalzahl.
Kommen im Nenner auch andere Faktoren vor, dann ist der Bruch eine periodische Dezimalzahl.

Besondere Perioden

$\frac{1}{89\,991} =$

$0{,}000\,011\,112\,222\,333\,344\,445\,555\,666\,677\,778\,889$

$0{,}\overline{2}$

$\frac{1}{9} = 0{,}\overline{1}$ $\qquad$ $\frac{1}{9} = 0{,}\overline{1}$

$\frac{1}{99} = 0{,}\overline{01}$ $\qquad$ $\frac{1}{90} = 0{,}0\overline{1}$

$\frac{1}{999} = 0{,}\overline{001}\,\ldots$ $\qquad$ $\frac{1}{900} = 0{,}00\overline{1}\,\ldots$

$\frac{1}{9} = 0{,}\overline{1}$ $\qquad$ $\frac{11}{90} = 0{,}1\overline{2}$

$\frac{1}{90} = 0{,}0\overline{1}$ $\qquad$ $\frac{101}{900} = 0{,}11\overline{2}$

$\frac{1}{990} = 0{,}0\overline{01}\,\ldots$ $\qquad$ $\frac{1001}{9000} = 0{,}111\overline{2}$

$0{,}\overline{3}$ a) $\frac{1}{7} = 0{,}\overline{142\,857}$ $\qquad$ $\frac{2}{7} = 0{,}\overline{285\,714}$

$\frac{3}{7} = 0{,}\overline{428\,571}$ $\qquad$ $\frac{4}{7} = 0{,}\overline{571\,428}$

$\frac{5}{7} = 0{,}\overline{714\,285}$ $\qquad$ $\frac{6}{7} = 0{,}\overline{857\,142}$

Es fällt auf, dass die Ziffern der Folge immer dieselben sind. Bei genauerer Betrachtung stellt man fest, dass die Folge immer die gleiche ist und nur in ihrer Startziffer variiert.
Wenn man die Periode von $\frac{1}{7}$ kennt, muss man nur die Periode mit dem Zähler des gewünschten Bruchs multiplizieren und erhält so die periodische Darstellung des Bruchs. Zum Beispiel:

$\frac{3}{7} = 3 \cdot \frac{1}{7} = 3 \cdot \overline{0{,}142\,857} = 0{,}\overline{428\,571}.$

$\frac{6}{7}$ braucht man daher nicht mehr auszurechnen, sondern kann entweder $6 \cdot \frac{1}{7}$ berechnen oder die Startziffer der Periode variieren. (Bei $\frac{6}{7}$ ist die Startziffer die 8, da $60 : 7 = 8$ Rest 4 gilt.)

b) $\frac{1}{17} = 0,\overline{0588235294117647}$

$\frac{3}{17} = 0,\overline{1764705882352941}$ (da 30 : 17 = 1,7...)

$\frac{4}{17} = 0,\overline{2352941176470588}$ (da 40 : 17 = 2,3...)

$\frac{11}{17} = 0,\overline{6470588235294117}$ (da 110 : 17 = 6,...)

$\frac{16}{17} = 0,\overline{9411764705882352}$ (da 160 : 17 = 9,...)

c) individuelle Lösung

d) $\frac{1}{13} = 0,\overline{076923}$. Mit 80 : 13 = 6,... würde sich nach unserem obigen Schema

$\frac{8}{13} = 0,\overline{692307}$ ergeben. Dies ist falsch.

$\frac{8}{13} = 0,\overline{615384}$

Die Ziffernfolge bei $\frac{8}{13}$ und $\frac{1}{13}$ sind unterschiedlich. Der oben beschriebene Schema lässt sich nur dann anwenden, wenn die Länge der Periode maximal ist. Maximal bedeutet, dass die Anzahl der Ziffern der Ziffernfolge um 1 geringer ist als die im Nenner stehende Zahl. Für 13 z. B. müsste die Periode 12 Ziffern lang sein.

$0,\overline{4}$ a) 1. Schritt: Durch Multiplikation mit 100 wird das Komma um zwei Stellen nach rechts verschoben.
2. Schritt: Bei der Multiplikation mit 1 ändert sich das Ergebnis nicht.
3. Schritt: Die zweite Zeile wird von der ersten Zeile subtrahiert. Dadurch fällt die Periode weg.
4. Schritt: Die Klammer wird aufgelöst.
5. Schritt: Die Gleichung wird durch 99 dividiert, sodass man nun die periodische Dezimalzahl als Bruch dargestellt hat.
Die zweite Rechnung verläuft analog. Nur bei der Stellenwertverschiebung wird mit 1000 multipliziert, damit die Periode nach der Subtraktion wegfällt.

b)

- $0,\overline{26}$

$$\begin{aligned} 100 \cdot 0,\overline{26} &= 26,262626\ldots \\ 1 \cdot 0,\overline{26} &= 0,262626\ldots \\ (100 - 1) \cdot 0,\overline{26} &= 26 \\ 99 \cdot 0,\overline{26} &= 26 \\ 0,\overline{26} &= \frac{26}{99} \end{aligned}$$

- $2,4\overline{78}$

$$\begin{aligned} 1000 \cdot 2,4\overline{78} &= 2478,787878\ldots \\ 10 \cdot 2,4\overline{78} &= 24,787878\ldots \\ (1000 - 10) \cdot 2,4\overline{78} &= 2454 \\ 990 \cdot 2,4\overline{78} &= 2454 \\ 2,4\overline{78} &= \frac{2454}{990} \end{aligned}$$

- $5,34\overline{581}$

$$\begin{aligned} 100\,000 \cdot 5,34\overline{581} &= 534\,581,581\,581\ldots \\ 100 \cdot 5,34\overline{581} &= 534,581\,581\ldots \\ (100\,000 - 100) \cdot 5,34\overline{581} &= 534\,047 \\ 99\,900 \cdot 5,34\overline{581} &= 534\,047 \\ 5,34\overline{581} &= \frac{534\,047}{99\,900} \end{aligned}$$

c) $3,3\overline{56} = 3,3 + 0,0\overline{56}$

Für $0,0\overline{56}$ geht man jetzt nach obigem Schema vor.

$$\begin{aligned} 1000 \cdot 0,0\overline{56} &= 56,565\,656\ldots \\ 10 \cdot 0,0\overline{56} &= 0,565\,656\ldots \\ (1000 - 10) \cdot 0,0\overline{56} &= 56 \\ 990 \cdot 0,0\overline{56} &= 56 \\ 0,0\overline{56} &= \frac{56}{990} \end{aligned}$$

$3,3\overline{56} = 3,3 + \frac{56}{990} = \frac{33}{10} + \frac{56}{990} = \frac{3323}{990}$

d) individuelle Lösung

VI Daten erfassen, darstellen und interpretieren

Lösungshinweise Kapitel 6 Erkundungen

Seite 170

1 Was Kassenzettel erzählen

1) 2,25 Waren/Kunde
3,8 Euro/Kunde
30,4 €/18Waren = 1,69 € je Ware

2) in den 33 Tagen wurden 8667 Kunden bedient, also 262,6 Kunden je 12 h
22 Kunden/h 2,7 Minuten für jeden Kunden
Kontrollrechnung:
in 155 Minuten (erste 4 Zettel) wurden 70 Kunden bedient, das entspricht 27,1 Kunden je Stunde

3) 998 € je Tag
591 Positionen je Tag

4) 25 % der Kunden suchen nach Kleingeld

5) 331,58 € Wechselgeld je Tag

1 Relative Häufigkeiten und Diagramme

Seite 174

1

	Prozent	Winkel	
a)	2,0 %	7,2°	Anteil
b)	2,0 %	7,2°	rel. H.
c)	10,0 %	36°	rel. H.
d)	10,0 %	36°	rel. H.
e)	26,7 %	96°	rel. H.
f)	3,3 %	12°	Anteil
g)	10,0 %	36°	Anteil
h)	58,3 %	210°	rel. H.

2 a) 25 % (Winkel: 90°) b) 5 % (Winkel: 18°)

Versuche

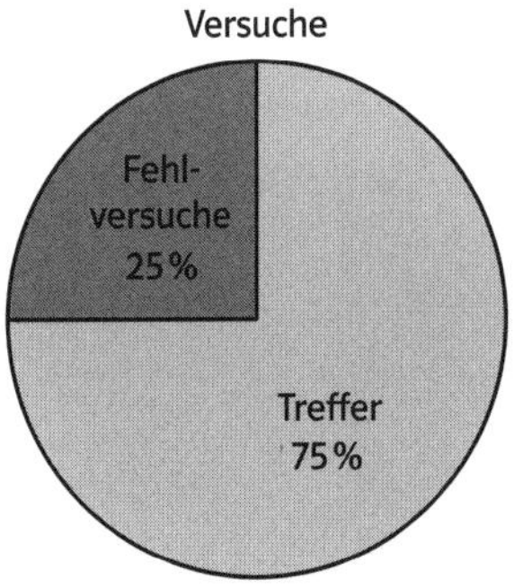

Fleisch

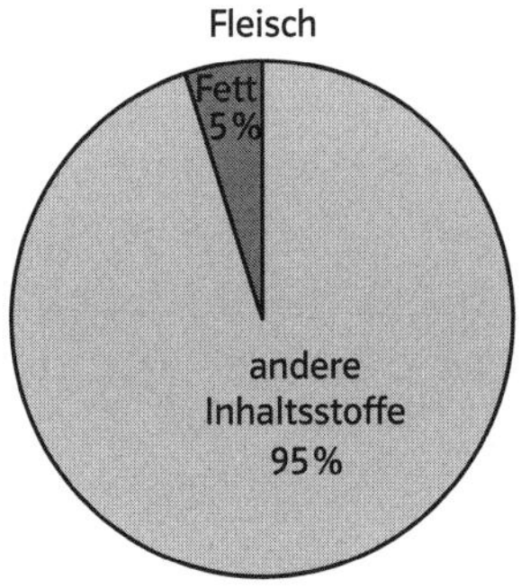

c) 85 % (Winkel: 306°) d) 62,4 % (Winkel: 224°)

Pudding

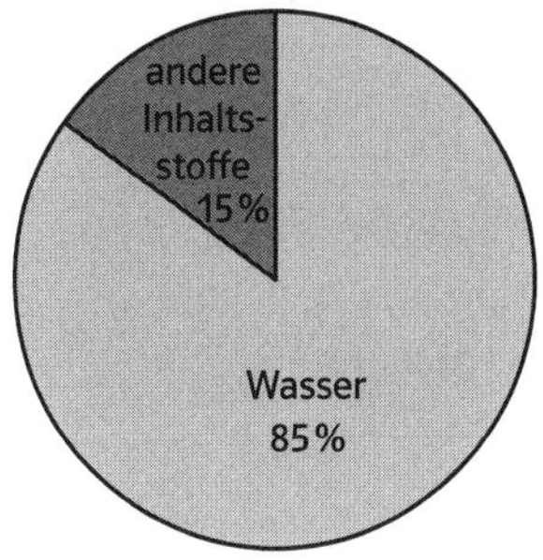

Läufer

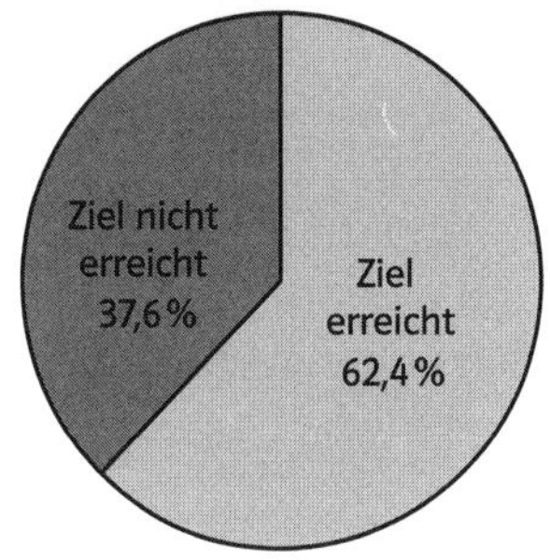

3 a)

Fig. 1		Fig. 2		Fig. 3	
r:	16,7%	r:	20,0 %	gr:	5,0 %
b:	25,0 %	v:	20,0 %	r:	5,0 %
g:	25,0 %	g:	20,0 %	v:	10,0 %
v:	33,3 %	b:	40,0 %	g:	40,0 %
				b:	40,0 %

b)

Fig. 1		Fig. 2		Fig. 3	
r:	60	r:	72	gr:	18
b:	90	v:	72	r:	18
g:	90	g:	72	v:	36
v:	120	b:	144	g:	144
				b:	144

c) Gesamtzahl 50:

Fig. 1	Fig. 2	Fig. 3
8	10	3
13	10	3
13	10	5
17	20	20
		20

Gesamtzahl 80:

Fig. 1	Fig. 2	Fig. 3
13	16	4
20	16	4
20	16	8
27	32	32
		32

4 a)

	Prozent	absolute Häufigkeit
Bleistift	10	2
Kuli	25	5
Füller	25	5
Fineliner	40	8

b) Fig. 4 lässt sich am einfachsten ablesen, da die einzelnen Säulen nebeneinander stehen.
c) Jan liest die relativen Häufigkeiten in Fig. 4 ab und überprüft durch Überschlagen, ob sie sich in den anderen Diagrammen wieder finden.
d) individuelle Lösung

Seite 175

5 a)

	relative Häufigkeit
Jungen Board	29 %
Jungen Ski	38 %
Mädchen Board	13 %
Mädchen Ski	21 %

b)

	absolute Häufigkeit
Jungen Board	7
Jungen Ski	9
Mädchen Board	3
Mädchen Ski	5

c) $\frac{5}{8}$ = 62,5 % der Mädchen fahren Ski.
$\frac{9}{16}$ = 56,25 % der Jungen fahren Ski.
Der Anteil der Skifahrer ist bei den Mädchen höher.

6 a) Fig. 1:

	Prozent Fig. 1	Prozent Fig. 2
Fantasy	18,6	19
FunCity	23,2	23
RegioFun	14,0	14
enthalten	11,6	12
ungültig	32,6	32

Die Werte aus Figur 2 stimmen bis auf leichte Abweichungen mit den Werten aus Figur 1 überein. In Figur 3 sind die ungültigen Stimmen und die Enthaltungen nicht angegeben worden. Hier muss man als Vergleich also die 24 gültigen Stimmen aus Figur 1 betrachten um die dazugehörigen Prozentzahlen zu ermitteln.

	Prozent Fig. 1	Prozent Fig. 2
Fantasy	33,3	33
FunCity	41,7	42
RegioFun	25,0	25

Auch Figur 3 passt somit zu Figur 1.

b)
- Das Säulendiagram ist am informativsten, weil hier der Stichprobenumfang (43) ablesbar ist.
- Die Kreisdiagramme geben die Größe der Stichprobe nicht an. In Figur 3 wurden außerdem die vielen Enthaltungen und die ungültigen Stimmen nicht berücksichtigt.
- Als Werbechef von FunCity sollte man Figur 3 veröffentlichen, da hier der prozentuale Anteil mit 42 % größer ist als in Figur 2, wo er nur 23 % beträgt.
- Der Werbechef von Fantasyland könnte zusätzlich die FunCity-Stimmen „unterschlagen" und sich nur mit RegioFun vergleichen. Dann würde sich folgendes Diagramm ergeben:

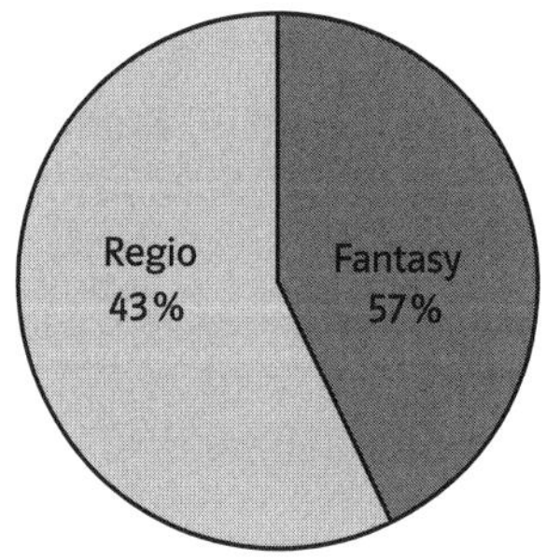

Seite 176

7 a)

	Creme	Banane
Inhalt	20	150
Verpackung	15	80
Verhältnis Inhalt/Verpackung	1,3	1,9

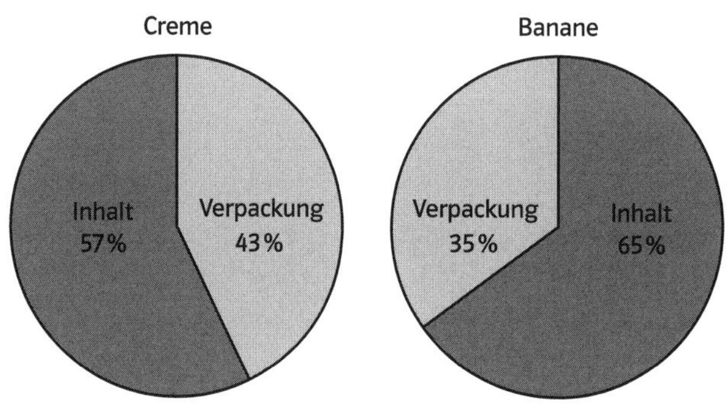

b) individuelle Lösung

8 1. Text:

ZDF	14 %
ARD	13,60 %
RTL	12,80 %
SAT 1	10,40 %
RTL II	4,50 %
VOX	4,20 %
Kabel 1	3,90 %
Sonstige	36,6 %

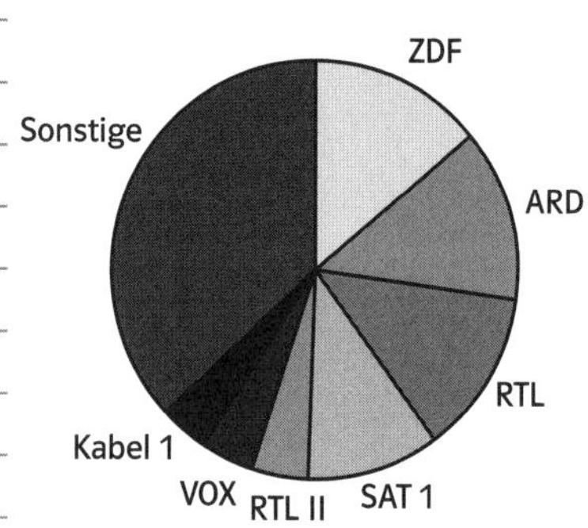

2. Text:

Tagesschau	49 %
heute	19 %
RTL	13 %
SAT 1	3 %
Sonstige	16 %

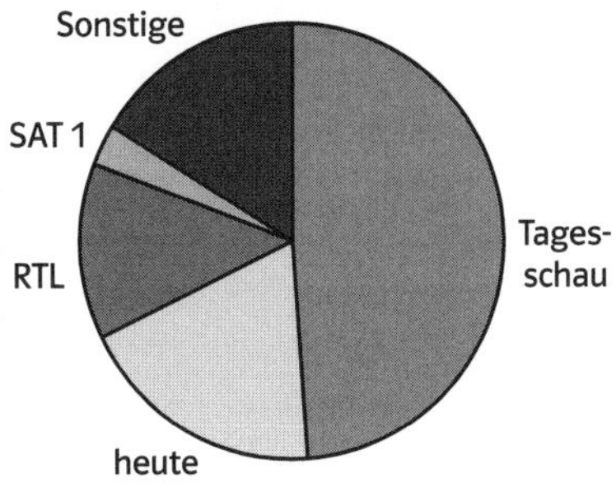

9 a)

Fahrzeugtyp	zu schnell	Gesamtzahl
LKW	3	20
Transporter	7	25
PKW	12	55

b)

Fahrzeugklasse	relative Häufigkeit
LKW	15 %
Transporter	28 %
PKW	22 %

c)

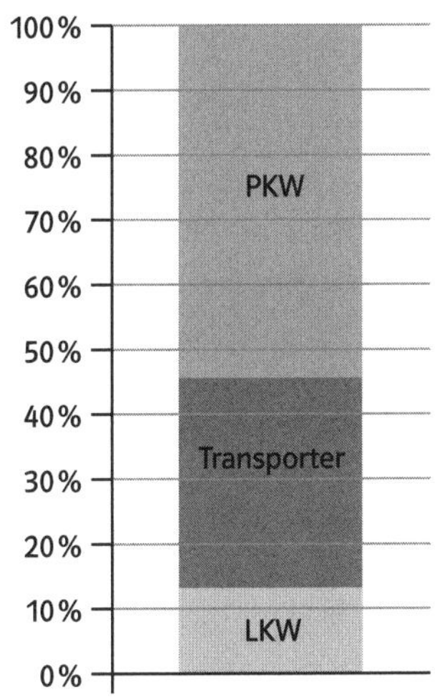

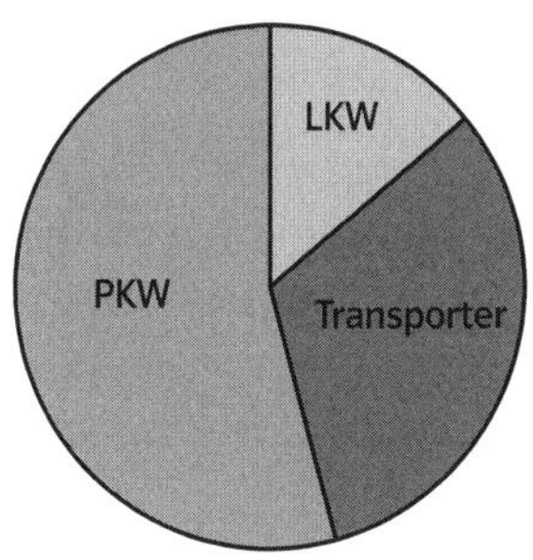

LKW: $\frac{3}{22}$; PKW: $\frac{12}{22}$;
Transporter: $\frac{7}{22}$

10 a) individuelle Lösung, z. B.: In jeder Zeile ergibt die Summe aus dem Anteil der „sehr guten" und der „nicht sehr guten" Noten 100 %. Anteile zu addieren macht nur dann Sinn, wenn sie sich auf das „gleiche Ganze" (hier ein Studienfach und die zugehörigen Studenten) beziehen.
b) individuelle Lösung

Seite 177

11 a) 17 Uhr: 3 von 8 → 37,5 %
18 Uhr: 2 von 8 → 25 %
20 Uhr: 4 von 8 → 50 %

b)

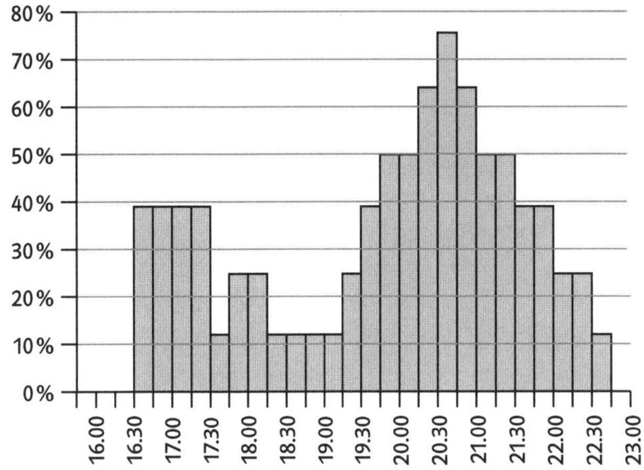

Zwischen 20.30 und 20.45 Uhr ist die Sehbeteiligung maximal. Vor 16.45 und nach 23.00 ist die Sehbeteiligung minimal (0).

c)

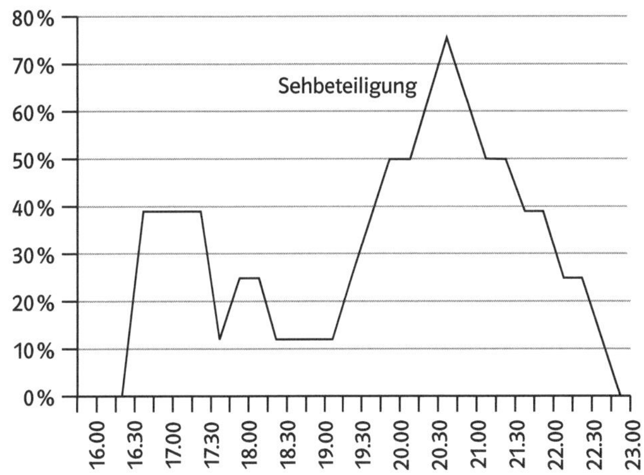

12 individuelle Lösung

13 a)

Bruch	Dezimalzahl	Prozent
$\frac{1}{5}$	0,2	20 %
$\frac{1}{2}$	0,5	50 %
$\frac{1}{20}$	0,05	5 %
$\frac{4}{5}$	0,8	80 %
$\frac{1}{5}$	0,2	20 %

b)
- 5 km
- 1,25 km
- 12,5 km

c)
- 96 %
- 72 %
- 92 %
- 28 %

2 Mittelwerte

Seite 179

1

6a	28
6b	30
6c	27
6d	29
Summe	114
Mittelwert	28,5

2

	a)	b)	c)
Mittelwert	2,04	12,6	1,6
Median	2,05	12,4	1,6

d) Der Median ändert sich nicht. Der Mittelwert ändert sich um 1/(Anzahl der Daten) bzw. um 20/(Anzahl der Daten).

3 a) Insgesamt haben 87 Schüler an dem Test teilgenommen. Die Schüler haben insgesamt 631 Punkte erzielt.
→ Das arithmetische Mittel ist: 631 : 87 = 7,25
b) 14 + 16 + 18 = 48 Schüler haben besser als das arithmetische Mittel abgeschnitten.
c) Der Median ist 8 und liegt somit rechts vom arithmetischen Mittel.

Seite 180

4 Das arithmetische Mittel ist 3. Der Median ist 4. Frank hat somit Recht, wenn er als Durchschnitt den Median bezeichnet.

5 individuelle Lösung, z.B.:

1. Tag	17	15	15
2. Tag	17	17	15
3. Tag	17	19	21

6

a)

	Essen	Bombay
Januar	78	2,7
Februar	58,4	1,1
März	67,1	0,7
April	60,6	1,4
Mai	71,7	14,2
Juni	88,3	519,1
Juli	88,5	648,5
August	87,1	389,8
September	75	281,6
Oktober	70,3	57,8
November	78	13,9
Dezember	78,3	2,1

b)

	Essen	Bombay
Mittel	75,1	161,1
Median	76,5	14,05

Der Jahresniederschlag ist in Bombay mehr als doppelt so hoch als in Essen, dennoch ist es in drei Vierteln des Jahres in Bombay sehr viel trockener als in Essen. Die Mittelwerte alleine charakterisieren die Niederschlagsverteilung (das Klima) nur sehr unzureichend.

7 Körpergröße: individuelle Lösung
(Durchschnittlich wachsen Kinder im 12. Lebensjahr ca. 4 cm. Die Schüler sollten daher eine Zunahme des arithmetischen Mittels um ca. 4 cm schätzen.)
Alter: Das arithmetische Mittel steigt um ein Jahr.

8 Die Rechnung ist tatsächlich falsch, da die einzelnen relativen Häufigkeiten zu verschiedenen Stichprobenumfängen gehören. Die richtige Rechnung lautet:
$\frac{(6 + 15 + 2)}{(10 + 30 + 20)} = 38{,}3\,\%$.
Larissa hat Recht, dass die Rechnung falsch ist, allerdings kommt auch sie auf ein falsches Ergebnis.

9 a) Die Beträge vor dem Komma ergeben zusammen 9 €. Auf dem Kassenzettel befinden sich 23 Positionen. Daher müssen $23 \cdot \frac{2}{3}$ € = $15\frac{1}{3}$ € zu den 9 € addiert werden. Der Preis sollte also ca. 24 € betragen. Der auf diese Weise ermittelte Preis liegt tatsächlich in der Nähe des wirklichen Rechnungsbetrages.
b) individuelle Lösung
c) In Restaurants trifft es meistens nicht zu, dass der Durchschnittspreis hinter dem Komma 61 Cent beträgt. Daher wird Prof. Fishers Überschlagsregel nicht funktionieren.

Seite 181

10 Da sich über 50 % der Fahrer im Spitzenfeld befinden, befindet sich auch der Fahrer, dessen Position dem Median entspricht, im Spitzenfeld.

11 a) individuelle Lösung
(Simulation von 100 Spielen liefert:
arithmetisches Mittel: 7,53; Median: 6
Für die Simulation siehe: www.riemer-koeln.de)
b) individuelle Lösung
(Die Ergebnisse der einzelnen Gruppen können stark variieren.)
c) individuelle Lösung

12 a) Für drei Münzen gibt es folgende mögliche Verteilungen von Kopf und Zahl:

Kombination	Position, von der ein Chip weggenommen werden darf
WWW	3
WWZ	2
WZW	2
ZWW	2
WZZ	1
ZWZ	1
ZZW	1
ZZZ	0

Die Wahrscheinlichkeit für Position 1 oder 2 ist größer, als die für Position 0 oder 3. Also hat Jan seine Chips besser verteilt.
b) individuelle Lösung
(Simulation von 100 Spielen liefert:
arithmetisches Mittel (Jan): 14,7
arithmetisches Mittel (Siri): 23,4
Median (Jan): 13,0
Median (Siri): 21,5
Für die Simulation siehe: www.riemer-koeln.de)
c) Aufgrund der Tabelle von a) gibt es keine bessere Startposition, als die von Jan.

13 a) individuelle Lösung
b) individuelle Lösung
(Wenn die Schüler keine großen Messfehler machen, sollte die Zeit im Mittel doppelt so lang sein und die Anzahl der Umdrehungen sich vervierfachen.)
c) individuelle Lösung
d) individuelle Lösung

3 Boxplots

Seite 184

1 a)
- Die Sechstklässler springen im Mittel weiter als die Fünftklässler.
- Es gibt „viele“ Fünftklässler, die weiter springen als Sechstklässler.
- Die Sechstklässler springen zwischen 2,50 m und 4,25 m weit, die Fünftklässler zwischen 2,10 m und 3,90 m.
- Der Hauptteil der Sechstklässler springt zwischen 3,20 m und 3,75 m.
- Bei den Fünftklässlern liegt der Hauptteil der Sprungweiten zwischen 3,10 m und 3,50 m.
- Bei den Sechstklässlern liegt das arithmetische Mittel über, bei den Fünftklässlern unter dem Median.
- Der Median beträgt bei den fünften Klassen ca. 3,3 m, bei den sechsten Klassen ca. 3,4 m.
- Über die Klassenstärke kann man keine Aussage machen.

b) Ein Boxplot der 7. Jahrgangsstufe würde ähnlich wie die der 5. und 6. Jahrgangsstufe aussehen. Dabei würde er im Vergleich zur 6. Jahrgangsstufe etwas weiter nach oben verschoben sein.
c) Wenn der beste Springer noch einen Meter weiter gesprungen wäre, würde das Maximum um 1 zunehmen. Die obere Antenne würde sich daher verlängern. Der Mittelwert würde größer, der Median bliebe unverändert.
Wenn ein mittelguter Springer einen Meter weiter gesprungen wäre, würden sich weder die Antenne noch die Box verändern. Nur der Mittelwert und evtl. auch der Median würden sich vergrößern.
Wenn alle Springer einen Meter weiter gesprungen wären, würde sich der gesamte Plot um 1 m nach oben verschieben.

2 a) Das Minimum bildet Lance Armstrong, denn er selbst kann auf sich keinen Rückstand haben. Das Maximum bildet Iker Flores, da er Letzter wurde und sein Abstand zu Lance Armstrong daher am größten war.
Jan Ulrich würde sich mit vier Minuten Rückstand am unteren Ende der unteren Antenne nur kurz über Lance Armstrong befinden.
b)
- Iker Flores benötigte ca. 260 Minuten länger als Lance Armstrong.
- Der Median benötigte 150 Minuten länger als Lance Armstrong.
- Das arithmetische Mittel liegt unter dem Median.

- Die Hälfte der Fahrer benötigte zwischen 80 und 200 Minuten länger als Lance Armstrong. (Das Mittelfeld erstreckte sich über 120 Minuten.)

c) Die Box würde sehr klein werden, denn die Rückstände der meisten Fahrer lägen in einem sehr kleinen Zeitabschnitt. Maximum und Minimum (und somit auch die Antennen) würden sich jedoch nicht ändern.

Seite 185

3 a)

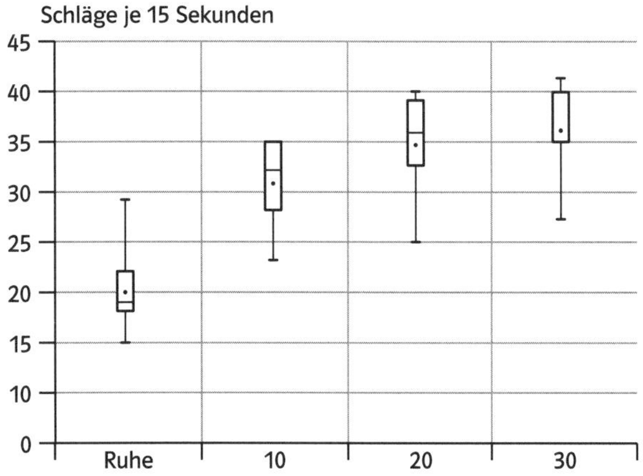

b) Der Pulsschlag nimmt unterschiedlich stark zu. (Nach 10 Kniebeugen steigt er durchschnittlich um 10,8; nach 20 Kniebeugen um 3,6; nach 30 Kniebeugen um 2,3)

c) individuelle Lösung

4 a) Für den Erlös der Pralinenfirma ist Einstellung 1 am günstigsten, da die Packungen hier am leichtesten sind. Es wird aber Reklamationen geben wegen zu geringer Verpackungsgewichte. Möchte die Firma dies ausschließen, wird sie Einstellung 4 wählen.

b) Am meisten Ware können Kunden bei Einstellung 2 bekommen. Allerdings ist da auch das Risiko relativ groß, zu wenig Ware zu erhalten. Soll dieses Risiko ausgeschlossen werden, so bietet sich Einstellung 3 an.

c) Für die Firma wäre eine Maschine ideal, bei der alle Packungen exakt 500 g wiegen. Die Box hätte dann die Länge 0 und keine Antennen.

5 Säulendiagramm (1):

a) Der Test ist in dieser Klasse am besten ausgefallen, da das arithmetische Mittel am höchsten ist. Keiner der Schüler hat weniger als 6 Punkte in dem Test erhalten. Die erzielten Punktzahlen liegen im Vergleich mit den anderen Klassen sehr nah beieinander, da sie nur zwischen 6 und 14 variieren. Das Maximum ist daher 14, das Minimum 6.

b) Das Säulendiagramm entspricht aufgrund obiger Beschreibung Boxplot (B1).

Säulendiagramm (2):

a) Die Punktzahlen, die erreicht wurden, haben eine Spanne von 0 bis 14 Punkte. Das Maximum ist daher 14, das Minimum 0. Das arithmetische Mittel ist gering im Vergleich zu den beiden anderen Klassen.

b) Das Säulendiagramm entspricht aufgrund obiger Beschreibung Boxplot (B2).

Säulendiagramm (3):

a) In dieser Klasse gab es keine Schüler, die im Test zwischen 6 und 9 Punkte geschrieben haben. Die Ergebnisse teilen sich auf in fast gleich große Gruppen, von denen eine zwischen 1 und 5 Punkten (mit größter Häufigkeit von 3 Punkten) und die andere zwischen 10 und 14 Punkten (mit größter Häufigkeit von 12 Punkten) liegt. Das Maximum liegt bei 14 Punkten, das Minimum bei einem Punkt.

b) Das Säulendiagramm entspricht aufgrund obiger Beschreibung Boxplot (B3).

Wiederholen – Vertiefen – Vernetzen

Seite 186

1 a)

Anzahl der Fernsehgeräte	Häufigkeit
0	3
1	11
2	9
3	2
4	1
5	1
6	1

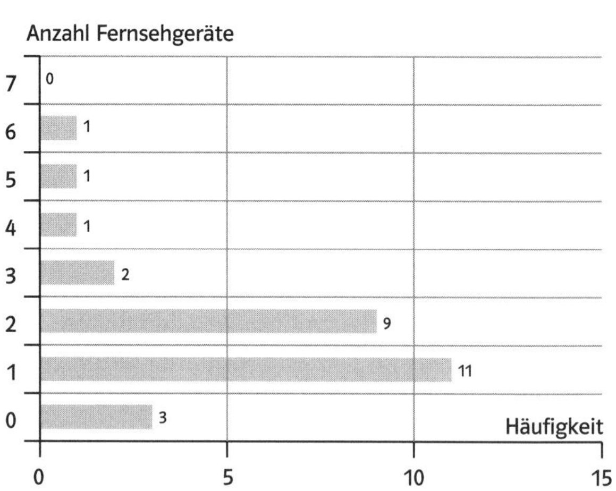

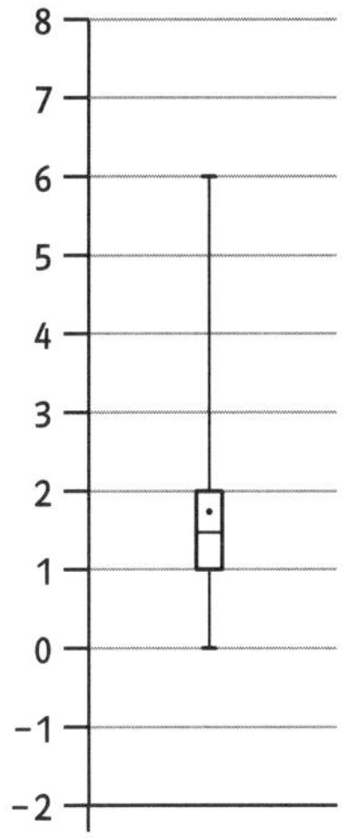

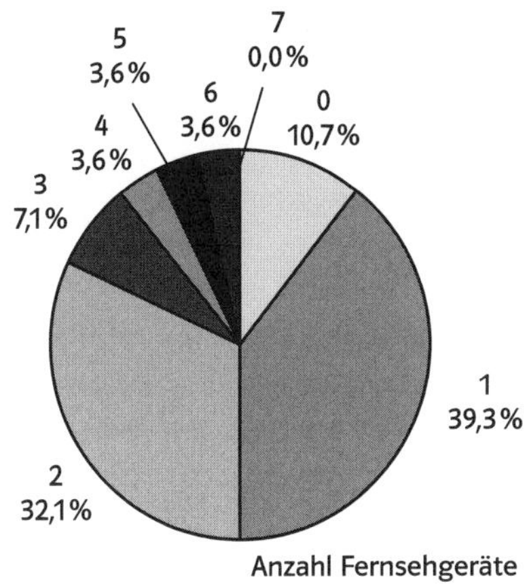

b) individuelle Lösung

2

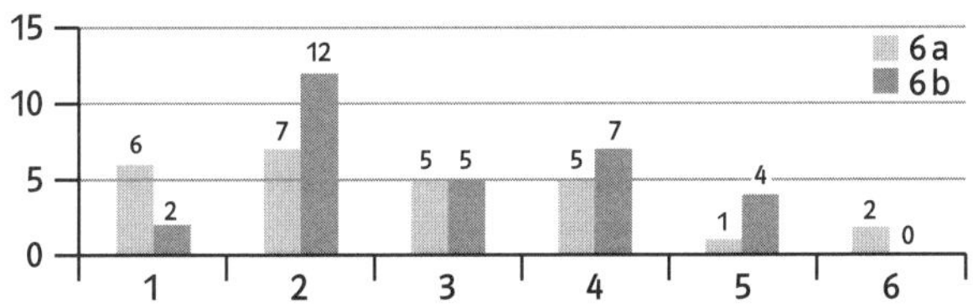

	6a	6b
Mittelwert	2,77	2,97
Median	3	3

Wenn man den Median vergleicht, haben die Klassen gleich gut abgeschnitten.
Vergleicht man den Mittelwert hat die 6a besser abgeschnitten.

3 a) Ein Kreisdiagramm mit relativen Häufigkeiten eignet sich nicht, weil die angegebenen Zahlen sich nicht auf die gleiche Sendezeit beziehen und nicht alle Sender erfasst sind. Es eignet sich ein Säulendiagramm oder ein Streifendiagramm.
b)

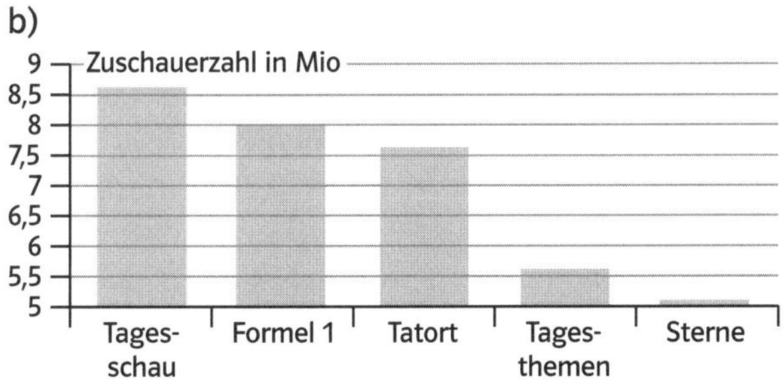

c) Quoten bezeichnen Anteile von etwas Ganzem. Sie entsprechen also relativen Häufigkeiten.
In diesem Zeitungsausschnitt handelt es sich um absolute Häufigkeiten. Der Begriff ist somit nicht richtig verwendet worden.

4 a) Er wird Fig. 1 nutzen, denn in Fig.1 ist, im Gegensatz zu Fig. 2, die Größe der Stichprobe nicht zu erkennen.

b)

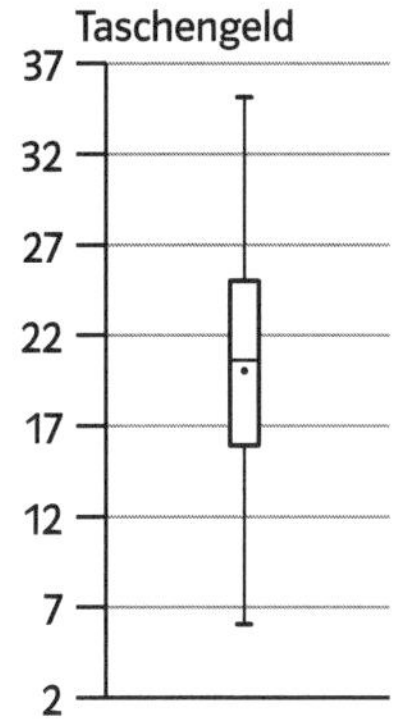

5 a) Sorte A wiegt im Mittel 524,2 g. Sorte B wiegt im Mittel 511,0 g. Bei Sorte A erhält man im Mittel 13,2 g mehr für sein Geld.
b)

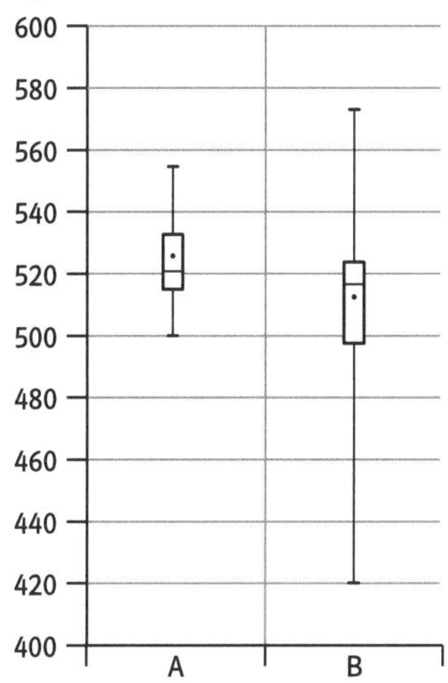

Bei Sorte A muss es sich um italienische Zitronen handeln, weil durch das Etikett 500 g garantiert werden. Bei den argentinischen Zitronen wird kein Mindestgewicht garantiert. Die Beutel mit weniger als 500 g Inhalt können dort also nicht zu Reklamationen führen.

Seite 187

6 a) Vermutlich wird das Diagramm von Annika eine geringere Punktzahl erhalten. Das Diagramm gibt an, wie viel die Schultaschen der einzelnen Schüler zum Gesamtgewicht beitragen. Es gibt aber keine Auskunft darüber, wie schwer die Schultaschen im Durchschnitt sind. Deshalb erscheint es zunächst sinnlos.
b) Das Diagramm von Annika ist sinnvoller, wenn z. B. ein bestimmtes Gesamtgewicht nicht überschritten werden darf oder ein Teil des Gewichts abgewogen werden soll. Dann könnte man z. B. das Gewicht von Uschis Schultasche mit dem Gewicht von Annikas und Jessis Schultasche vergleichen: Uschis ist ungefähr (da auf ganze Prozent gerundet wurde) genauso schwer wie Annikas und Jessis zusammen.

7 a) Annas längstes Telefongespräch war 10 Minuten lang. Im Durchschnitt telefonierte sie unter einer Minute. Die meisten Gespräche waren bei ihr zwischen ca. 20 Sekunden und knapp 6 Minuten lang.
Sarahs längstes Telefongespräch ist 6 Minuten 40 Sekunden lang gewesen. Auch sie telefonierte im Durchschnitt unter einer Minute. Die meisten Gespräche waren bei ihr zwischen 20 Sekunden und 3 Minuten 20 Sekunden lang.
Judiths längstes Telefonat war 13 Minuten 20 Sekunden lang. Wie die anderen beiden, telefonierte sie im Durchschnitt unter einer Minute. Die meisten Telefonate, die sie führte, sind fast gleich lang gewesen. (Sie lagen zwischen 20 und 70 Sekunden.)
b) individuelle Lösung
c) Den Boxplots kann man nicht die Anzahl der Telefongespräche entnehmen. Es ist daher möglich, dass Judith zwar meist nur relativ kurz, aber dafür sehr oft irgendwo angerufen hat. Andersherum könnten Anna und Sarah zwar häufiger auch längere Gesprächsdauern gehabt haben, aber dafür nicht so oft telefoniert haben wie Judith. Es ist somit möglich, dass Judith die höchste Telefonrechnung hat.

8 a) individuelle Lösung
b) individuelle Lösung
(Es sollte herauskommen, dass bei 5 oder 6 Würfeln die Punkte im Mittel am höchsten sind. Vergleiche hierzu die Simulation auf www.riemer-koeln.de.)

9 individuelle Lösung

Exkursion: Statistik mit dem Computerr

Seite 192

4 a)

	A	B
1	36,5	35
2	37	35,5
3	37,5	35,5
4	37,5	36,5
5	37,5	36,5
6	37,5	37,5
7	38	37,5
8	38	37,5
9	38,5	37,5
10	38,5	37,5
11	39	38,5
12	39,5	38,5
13	39,5	38,5
14	40	41,5
15	40	
16	41	

b)

	A	B	C
1	Spalte A:		
2	q1		=QUARTILE(B2:B7; 1)
3	min	36,5	=MIN B2:B7)
4	mittel	38,47	=MEDIAN(B2:B7)
5	median	38,35	=MITTELWERT(B2:B7)
6	max	41	=MAX(B2:B7)
7	q3	39,5	=QUARTILE(B2:B7; 3)
8			
9	Spalte B:		
10	q1	36,5	=QUARTILE(B10:B15; 1)
11	min	35	=MIN(B10:B15)
12	mittel	37,39	=MEDIAN(B10:B15)
13	median	37,5	=MITTELWERT(B10:B15)
14	max	41,5	=MAX(B10:B15)
15	q3	38,5	=QUARTILE(B10:B15; 3)

c)

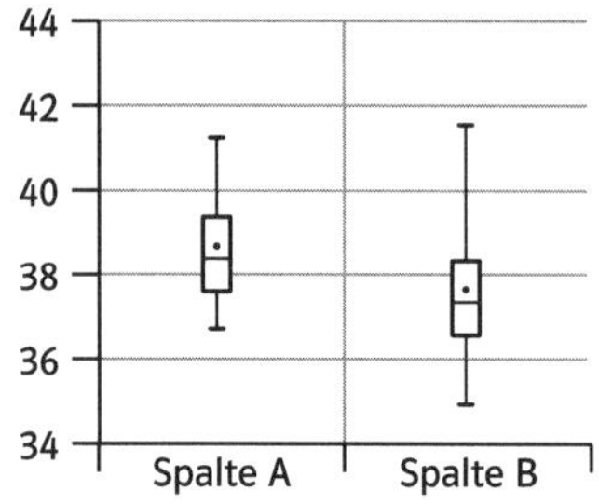

d)

	A	B	C
1		Spalte A	Spalte B
2	35	0%	7%
3	35,5	0%	15%
4	36	0%	0%
5	36,5	6%	14%
6	37	6%	0%
7	37,5	25%	36%
8	38	13%	0%
9	38,5	13%	21%
10	39	6%	0%
11	39,5	13%	0%
12	40	13%	0%
13	40,5	0%	0%
14	41	6%	0%
15	41,5	0%	7%

e)

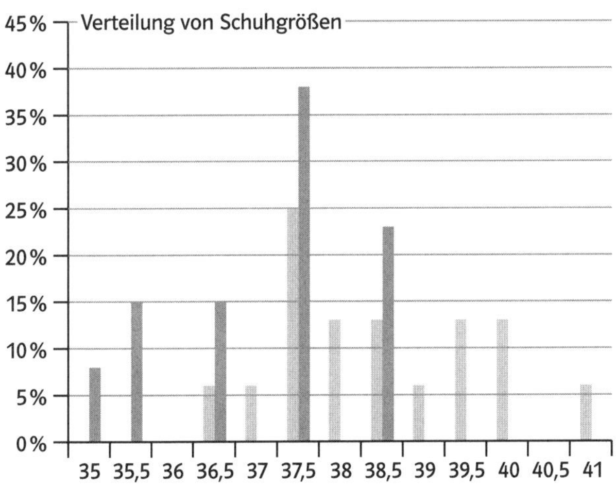

f) Die Spalten A und E gehören zu den Jungen, die Spalten B und F zu den Mädchen.

Schuhgrößen Spalte A

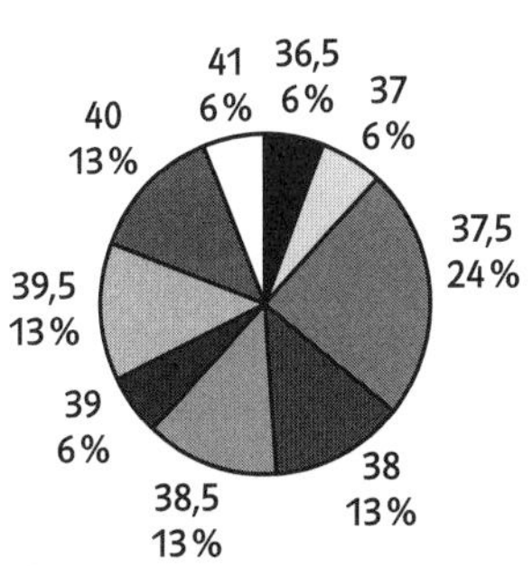

Schuhgrößen Spalte B

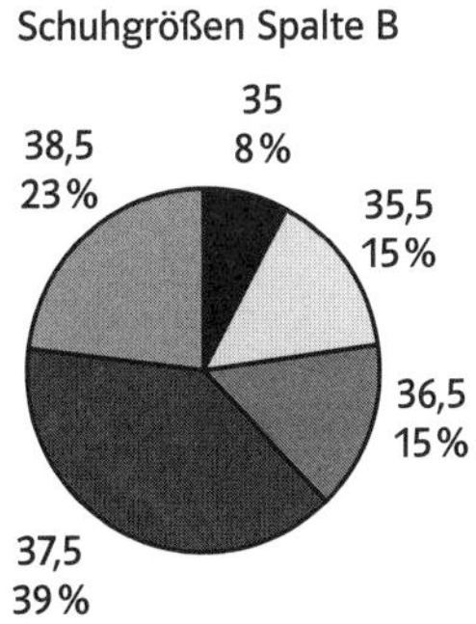

5 individuelle Lösung
(In Fig. 1 handelt es sich um die Schuhgrößen am Ende einer 5. Klasse.)

6 a)

	A	B	C
1		Jungen	Mädchen
2	unteres Quartil	8,60	8,70
3	Minimum	7,60	7,30
4	Mittelwert	9,02	9,16
5	Median	8,95	9,10
6	Maximum	11,20	11,40
7	oberes Quartil	9,38	9,60

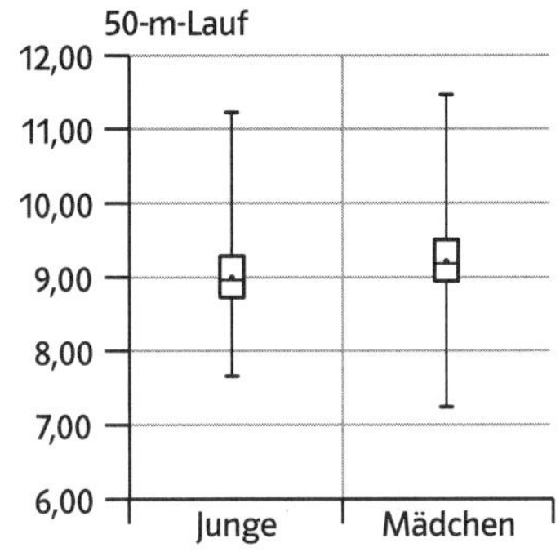

Weitsprungergebnisse der einzelnen Klassen siehe Tabelle nächste Seite

c)

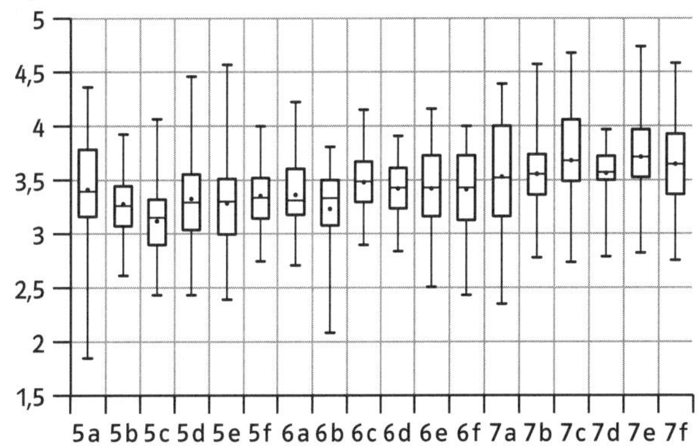

	A	B	C	D
1		Stufe 5	Stufe 6	Stufe 7
2	unteres Quartil	3,00	3,15	3,33
3	Minimum	1,85	2,10	2,31
4	Mittelwert	3,27	3,37	3,62
5	Median	3,25	3,40	3,60
6	Maximum	4,60	4,25	4,70
7	oberes Quartil	3,51	3,65	3,90

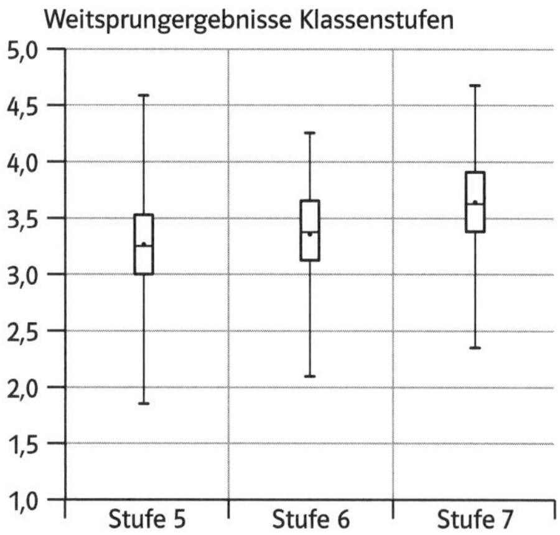

b)

	A	B	C	D	E	F	G	H	I	J	K	L	M	N	O	P	Q	R	S
1		5a	5b	5c	5d	5e	5f	6a	6b	6c	6d	6e	6f	7a	7b	7c	7d	7e	7f
2	unteres Quartil	3,10	3,04	2,90	3,01	2,95	3,15	3,20	3,09	3,30	3,23	3,15	3,11	3,15	3,33	3,47	3,49	3,50	3,30
3	Minimum	1,85	2,60	2,40	2,40	2,35	2,75	2,70	2,10	2,90	2,80	2,47	2,40	2,31	2,75	2,70	2,79	2,80	2,75
4	Mittelwert	3,38	3,22	3,13	3,27	3,27	3,33	3,39	3,24	3,49	3,40	3,38	3,35	3,50	3,60	3,71	3,58	3,71	3,61
5	Median	3,35	3,19	3,18	3,23	3,28	3,30	3,30	3,37	3,49	3,42	3,40	3,40	3,50	3,60	3,70	3,60	3,70	3,61
6	Maximum	4,35	3,90	4,06	4,45	4,60	4,00	4,25	3,80	4,12	3,90	4,12	4,00	4,40	4,60	4,65	3,95	4,70	4,60
7	oberes Quartil	3,80	3,37	3,34	3,55	3,50	3,50	3,66	3,51	3,65	3,64	3,70	3,69	3,98	3,80	4,14	3,73	3,95	3,92

7 Die Lösungen der Aufgabe finden sich unter:
www.riemer-koeln.de (Autobahn.xls)

VII Beziehungen zwischen Zahlen und Größen

Lösungshinweise Kapitel 6 Erkundungen

Seite 199

2. Zahlenmauern in den Griff bekommen
Während sich bei der ersten Zahlenmauer ein eindeutiges Ergebnis durch Addition der Zahlen in der untersten Reihe erzeugen lässt, hängt die untere Reihe bei der zweiten Zahlenmauer von dem ersten Wert ab, den man einträgt, während die oberen Reihen so fortgeführt werden können, ähnlich wie beim ersten Beispiel.

1.

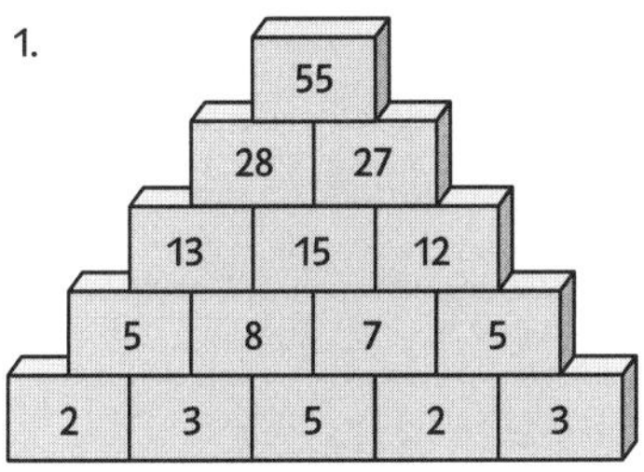

2.

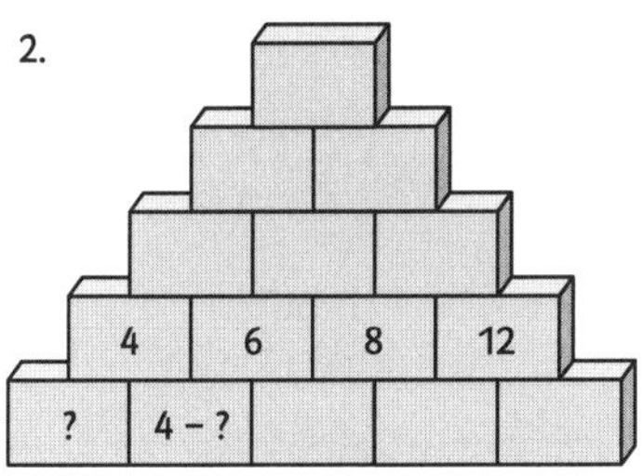

3.

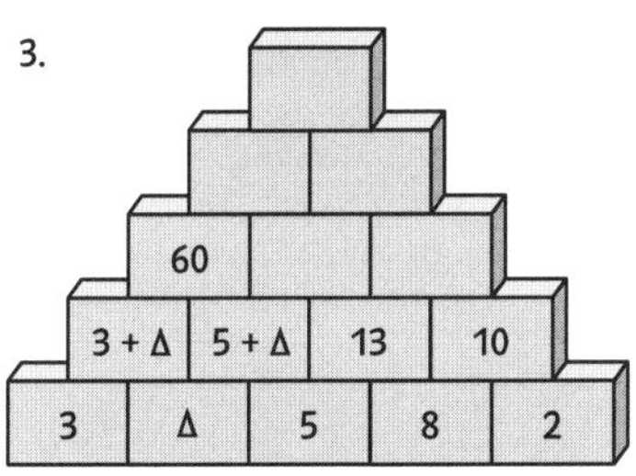

4.

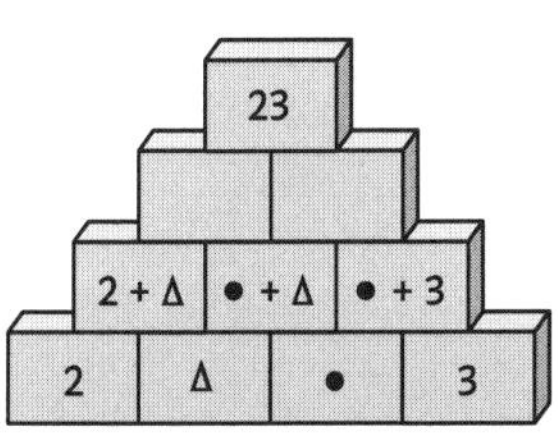

5.

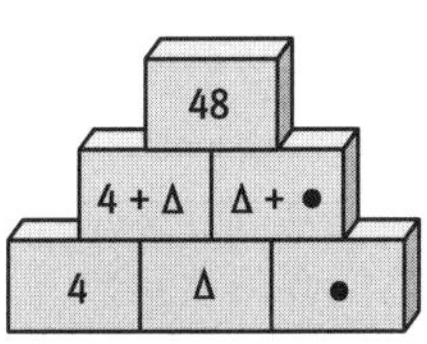

Bei der dritten Zahlenmauer begegnet man einem weiteren Typ. Nun erhält man wiederum eine eindeutige Lösung, jedoch ist sie nicht direkt erkennbar. Entweder man muss probieren oder mithilfe einer Variablen die Lösung bestimmen. Dabei zeigt die rechte Seite der Zahlenmauer, wie es geht: $10 - 8 = 2$. Setzt man also eine 2 ein, erhält man eine 10. Nun lässt sich auf der linken Seite mit verschiedenen Zahlen probieren: Setzt man eine 1 ein, erhält man dort, wo die 60 steht, eine 10. Setzt man eine 10 ein, erhält man eine 28, usw. Setzt man aber ein Symbol ein, z. B. Δ, erhält man $8 + 2 \cdot \Delta$.
Das bedeutet, dass 2 mal dieses Symbol gerade 52 sein muss, und schon erhält man für Δ die 26. Auf diese Weise hat man eine Zahlenmauer vom ersten Typ. Und die Lernenden erleben, – falls sie den Weg dieser Formalisierung gehen – dass man mit Variablen rechnen kann. Mit der vierten und fünften Zahlenmauer kommt man nicht mehr mit einem Symbol aus. Auch das Probieren wird sehr viel komplexer. Verwendet man zwei Symbole, ergibt sich für das obere Feld die Beziehung $48 = 4 + 2\Delta + \bullet$. Hier ist Probieren gefragt, welches nicht nur zu vielen Lösungen führt, sondern auch die funktionalen Aspekte des Variablenbegriffs weiter offen legt.

1 Strukturen erkennen und fortsetzen

Seite 202

1 a) vgl. Fig.1
b) Wenn man die Längen der einzelnen Seiten nimmt, erhält man die Zahlenfolge:
1, 1, 2, 2, 3, 3, 4, 4, …
Wenn man die Gesamtlängen bis zu jeder Ecke nimmt, erhält man die Zahlenfolge:
1, 2, 4, 6, 9, 12, 16, 20, …
c) individuelle Lösung, z. B.: Dreieckspirale

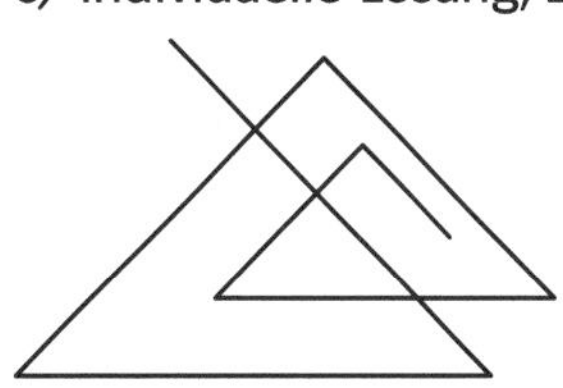

2 a) Das Muster besteht aus fast gleich aussehenden Kreuzen . Die Kreuze sind alle untereinander und nebeneinander angeordnet, sodass sich schwarze Kreuze mit roten Kreuzen abwechseln. Nur an den Rändern sind die Kreuze an den Enden aufgefüllt. 

b) individuelle Lösung, z. B.: Vorgehensweise wie in a) nur mit Sechsecken.

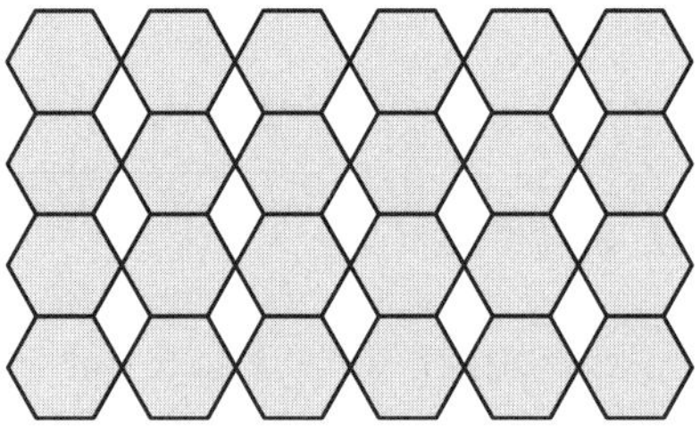

3 a)

Faltung	Flächen
1	2
2	4
3	8
4	16
5	32
...	...

b) Die Anzahl der Flächen verdoppelt sich mit jeder Faltung. Deshalb kann man die Zahlenfolge auch ohne die Faltung durchzuführen fortsetzen.

Faltung	Flächen
6	64
7	128
8	256
9	512
10	1024
...	...

c) Bei der zweiten Faltweise entsteht dieselbe Zahlenfolge, da man auch hier mit jeder Faltung die Anzahl der Flächen verdoppelt.
d) individuelle Lösung, z. B.: Die Ecken eines Quadrates werden in die Mitte gefaltet.

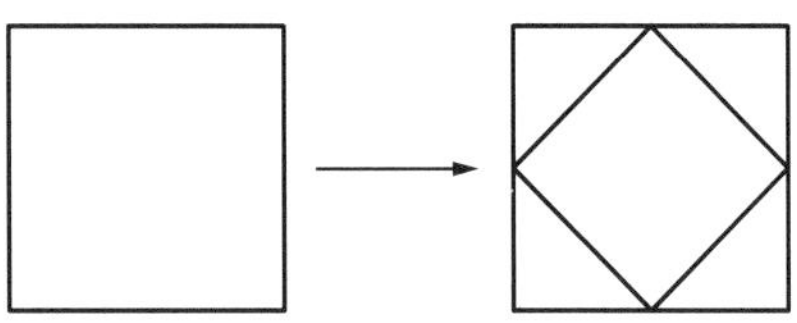

Die Zahlenfolge lautet 1, 5, 17, ...

4 a) individuelle Lösung, z. B.:
- Kästchen: 1, 4, 9, 16, 25, ...
- Randstriche: 4, 8, 12, ...
- Striche: 4, 12, 30, ...

b) individuelle Lösung, z. B.:

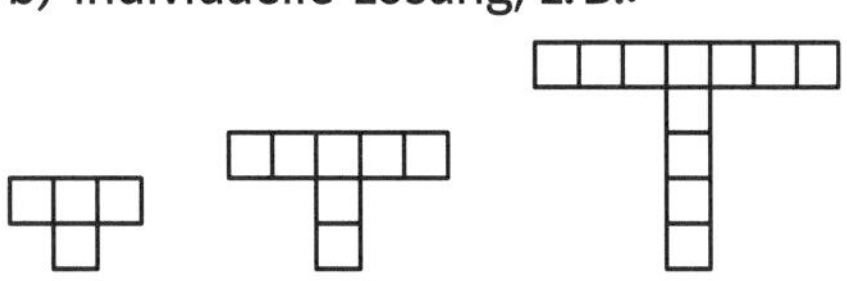

1. Kästchen: 4, 7, 10, ...
2. Randstriche: 10, 16, 24, ...

5 a)

Höhe des Rechtecks	Anzahl Kästchen
1	2
2	6
3	12
4	20
5	30
...	...

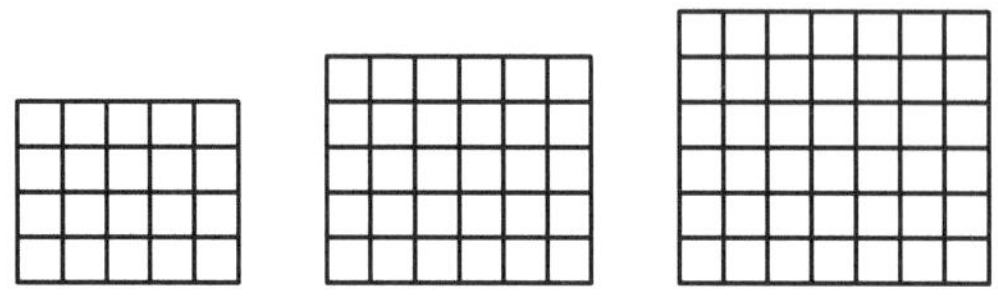

b) Die Zunahme der Anzahl der Kästchen kann durch die Zahlenfolge 2, 4, 6, 8, 10,... beschrieben werden.
c)

Höhe der Figur	Anzahl Kästchen
1	1
2	4
3	9
4	16
5	25
...	...

Die Zunahme der Anzahl der Kästchen wird durch die Folge der Quadratzahlen beschrieben.

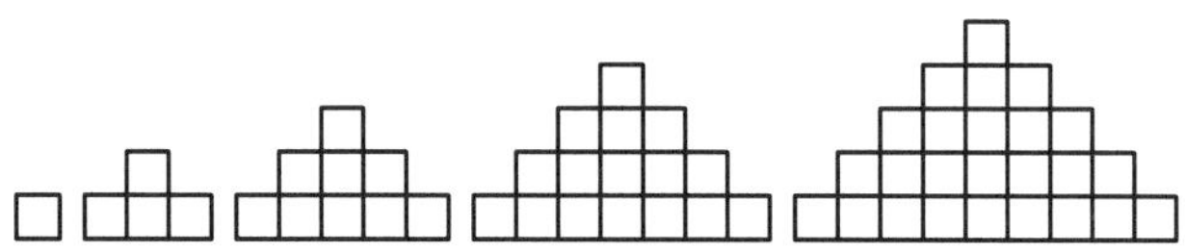

Höhe der Figur	Anzahl Kästchen
1	1
2	3
3	6
4	10
5	15
...	...

Die Zunahme der Anzahl der Kästchen wird durch die Zahlenfolge 2, 3, 4, 5, ... beschrieben.

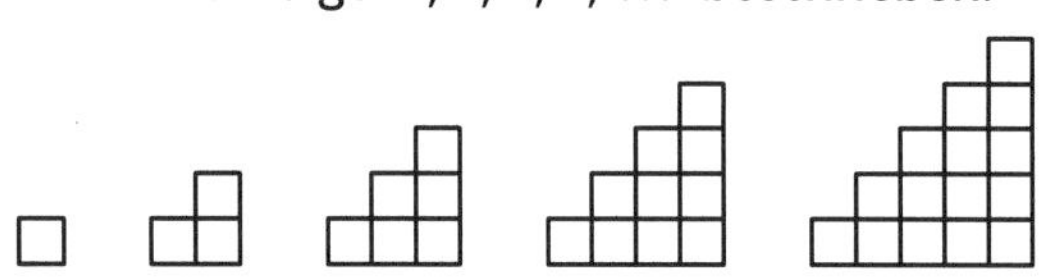

Seite 203

6 a)

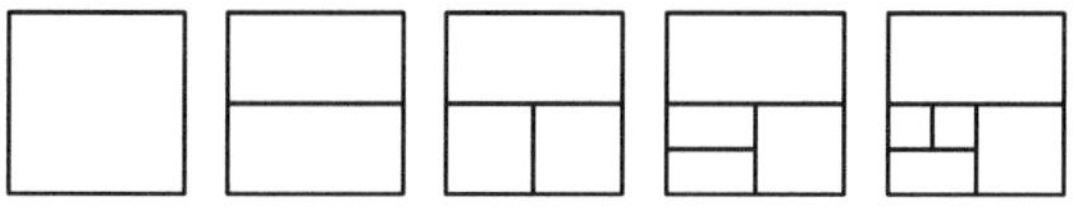

b) individuelle Lösung, z. B. Zahlenfolge:
- Anzahl der Flächen: 1, 2, 3, 4, 5, ...
- Anzahl der Strecken: 4, 7, 10, 13, 16,...
- Anteil der Fläche des kleinsten Quadrats von der Gesamtfläche: $1, \frac{1}{2}, \frac{1}{4}, \frac{1}{8}, \ldots$

7

a) Die Startzahl lautet 180 und es wird immer die Zahl 20 addiert:
180, 200, 220, 240, 260, 280, 300, 320, ...
b) Die Startzahl lautet 360 und es wird immer die Zahl 5 subtrahiert:
360, 355, 350, 345, 340, 335, 330, 325, ...
c) Die Startzahl lautet 612 und es wird abwechselnd die Zahl 3 addiert und die Zahl 10 subtrahiert:
612, 615, 605, 608, 598, 601, 591, 594, 584, 587, ...
d) Hier gibt es mehrere Möglichkeiten:
- Die Startzahl lautet 1 und es wird erst die Zahl 2 addiert, dann die Zahl 4, dann die Zahl 6 usw.:
  1, 3, 7, 13, 21, 31, 43, 57, ...
- Die Startzahl lautet 1. Zuerst wird die Zahl 2 addiert. Anschließend wird die zu addierende Zahl immer verdoppelt:
  1, 3, 7, 15, 31, 63, 127, 255, ...

e) Die Startzahl lautet 0. In jedem Schritt wird die nächst größere ungerade Zahl addiert:
0, 1, 4, 9, 16, 25, 36, 49, 64, 81,...
f) Die Folge besteht abwechselnd aus den Zahlen 0 und 1:
0, 1, 0, 1, 0, 1, 0, 1, ...
g) Die Startzahl lautet 1. Es wird einmal Zwei addiert, dann die zu addierende Zahl um Zwei erhöht. Nun steigt die zu addierende Zahl zweimal um Eins, dann wieder um Zwei, dann dreimal um Eins. Für die Fortführung der Folge wird die zu addierende Zahl also erst um Zwei erhöht, steigt dann viermal um Eins, dann wieder um Zwei, ...:
..., 69, 83, 98, 114, 131, ...
h) Die Startzahl lautet 1. Zuerst wird die Zahl 3 addiert und anschließend die zu addierende Zahl immer verdoppelt:
..., 94, 190, 382, 766, 768, ...
i) Das ist die Folge der Primzahlen:
..., 17, 19, 23, 29, 31, ...

8 individuelle Lösung

9 a) Die Minuten der Abfahrtszeiten zeigen zwei Muster: 10; 20; 30; 40; ... und 28; 38; 48; ...
Einschränkend muss aber angemerkt werden, dass die 18 in der zweiten Zahlenfolge fehlt, bzw. dieses Muster erst auf 28 beginnt.
Ebenso finden sich die beiden Muster in den Minuten der Ankunftszeiten wieder (41, 51, 01, 11, ... und 59, 09, 19, ...), da die Fahrtzeiten immer gleich sind.
b) individuelle Lösung, z.B.:
Die Verbindungen auf 10; 20; 30; 40 werden sich vermutlich im 10-Minuten-Takt fortsetzen. Bei den Verbindungen auf 8 ist dies ungewiss. Hier könnte es folgende Möglichkeiten geben:
- Ab 13:28 fährt alle zehn Minuten ein Bus.
- Der Bus fährt jede Stunde auf 28, 38 und 48.
- Es handelt sich bei diesen Fahrzeiten um einen Spezialfall. Die Busse um 13:28, 13:38 und 13:48 fahren also zusätzlich, obwohl der Fahrplan eigentlich einen 10-Minuten-Takt vorsieht. Diese Extrafahrten könnten z. B. mit dem Schulschluss einer nahe gelegenen Schule zu tun haben, da hier dann viele Schüler, zusätzlich zu den erwarteten Fahrgästen transportiert werden müssten.

c) Die Fahrpläne können unter www.vrr.de abgefragt werden.
Der Hinfahrplan setzt sich aus zwei verschiedenen Verbindungsmöglichkeiten zusammen. Bei der Verbindung auf 0 muss man einmal von der Straßenbahn in die U-Bahn umsteigen. Bei der Verbindung auf 8 muss man von der Straßenbahn in die S-Bahn und von dort aus in die U-Bahn umsteigen. Da die Fahrtzeit beider Möglichkeiten gleich lang ist, gibt die Fahrplanauskunft beide an.
Für die Rückfahrt gibt es auch ein Muster, jedoch unterscheidet es sich von der Hinfahrt. Die Fahrzeit dauert nur 25 Minuten, da beim Umsteigen nicht so lange auf den Anschluss gewartet werden muss. Die Abfahrtszeiten sind immer auf 3, d.h. 13:03, 13:13, ...

10 a)

x	Zahl an der Spitze
2	10
4	14
6	18
8	22
10	26
12	30
14	34
...	...

b) Wenn man Zahlen aus der 3er-Reihe einsetzt, dann erhält man die Zahlenfolge 12, 18, 24, ...
Entsprechend erhält man bei der 4er-Reihe
14, 22, 30, ...
Die Zahlenfolge der 5er-Reihe lautet: 16, 26, 36, ...

Die Startzahl ist immer um 2 größer als bei der letzten Zahl. Die Abstände zwischen den Folgegliedern sind immer doppelt so groß wie der Abstand zwischen den eingesetzten Zahlen. Das liegt daran, dass die eingesetzte Zahl in der zweiten Reihe zweimal addiert wird (Term: $6 + 2 \cdot x$).

11

16	3	2	13
5	10	11	8
9	6	7	12
4	15	14	1

+4 (links, von 5 zu 9) +4 (rechts, von 8 zu 12)

Muster lassen sich in den Differenzen und Summen entdecken.
Alle Zeilen- und Spaltensummen ergeben 34. Da die Differenz zwischen 12 und 8 und zwischen 9 und 5 jeweils 4 ist, muss die Differenz zwischen 13 und 1 genauso groß sein wie die Differenz zwischen 16 und 4.
Wenn man aus den mittleren Kästchen $7 + 10$ und $6 + 11$ addiert, erhält man beide Male 17. Daher muss die Summe der auf den Diagonalen gegenüberliegenden Ecken gleich groß sein.
In ähnlicher Weise lassen sich weitere Zusammenhänge und Muster erkennen.

2 Abhängigkeiten grafisch darstellen

Seite 205

1 Nach dem Start stieg der Ballon schnell. Nach etwa 20 Minuten erreichte er mit 800 m seine größte Höhe, auf der er eine halbe Stunde blieb. Dann verlor er allmählich wieder an Höhe und landete schließlich $1\frac{1}{2}$ Stunden nach dem Start.

2

Monat (Beginn)	0	1	2	3	4	5	6	7	8	9	10	11	12
Geldbetrag in €	25	29	33	37	41	45	49	53	57	61	65	69	73

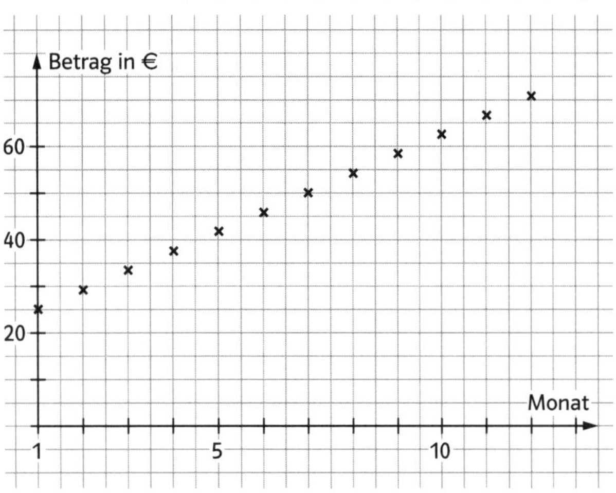

Sie kann das Spiel zu Beginn des 11. Monats kaufen.

Seite 206

3 a)

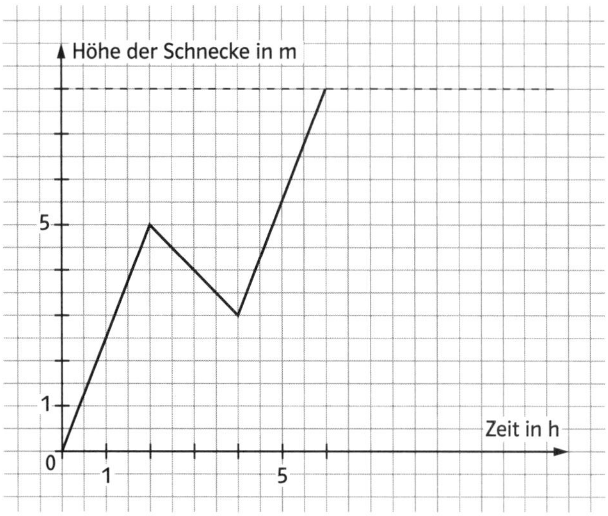

b) Nach 6 Stunden ist sie oben angekommen.

4 a)

Seitenlänge in m	2	3	4	5	6	7	8	9	10
Anzahl der Büsche	8	12	16	20	24	28	32	36	40

Bei 2 m braucht man 8 Büsche. Für jeden weiteren Meter Seitenlänge braucht man 4 weitere Büsche. Oder: Man braucht viermal so viele Büsche wie die Maßzahl der Seitenlänge.
b)

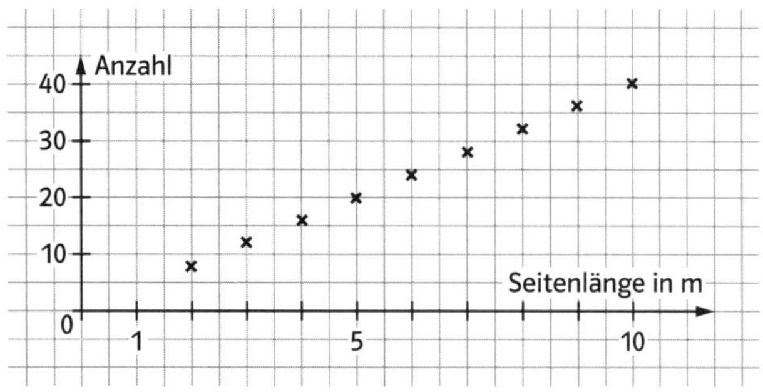

5 a)

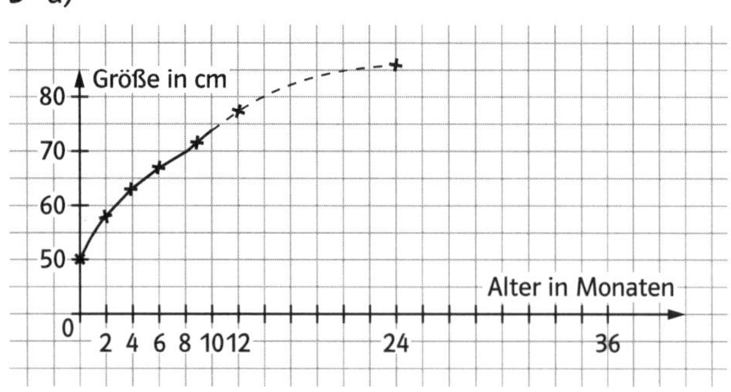

Da sich die Körpergröße im Lauf der Zeit kontinuierlich verändert, ist es sinnvoll, die Punkte miteinander zu verbinden.

b) Das Diagramm verläuft am Anfang am steilsten. Ein Kind wächst also in den ersten Wochen am schnellsten.
c) Ein 24 Monate altes Kind ist schätzungsweise 86 cm groß.
d) Zunahme in den ersten beiden Monaten: 8 cm
Berechnete Größe: 50 cm + 6 · 8 cm = 98 cm.

6 a) Zug 1 startet um 8.40 Uhr in A und fährt dann bis 9.00 Uhr 60 km weit. Nach einem Stopp von 10 min fährt er etwas langsamer weiter bis ca. 10.00 Uhr.
b) Zug 2 und Zug 3 begegnen sich um 9.20 Uhr 100 km von A entfernt.
Zug 2 überholt Zug 1 während dessen Stopp zwischen 9.00 Uhr und 9.10 Uhr.

3 Abhängigkeiten in Termen darstellen

Seite 209

1 a)

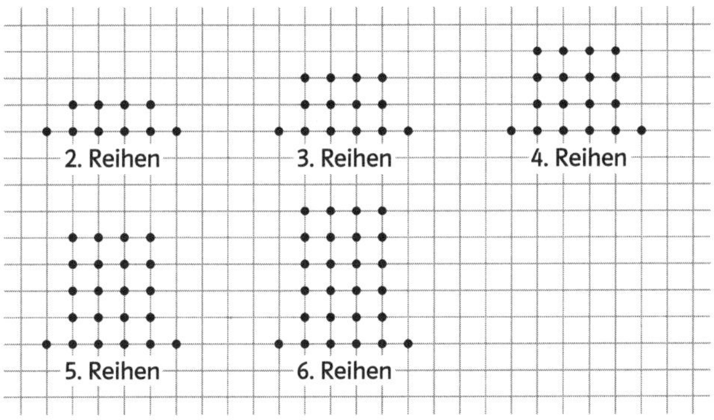

Reihen	Perlenanzahl
2	10
3	14
4	18
5	22
6	26

Mit x für die Anzahl der Reihen erhält man folgenden Term: x · 4 + 2
b) Ein Zylinderhut mit 100 Reihen besteht aus 100 · 4 + 2 = 402 Perlen.

2
12 + ☼ + 2 · ☼ + 9 = 114
→ 3 · ☼ = 93
→ ☼ = 31

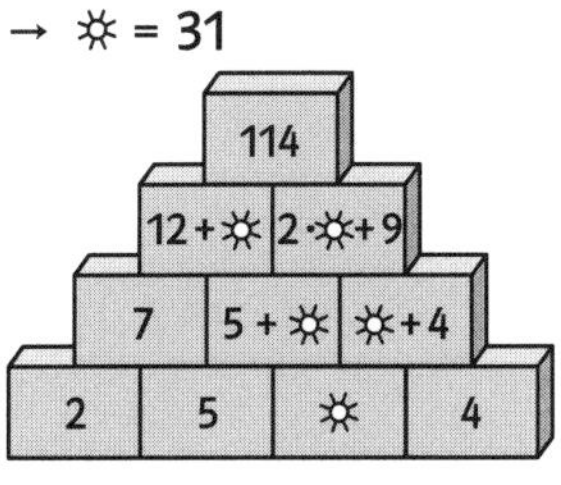

3 182 gehört zu beiden Zahlenfolgen.

4 a) 2 · ☺ + 10 b) ☺ · 3 + 4
c) 3 + 4 · ☺ d) 2 · ☺
e) 12 + ☺ · 3

5 a)

Muster	Anzahl
1	4
2	12
3	24
4	40

b) Mit x als Nummer des Musters erhält man folgenden Term: 2 · x · x + 2 · x = 2 · x · (x + 1)
Das 50. Muster besteht aus 5100 Streichhölzern.

6 a) Die ☼ steht für die Anzahl der hinzu gelegten Quadrate einer Farbe.

☼	Anzahl der Hölzer
1	7
2	12
3	17
4	22

b) 2 + ☼ · 5 und ☼ · 3 + 2 (☼ + 1) beschreiben ein solches Muster.
2 + ☼ · 5 wurde vermutlich durch Ausmultiplizieren und Zusammenfassen von Theos Term gefunden.
☼ · 3 + 2 (☼ + 1) wurde vermutlich durch Ausklammern von 2 aus 2 + ☼ · 5 gefunden.
c) Das Muster ist bei 100 zur Verfügung stehenden Hölzern 19 Doppelquadrate lang. Drei Hölzer bleiben übrig.

Seite 210

7 a)

Häuser	Striche
1	12
2	22
3	32
4	42
10	102

Mit x als Anzahl der Häuser erhält man folgenden Term: $2 + 10 \cdot x$

b) Mit 200 Strichen kann man 19 aneinander gereihte Häuser zeichnen, wobei 8 Striche übrig bleiben.

8 a)

Tage	Gewicht
0	500 g
1	570 g
2	640 g
3	710 g
4	780 g

Aus dieser Tabelle lässt sich folgender Term für das Gewicht in Gramm ermitteln, wobei x dem Alter in Tagen entspricht: $500 + (x \cdot 70)$

b)

m^3	Preis
1	13,70 €
2	15,05 €
3	16,40 €
4	17,75 €
5	19,10 €

Aus dieser Tabelle lässt sich folgender Term für den Preis des Gases ermitteln, wobei x der Anzahl der verbrauchten m^3 entspricht: $12{,}35 + (x \cdot 1{,}35)$

c)

Zeit zwischen Blitz und Donner	Entfernung
6 s	2 km
9 s	3 km
12 s	4 km
15 s	5 km
18 s	6 km

Aus dieser Tabelle lässt sich folgender Term für die Entfernung des Gewitters ermitteln, wobei x der Zeit zwischen Blitz und Donner entspricht: $x : 3$

9

- Paket mit Grundfläche 10 cm x 30 cm:

a) Höhe 10 cm:
$4 \cdot 10\,cm + 4 \cdot 30\,cm + 4 \cdot 10\,cm = 200\,cm$
Höhe 20 cm:
$4 \cdot 10\,cm + 4 \cdot 30\,cm + 4 \cdot 20\,cm = 240\,cm$
b) Term:
$4 \cdot 10\,cm + 4 \cdot 30\,cm + 4 \cdot \square\,cm = 160\,cm + 4 \cdot \square\,cm$,
wobei $\square$ der Höhe des Pakets entspricht

- Paket mit Grundfläche 7 cm x 90 cm:

a) Höhe 10 cm:
$10 \cdot 7\,cm + 2 \cdot 90\,cm + 12 \cdot 10\,cm = 370\,cm$
Höhe 20 cm:
$10 \cdot 7\,cm + 2 \cdot 90\,cm + 12 \cdot 20\,cm = 490\,cm$
b) Term:
$10 \cdot 7\,cm + 2 \cdot 90\,cm + 12 \cdot \square\,cm = 250\,cm + 12 \cdot \square\,cm$,
wobei $\square$ der Höhe des Pakets entspricht.

- Paket mit Grundfläche 10 cm x 45 cm:

a) Höhe 10 cm:
$6 \cdot 10\,cm + 4 \cdot 45\,cm + 6 \cdot 10\,cm = 300\,cm$
Höhe 20 cm:
$6 \cdot 10\,cm + 4 \cdot 45\,cm + 6 \cdot 20\,cm = 360\,cm$
b) Term:
$6 \cdot 10\,cm + 4 \cdot 45\,cm + 6 \cdot \square\,cm = 240\,cm + 6 \cdot \square\,cm$,
wobei $\square$ der Höhe des Pakets entspricht.

10 a) $9{,}95\,€ + 0{,}14\,€ \cdot x$, wobei x der Anzahl der telefonierten Minuten entspricht.
b) $6 \cdot 9{,}95\,€ + 0{,}14\,€ \cdot x = 59{,}70\,€ + 0{,}14\,€ \cdot x$, wobei x der Anzahl der telefonierten Minuten entspricht.

11 a) $3\,cm + 4{,}5\,cm + x\,cm = 7{,}5\,cm + x\,cm$
b)
$U = x\,cm + 4\,cm + (x\,cm - 1{,}5\,cm) + (7{,}5\,cm - 4\,cm) + 1{,}5\,cm + 7{,}5\,cm$
$= 15\,cm + 2 \cdot x\,cm$
$A = (4\,cm \cdot x\,cm) + ((7{,}5\,cm - 4\,cm) \cdot 1{,}5\,cm)$
$= 4 \cdot x\,cm^2 + 5{,}25\,cm^2$
c) $2 + 4 \cdot x = 6 + 4 \cdot (x - 1) = 2 \cdot (x + 1) + 2 \cdot x$ (für $x \neq 0$)
d)
$O = 2 \cdot (7\,dm \cdot 2\,dm) + 2 \cdot (5\,dm \cdot 2\,dm) + 2 \cdot (7\,dm \cdot x\,dm) + 2 \cdot (2\,dm \cdot 2\,dm)$
$= 56\,dm^2 + 14 \cdot x\,dm^2$
$V = 7\,dm \cdot 2\,dm \cdot x\,dm + 2\,dm \cdot 2\,dm \cdot 2\,dm$
$= 14 \cdot x\,dm^3 + 8\,dm^3$

Seite 211

12 a) $30\,€ + x \cdot 3{,}50\,€$, wobei x der Anzahl der Wochen entspricht
b) $U = 2 \cdot 2{,}5 + 2 \cdot 3 + 2 \cdot x = 11 + 2 \cdot x$
$A = 2{,}5 \cdot (x + 3)$

13 a) $2 + 5 \cdot x$ (für $x \neq 0$)
b) Term (4) und Term (6) passen zu dieser Anzahl der Perlen. Wenn man jeweils die Klammer ausmultipliziert erhält man
$2 + 5 \cdot x$ und damit den Term aus Teil a).
c) individuelle Lösung

14 a) Term: $2 + 3x$ (Anzahl der Streichhölzer bei x Kästchen Musterlänge)
Gleichung: $2 + 3x = 86$
Lösungsweg (Rückwärts rechnen): $86 - 2 = 84$; $84 : 3 = 28$
Ergebnis: Man kann das Streichholzmuster mit 86 Streichhölzern 28 Kästchen lang machen.
b) individuelle Lösung

15 Term: $8850 + 0{,}004x$ (Höhe in m des Mount Everest in x Jahren)
1. Höhe 8851 m:
Gleichung: $8850 + 0{,}004x = 8851$
Lösungsweg (rückwärts rechnen):
$8851 - 8850 = 1$; $1 : 0{,}004 = 250$
Ergebnis: In 250 Jahren wird der Mount Everest 8851 m hoch sein.
2. Höhe 8900 m:
Gleichung: $8850 + 0{,}004x = 8900$
Lösungsweg (rückwärts rechnen):
$8900 - 8850 = 50$; $50 : 0{,}004 = 12\,500$
Ergebnis: In 12 500 Jahren wird der Mount Everest 8900 m hoch sein.
3. Höhe 10 000 m:
Gleichung: $8850 + 0{,}004x = 10\,000$
Lösungsweg (rückwärts rechnen):
$10\,000 - 8850 = 1150$; $1150 : 0{,}004 = 287\,500$
Ergebnis: In 287 500 Jahren wird der Mount Everest 10 000 m hoch sein.

4 Rechnen mit dem Dreisatz

Seite 213

1
- Zirkus: Weder ein Je-mehr-desto-mehr-Dreisatz noch ein Je-mehr-desto-weniger-Dreisatz anwendbar. .
- Waschmittel: Je-mehr-desto-mehr-Dreisatz auf die Wäschen anwendbar. Je mehr Wäschen desto mehr Tabs. Der Je-mehr-desto-mehr-Dreisatz lässt sich nicht auf die Verschmutzung der Wäsche anwenden.
- Schiffschaukel: Je-mehr-desto-mehr-Dreisatz anwendbar. Je länger geschaukelt wird desto höher der Fahrpreis.
- Fallschirmsprung: Je-mehr-desto-mehr-Dreisatz bedingt anwendbar, da die Fallgeschwindigkeit erst nach ein paar Sekunden konstant auf etwa 55 m/s bleibt.

Seite 214

2 a) Annahme: Kein Sonderangebot für z. B. 10 Brötchen. Acht Brötchen kosten 2,24 €.
b) Annahme: Charlotte löst jede Übungsaufgaben in etwa der gleichen Zeit oder alle Übungsaufgaben sind gleich schwer und benötigen die gleiche Bearbeitungszeit. Sie wird 45 Minuten für alle 18 Übungsaufgaben brauchen.
c) Annahme: Die zwei Cousinen tragen genauso schnell aus wie Konrad mit einer seiner Schwestern. Zusammen brauchen sie nur 30 Minuten.

3 individuelle Lösung

4 Volumen berechenbar beim 1., 3. und 4. Gefäß.

Seite 215

5 a) 15,0 l b) 850 km

6 Nach 5 Tagen bräuchten 3 Bagger noch 20 Tage. Die Grube soll aber in 15 Tagen fertig sein. Bei 20 Tagen braucht man 3 Bagger. Bei 5 Tagen braucht man 12 Bagger. Bei 15 Tagen braucht man 4 Bagger. Ab dem 6. Tag muss er einen Bagger mehr einsetzen.

7 a) Mit Je-mehr-desto-mehr-Dreisatz berechenbar.

2	4	6	8	10	32
3	6	9	12	15	48

b) Kein Dreisatz anwendbar, dennoch berechenbar („obere Zahl + 3").

2	4	6	8	10	16
5	7	9	11	13	19

c) Mit Je-mehr-desto-weniger-Dreisatz berechenbar.

2	4	6	8	10	30
60	30	20	15	12	4

8 Neues Brötchengewicht: 38 g.
Sie könnte 1000 Brötchen herstellen.

9 Eine Portion wäre 456 g schwer gewesen.

10

Streckenlänge in m	Höhenunterschied in m
50 000	17
1	0,000 34
275	0,093 5

Der Höhenunterschied beträgt also etwas weniger als 10 cm.

Seite 216

11 Anzahl der Teilnehmer: 442
Berechnung der Winkelweiten im Kreisdiagramm mithilfe eines Je-mehr-desto-mehr-Dreisatzes.

Sportart	Leichtath.	Wasser	Rudern	Rad	Ball	Rest
Winkelweite	64°	48°	40°	19°	69°	120°

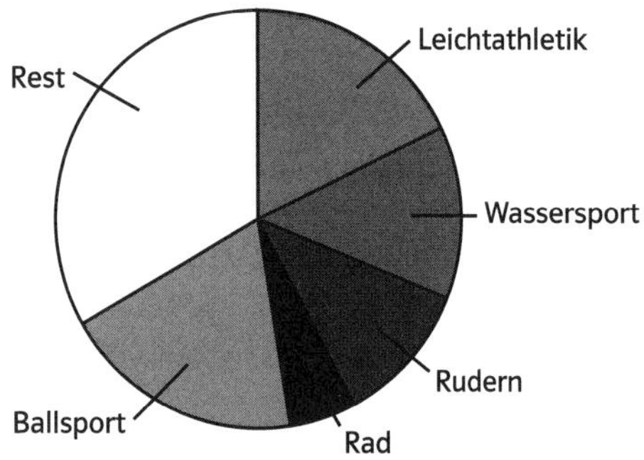

12 a)

Land	USA	China	Japan	Russland
Höhe in cm	10	2,9	2,8	1,4
Land	Deutschland	Italien	Spanien	Niederlande
Höhe in cm	1,4	1,0	0,8	0,5

b) Verbrauch Saudi-Arabien: ≈ 67 Millionen Tonnen.
c)

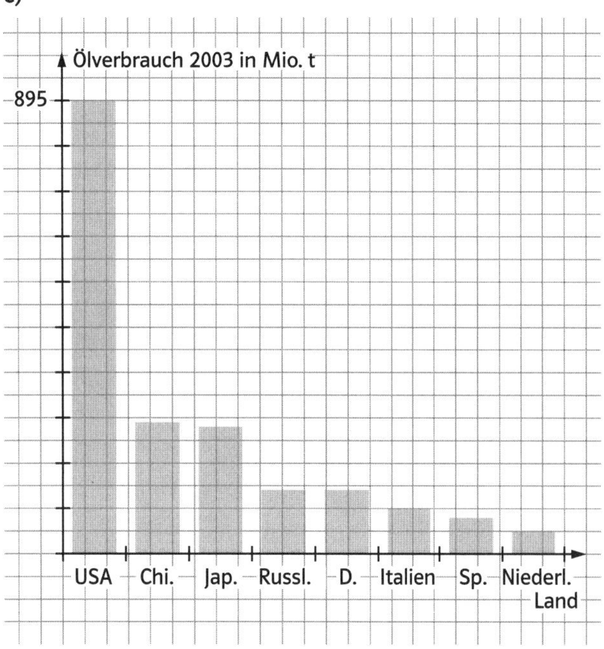

13 a)

Frucht	Erdbeer	Kiwi	Orange	Banane	Apfel
Gewicht in g	125	81	150	750	938

b) 614 g Bananen

14 a) 62,4 km b) 27,5 Stunden

15 20 m Kabel wiegen 6,5 kg – 4,9 kg = 1,6 kg.
50 m Kabel wiegen 4,0 kg. Die Trommel allein wiegt also 6,5 kg – 4,0 kg = 2,5 kg.

16 Es ist kein Dreisatz anwendbar. Beispiel:

1. Größe	0	10	20	30	40
2. Größe	8	10	12	14	16

Es gibt aber einen Sonderfall, in dem ein Dreisatz anwendbar ist:

1. Größe	0	10	20	30	40
2. Größe	0	2	4	6	8

17 individuelle Lösung
Beispielrechnung:
Zeit für 100 cm³: 2 min
Wasserverlust pro Woche: 504 l
Geldverlust pro Jahr (bei ca. 4 € pro m³): ≈ 100 €

Wiederholen – Vertiefen – Vernetzen

Seite 217

1 a)

x	oberste Zahl
2	8
4	12
8	20
16	36
32	68
...	...

Zahlenfolge: 8, 12, 20, 36, 68, ...
b)

x	oberste Zahl
2	10
4	14
8	22
16	38
32	70
...	...

Zahlenfolge: 10, 14, 22, 38, 70 ...

Die Zahlenfolgen verlaufen nach dem gleichen Prinzip. Nur ihre Startzahlen sind verschieden, nämlich bei b) um zwei größer als bei a).

2 Erste Zeile: Fibonacci-Zahlen (siehe Exkursion Fibonacci)
Zweite Zeile: Nächste Zahl = Vorherigen Zahl + 4.
Dritte Zeile: Nächste Zahl = Vorherige Zahl +

3 Die Zahlenfolge lässt sich mit dem Term $4 + 6 \cdot x$ beschreiben.
$4 + 6 \cdot 94 = 568 < 569$ und $4 + 6 \cdot 95 = 574 > 569$.
Die Zahl 569 kommt nicht in der Zahlenfolge vor.

4
a)

•	1	2	3	4	5
1	1	2	3	4	5
2	2	4	6	8	10
3	3	6	9	12	15
4	4	8	12	16	20
5	5	10	15	20	25

↓

1	0	1	0	1
0	0	0	0	0
1	0	1	0	1
0	0	0	0	0
1	0	1	0	1

→

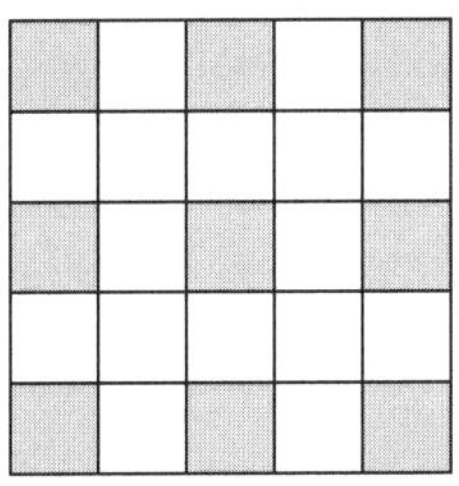

b) Das Farbmuster sieht genauso aus, da gerade Zahlen bei Division durch 4 genau wie bei der Division durch 2 einen geraden Rest haben. Entsprechend gibt es bei der Division einer ungeraden Zahl durch 4 die Reste 1 und 3, die jeweils ungerade sind.
c)

•	1	2	3	4	5
1	1	2	3	4	5
2	2	4	6	8	10
3	3	6	9	12	15
4	4	8	12	16	20
5	5	10	15	20	25

1	2	3	4	5
2	4	6	1	3
3	6	2	5	1
4	1	5	2	6
5	3	1	6	4

→

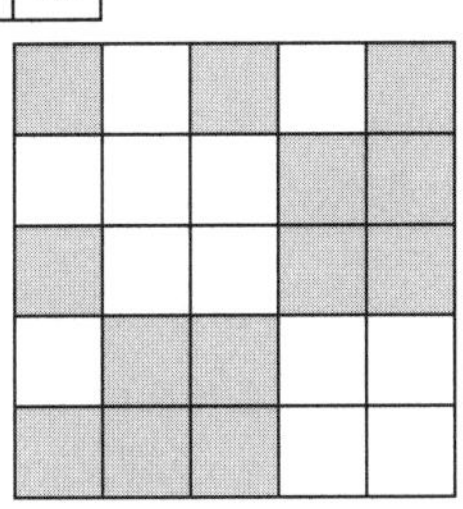

d) individuelle Lösung
e) individuelle Lösung

5 a) Die Zeilensummen, die Spaltensummen und die Summen der Diagonalen betragen jeweils 33.
b) individuelle Lösung, z. B.: Das magische Quadrat stellt in allen Summen die Lebenszeit Jesus (33 Jahre) dar. Dies könnte der Grund dafür sein, dass es in der „Sagrada familia" dargestellt ist.

Seite 218

6 a) individuelle Lösung, z. B.:
Das Diagramm stellt die Fahrt in einem Heißluftballon dar. Auf der x-Achse ist die zurückgelegte Strecke eingetragen und auf der y-Achse die Höhe. Im Ursprung des Koordinatensystems startet der Heißluftballon. Er nimmt an Höhe zu, bis er sich in gewünschter Fahrthöhe befindet. Plötzlich gibt es ein kleines Luftloch. Der Heißluftballon verliert kurzzeitig gering an Höhe und wird gleich danach zur Sicherheit etwas höher geflogen. Dann lässt man die Höhe langsam wieder abnehmen. Zum Ende der Reise hin wird der Heißluftballon noch einmal besonders hoch geflogen bevor er immer mehr an Höhe verliert, bis er schließlich landet.
b)

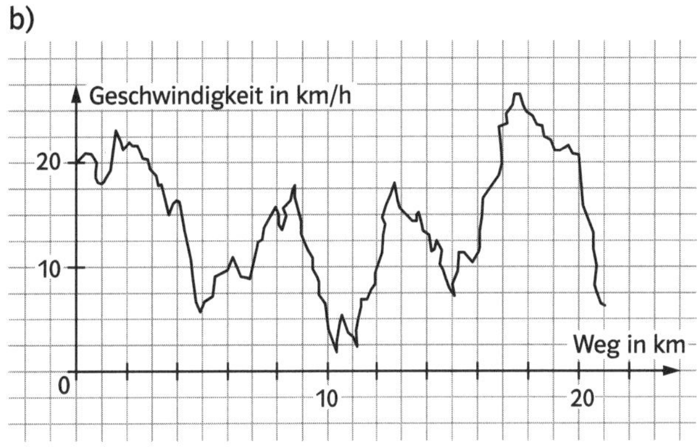

7 individuelle Lösung, z. B.: Tims Schulweg ist 1 km lang und damit 400 m länger als Janas Schulweg. Die beiden gehen gleichzeitig los. Tim geht schneller als Jana, er macht nach 200 m jedoch eine Pause von ca. 7 Minuten. Danach geht er weiter. Jana hingegen geht den ganzen Weg in gleichem Tempo. Um 7:38 Uhr kreuzen sich die beiden Graphen, was bedeutet, dass Tim und Jana aufeinander treffen. Da Tim schneller geht als Jana, ist er nach dem Aufeinandertreffen schneller in der Schule angekommen. Tim und Jana sind sich also auf dem Schulweg begegnet, aber Jana scheint dies nicht wahrgenommen zu haben.

8 a)

Winkelweite in Grad	10	20	30	45	60
Länge des Balkens in m	6,1	6,4	6,9	8,5	12,0

b)

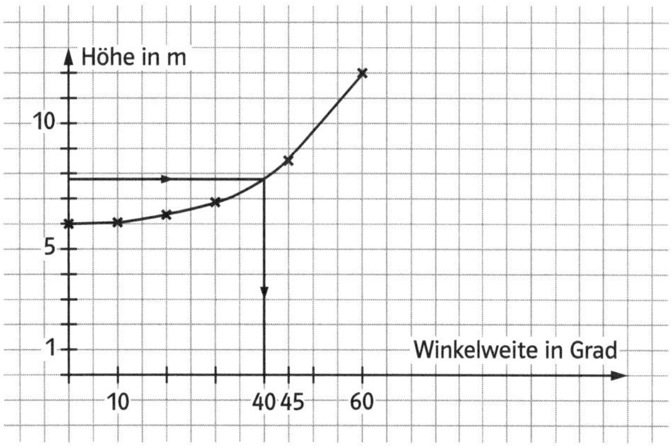

Da jeder Anstellwinkel zwischen 0° und 60° möglich ist, ist es sinnvoll, die Punkte zu verbinden.
Der 7,8 m lange Balken schließt mit der Mauer einen Winkel von ca. 40° ein.

9 a) $5 + 30 \cdot x$, wobei x der Anzahl der gesegelten Stunden entspricht.
b)

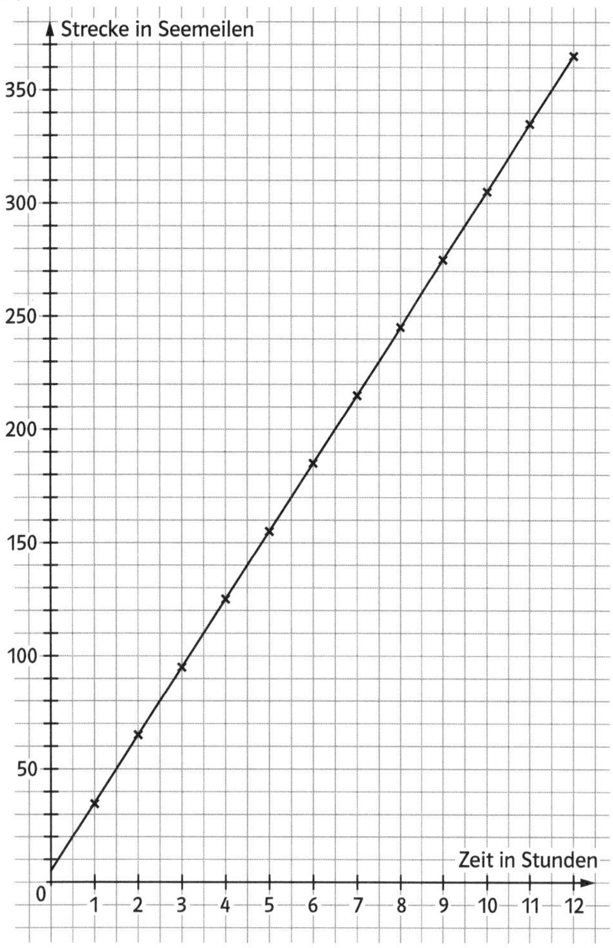

Seite 219

10 a) $320 \cdot 0{,}20 = 64$. Ida muss 64 ct bezahlen.
b) $(265 - 15) \cdot 0{,}20 = 50$. Joscha muss 50 ct bezahlen.
c) $(x - 15) \cdot 0{,}2$, wobei x dem von der Waage gemessenen Gesamtgewicht entspricht.
d) $(x - 15) \cdot 0{,}2 = 270$
$x - 15 = 1350$
$x = 1365$
Bei Lilo darf die Waage höchstens 1365 g anzeigen.

11 a) $4\frac{5}{18}$ Meter (Es ist ein Je-mehr-desto-weniger-Dreisatz.)
b) 11 250 m 20 250 m
c) 4 250 dz Küchenabfälle; ≈ 354 dz Brot
d) 20 Fuhren (letzte Fuhre nicht voll)
e) 1 Stunde f) 4,56 €

12 Schreiner Hobel bei der Rechnung gerundet. Wenn er genau 1,3 ct pro Nagel zahlen würde, kosten 5000 Nägel 65 €.

13 a) Volumen Planschbecken: $336\,dm^3$
Volumen von zwei Eimern: $2 \cdot 21\,dm^3 = 42\,dm^3$
$336\,dm^3 : 42\,dm^3 = 8$.
Der Vater musste 8-mal mit zwei Eimern laufen.
b) Volumen von drei Eimern = $63\,dm^3$
Noch zu füllende Menge:
$336\,dm^3 - 84\,dm^3 = 252\,dm^3$
$252\,dm^3 : 63\,dm^3 = 4$.
Beide mussten noch 4-mal laufen.

Exkursion: Fibonacci

Seite 220

- $3 + 5 = 8$
  $5 + 8 = 13$
  $8 + 13 = 21$
  $13 + 21 = 34$
  $21 + 34 = 55$
  …
- Nach einem Jahr gibt es 144 Kaninchenpaare.

Seite 221

- Die Kaninchenforschung hat deshalb sehr viel mit der Erfindung der Fibonacci-Zahlen gemeinsam, da sich die Kaninchenpaare von Monat zu Monat entsprechend der Fibonacci-Zahlenfolge vermehren:
  Hat man am Anfang ein frisch geborenes Kaninchenpärchen, so dauert es zwei Monate, bis es den ersten Nachwuchs bekommt. Man erhält also zweimal die Eins. Nach zwei Monaten kommt der erste Nachwuchs. Im dritten Monat hat man also die Zwei. Der Nachwuchs be-

kommt im nächsten Monat noch keinen eigenen Nachwuchs, sodass nur das alte Kaninchenpaar Nachwuchs bekommt. Man erhält also die Drei. Nun bekommt aber der erste Nachwuchs selber schon Nachwuchs, sodass die Zahl der Kaninchenpaare um zwei steigt. Man erhält also die Fünf. Im nächsten Monat bekommt dann auch der zweite Nachwuchs selber Nachwuchs, sodass nun insgesamt drei Kaninchenpaare Nachwuchs bekommen. Man erhält also die Acht. In dieser Weise geht es immer weiter und man erkennt, dass die Folge der Fibonacci-Zahlen tatsächlich die Anzahl der Kaninchenpaare angibt.

Forschungsauftrag 1:
Wenn du die ersten sieben Zahlen zusammenzählst und eine Eins dazu addierst, erhältst du auch wieder eine Fibonacci-Zahl.
Wenn du die ersten acht Zahlen zusammenzählst und eine Eins dazu addierst, erhältst du auch wieder eine Fibonacci-Zahl.
...
Dies ist allgemein gültig:
Wenn du die ersten x Zahlen zusammenzählst und eine Eins dazu addierst, erhältst du auch wieder eine Fibonacci-Zahl.
Für x kann jede beliebige Zahl eingesetzt werden.

Forschungsauftrag 2:
Addiert man immer jede zweite Fibonacci-Zahl, so kann man abhängig davon mit der wievielten Fibonacci-Zahl man startet, verschiedene Regelmäßigkeiten feststellen. Diese Regelmäßigkeiten gelten immer unabhängig davon, wie viele Zahlen man dazu nimmt:
- Startet man mit der ersten Zahl, so muss zum Schluss keine Zahl addiert werden, um wieder eine Fibonacci-Zahl zu erhalten.
- Startet man mit der zweiten Zahl, so muss zum Schluss eine **Eins** addiert werden, um wieder eine Fibonacci-Zahl zu erhalten.
- Startet man mit der dritten Zahl, so muss zum Schluss eine **Eins** addiert werden, um wieder eine Fibonacci-Zahl zu erhalten.
- Startet man mit der vierten Zahl, so muss zum Schluss eine **Zwei** addiert werden, um wieder eine Fibonacci-Zahl zu erhalten.
- Startet man mit der fünften Zahl, so muss zum Schluss eine **Drei** addiert werden, um wieder eine Fibonacci-Zahl zu erhalten.
- ...
  (Diese Regelmäßigkeiten lassen sich also wieder aus der Folge der Fibonacci-Zahlen ableiten.)

Forschungsauftrag 3:
- individuelle Lösung
- verschiedene Möglichkeiten: z. B.
  4, 8, 12, 20, ...
  6, 7, 13, 20, ...
- Die Zahlen, die sich in vier Schritten erzeugen lassen, sind durch die ersten beiden Zahlen einer Folge bestimmt:
  Man erhält die vierte Zahl, indem man die Summe der ersten beiden Zahlen zu der zweiten Zahl addiert.
  Die Zahlen, die sich in fünf Schritten erzeugen lassen, sind durch die ersten drei Zahlen einer Folge bestimmt: Man erhält die fünfte Zahl, indem man die Summe der ersten drei Zahlen zu der zweiten Zahl addiert.

individuelle Lösung z. B.: http://www.mathekiste.de/fibonacci/sonnenblume.htm:
Die Einzelblüten der Sonnenblumen bilden zwei Systeme von Spiralen, die vom Mittelpunkt ausgehen. Es sind meistens 55 rechtsdrehende und 34 linksdrehende Spiralen. Seltener sind Arten mit 21 und 34 Spiralen. Eine Riesensonnenblume hat 144 und 233 Spiralen. Diese Zahlen sind jeweils Fibonacci-Zahlen.
Ein ähnliches Phänomen tritt bei Tannenzapfen auf.
Bei der Margerite sind es 21 und 13 Spiralen, die vom Mittelpunkt ausgehen. Auch hier sind die Anzahlen der Spiralen Fibonacci-Zahlen.

VIII Sachthema: Olympia

Wie fing alles an?
Die Olympischen Spiele der Antike.

Seite 226

? Fünfkampf: Reiten, Schwimmen, Laufen, Schießen, Fechten

? Gymnische Wettkämpfe: Laufwettbewerbe (Kurzstrecken-, Langstrecken-, Waffenlauf), antiker Fünfkampf, Schwerathletik (Ringkampf, Faustkampf, Pankration)
Hippische Wettkämpfe: Galopprennen, Wagenrennen (Zwei-, Viergespann)

? Heutige Diskusscheibe: Männer 2 kg, Frauen 1 kg

? Fuß des Herakles ca. 32 cm (Schuhgröße 48)
Reitbahn ca. 770 m
12 Runden ca. 9 km
(Hinweis: In der Literatur findet man dazu unterschiedliche Angaben)

? Zeitleiste: individuell
Zu beachten sind der Start der neuen Spiele 1896 und die Pause ab 393 n. Chr.

Seite 227

? individuelle Lösung

? 1. Olympiasieger: Koroibos aus Elis;
einziger Wettbewerb: Stadionlauf
Ermittlung: Ausscheidungsverfahren

Der Marathonlauf

Seite 228

? Vergleiche
Baldini war 47:55 min schneller als Louis.
Lopez war 1:34 min schneller als Baldini.

? 1896 – 1956

? individuell, z. B. Durchschnittsgeschwindigkeiten vergleichen, Laufzeiten in einem Diagramm veranschaulichen, Verlauf interpretieren; Zeiträume mit ähnlichen Laufzeiten festlegen und interpretieren (z. B. 1896–1908, 1912–1948 ...)

? Durchschnittsgeschwindigkeiten

Abschnitt	0–5 km	5–10 km	10–15 km	15–20 km	20–25 km
Geschw.	18,8 $\frac{km}{h}$	18,8 $\frac{km}{h}$	18,3 $\frac{km}{h}$	19,2 $\frac{km}{h}$ ①	18,5 $\frac{km}{h}$ ②

Abschnitt	25–30 km	30–35 km	35–40 km	40–42,195 km
Geschw.	19,1 $\frac{km}{h}$	20,3 $\frac{km}{h}$ ③	21,1 $\frac{km}{h}$	21,6 $\frac{km}{h}$

Zunächst gleichmäßige Laufgeschwindigkeit in der Ebene. ① Leichtes Gefälle ② Anstieg ③ Gefälle bis zum Ziel (km 30: höchster Punkt der Strecke)

Seite 229

? Z. B. Laufzeiten nahmen von 1970 bis ca. 1980 stark ab, von 1980 bis 1990 ist die Abnahme nicht mehr so deutlich, ab 1990 stabilisieren sie sich.

? Entwicklung der Olympiazeiten

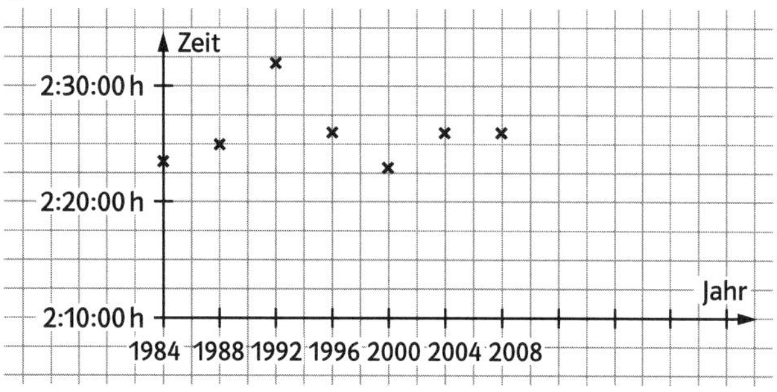

Die Olympiazeiten sind höher als die Weltbestzeiten. Sie haben sich nicht stabilisiert.

? Annahme: M. Noguchi läuft an 30 Tagen 12 km, an 10 Tagen 40 km, an 20 Tagen Tempoeinheiten mit 20-mal 1000 m (an den Tagen, an denen sie keine 40 km läuft).

? Dann läuft sie ca. 1160 km im Monat. Sie bräuchte für eine Erdumrundung ca. 35 Trainingsmonate.

? Durchschnittsgeschwindigkeiten

10 000 m	21,1 km	30 km	Marathon
19,1 $\frac{km}{h}$	18,7 $\frac{km}{h}$	18,2 $\frac{km}{h}$	17,9 $\frac{km}{h}$

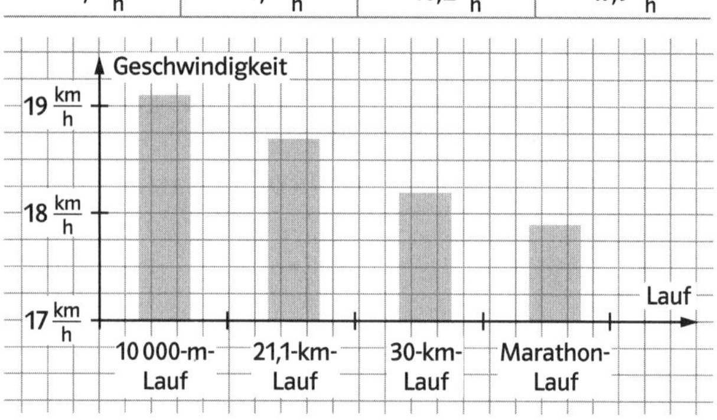

Läufe im Olympiastadion

Seite 230

? Diagramm Siegerzeiten

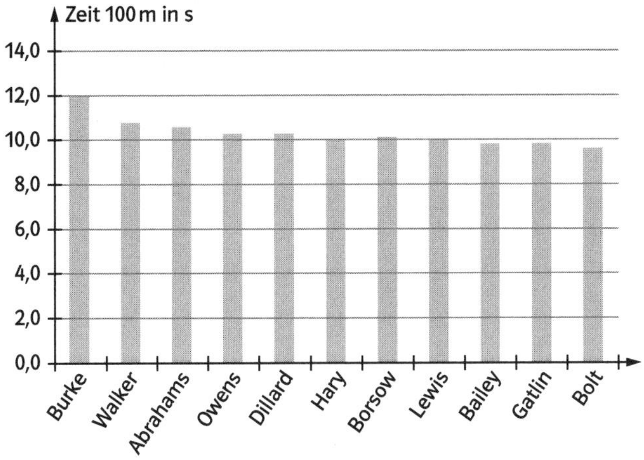

Zur Berechnung der Geschwindigkeiten muss man überlegen, wie viele km der jeweilige Olympiasieger in einer Stunde (3600 s) laufen würde, wenn er gleich schnell weiterlaufen würde. Das kann man mit dem „Je-mehr-desto-mehr"-Dreisatz berechnen. Für Thomas Burke ergibt sich z. B.:

Zeit (in s)	Gelaufene Strecke (in m)
12,00	100
1	100 : 12,00
3600	(100 : 12,00) · 3600 = 30 000

Die Durchschnittsgeschwindigkeit bei Thomas Burke war also ca. 30 km/h.
Man erhält folgende Durchschnittsgeschwindigkeiten:

Jahr	1896	1908	1924	1936	1948
Name	Burke	Walker	Abrah.	Owens	Dillard
Zeit (in s)	12,0	10,8	10,6	10,3	10,3
Geschw. (in km/h)	30,00	33,33	33,96	34,95	34,95

Jahr	1960	1972	1984	1966	2004	2008
Name	Hary	Borsow	Lewis	Bailey	Gatlin	Bolt
Zeit in s	10,0	10,14	9,99	9,84	9,85	9,69
Geschw. in km/h	36,00	35,50	36,04	36,59	36,55	37,15

Diagramm Durchschnittsgeschwindigkeiten

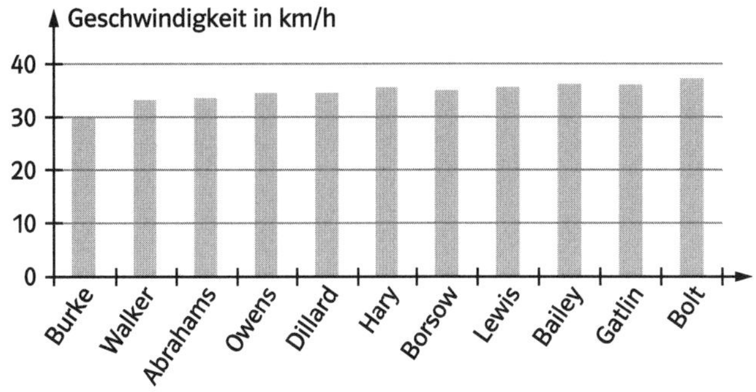

?

Lebewesen	Eisbär	Hausmaus	Katze
Zeit (in s) über 100 m	5,56	30	7,5
Geschwindigkeit (in km/h)	64,75	12	48

Lebewesen	Gepard	Elefant	Mensch
Zeit (in s) über 100 m	3,0	9,23	9,69
Geschwindigkeit (in km/h)	120	39	37,15

? U. Bolt benötigt nur $\frac{9{,}69}{12}$ der Zeit von T. Burke. Wenn Bolt im Ziel ist, hat er einen Vorsprung von 19,25 m. (Burke läuft in 9,69 s nur (100 : 12) · 9,69 ≈ 81 m).

Seite 231

? Die Marathonstrecke ist 42 195 m lang.
Wenn Shelly-Ann Fraser gleich schnell weiterlaufen könnte wie über 100 m, so könnte man ihre Marathonzeit mit dem „Je-mehr-desto-mehr"-Dreisatz berechnen. Es ergäbe sich
(10,78 s : 100 m) · 42 195 m
= 4548,621 s = 1 h 15 min 48,621 s.
Tirunesh Dibaba würde bei gleich bleibendem Tempo über die Marathonstrecke die Zeit
(1794,66 s : 10 000 m) · 42 195 m ≈ 7572,57 s
= 2 h 6 min 12,57 s laufen

? Laufzeiten für die verschiedenen Strecken im Vergleich

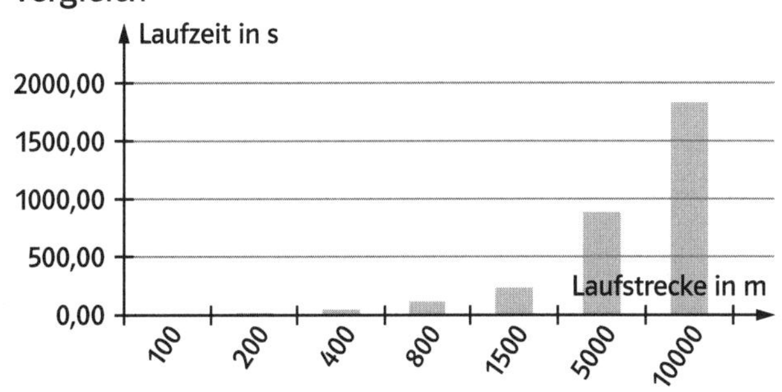

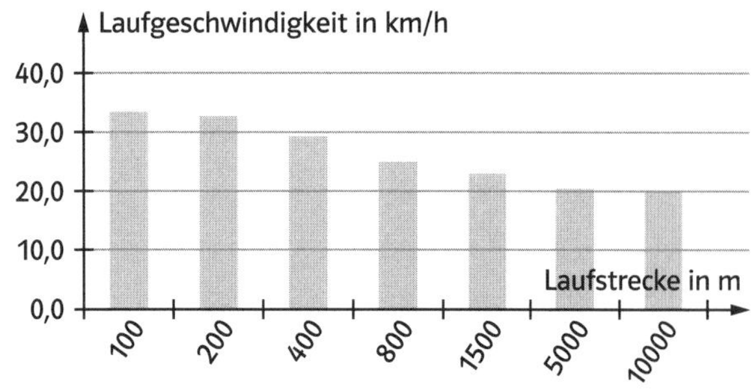

? Nein, bei den Laufzeiten über die verschiedenen Strecken kann man nicht mit dem „Je-mehr-desto-mehr"-Dreisatz rechnen. Zum Beispiel braucht die Olympiasiegerin für 800 m nicht 8 · 10,93 s = 87,44 s = 1:27,44 min, sondern 1:56,38 min.
Durch Ermüdung braucht man für die doppelte Strecke mehr als das Doppelte. (Ausnahme: Für 200 m braucht man fast exakt das Doppelte wie für 100 m; bei 100 m spielt der Start eine große Rolle.)

? Länge der gekrümmten Bahn:
$2 \cdot \pi \cdot 31{,}831\,m \approx 200\,m$
Gerader Bahnabschnitt: $2 \cdot 100\,m = 200\,m$
Gesamtlänge der Bahn = 400 m

? Die Rundenzahlen für die Laufstrecken und die Startpositionen sind in der Tabelle enthalten. Dabei bedeutet:
BZG: Beginn Zielgerade; **EZG:** Ende Zielgerade; **BGG:** Beginn Gegengerade; **EGG:** Ende Gegengerade (siehe die Zeichnung zur letzten Frage).

Strecke	100 m	200 m	400 m	800 m
Rundenzahl	$\frac{1}{4}$	$\frac{1}{2}$	1	2
Startposition	BZG	EGG	EZG	EZG

Strecke	1500 m	3000 m	5000 m	10 000 m
Rundenzahl	$3\frac{3}{4}$	$7\frac{1}{2}$	$12\frac{1}{2}$	25
Startposition	BGG	EGG	EGG	EZG

? Länge der Innenseite der verschiedenen Bahnen und Länge der Kurvenvorgaben für den 400-m-Lauf (die letzte Zeile der Tabelle gehört zur Zeichnung des Stadions unten):

Bahn	1	2	3	4
Radius (in m)	31,831	32,831	33,831	34,831
Bahnlänge (in m)	400,00	406,28	412,57	418,85
Kurven-vorgabe (in m)	0,00	6,28	12,57	18,85
Winkel	0°	11,0°	21,3°	31,0°

Bahn	5	6	7	8
Radius (in m)	35,831	36,831	37,831	38,831
Bahnlänge (in m)	425,13	431,42	437,70	443,98
Kurven-vorgabe (in m)	25,13	31,42	37,70	43,98
Winkel	40,2°	48,9°	57,1°	64,9°

Beim 800-m-Lauf erhält man die halbe Kurvenvorgabe, da man nach 200 m auf die Innenbahn wechseln darf.
Die Kurvenvorgaben beim 200-m-Lauf sind halb so groß wie beim 400-m-Lauf, da man nur eine und nicht zwei Kurven in Bahnen läuft.

? Die besten Bahnen beim 400-m-Lauf sind die Bahnen 4 und 5. Auf den Innenbahnen ist der Kurvenradius klein, dadurch entstehen große Fliehkräfte und man muss sich stark in die Kurve legen, was die Laufgeschwindigkeit senkt. Auf den Außenbahnen hat man zwar einen großen Kurvenradius, dafür sieht man die Gegner nicht, da diese durch die Kurvenvorgabe zunächst hinter einem liegen.

? Man kann versuchen die Kurvenvorgaben ungefähr einzuzeichnen. Für eine exakte Zeichnung müsste man mit dem Dreisatz die Winkel $\alpha_1, \alpha_2 \ldots$ berechnen (siehe Zeichnung). Die Winkel stehen oben in der letzten Zeile der Tabelle. Man berechnet z. B. α_1 so:
Länge der Innenseite der Kurve von Bahn 2 ist $\pi \cdot 32{,}831\,m = 103{,}14\,m$, das entspricht einem Winkel von 180°. Die Kurvenvorgabe 6,28 m entspricht dem Anteil $\frac{6{,}28}{103{,}14} \approx 6{,}1\,\%$ der Kurve. Das ergibt den Winkel $0{,}061 \cdot 180° = 11{,}0°$.

?

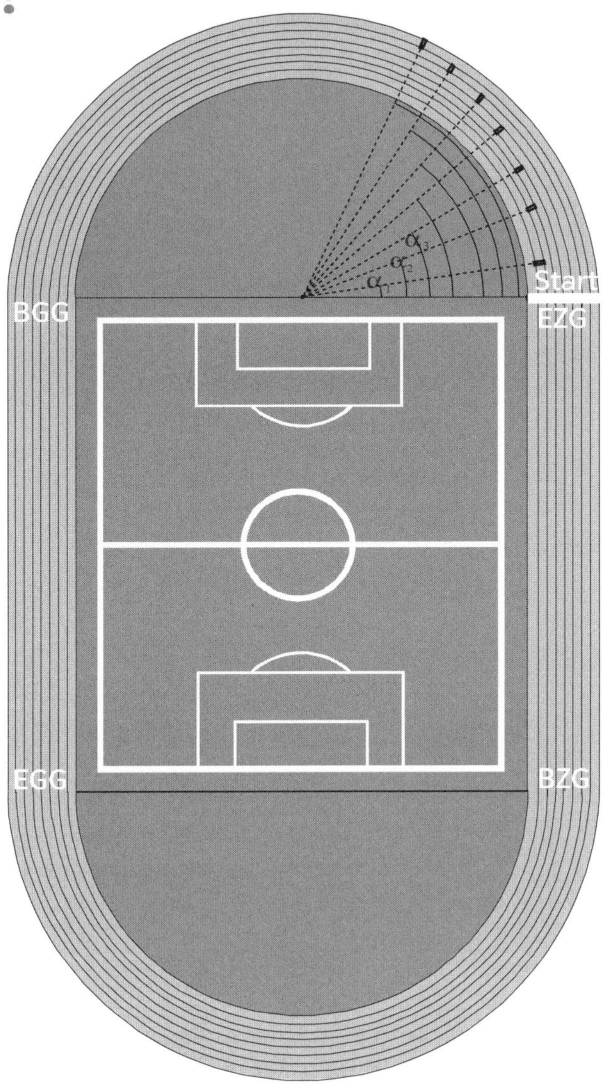

? Weitsprung Olympiasiege im Vergleich

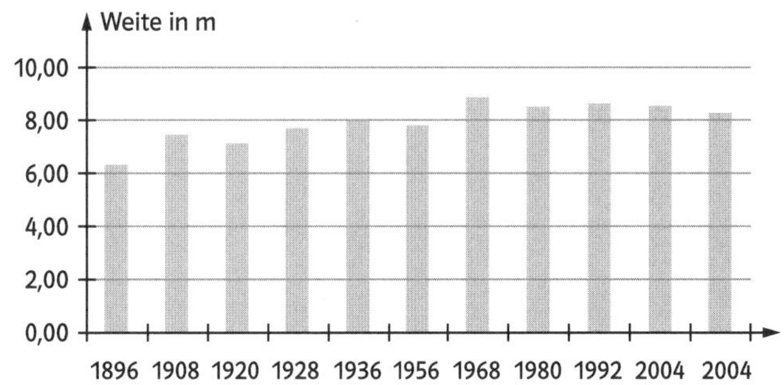

?

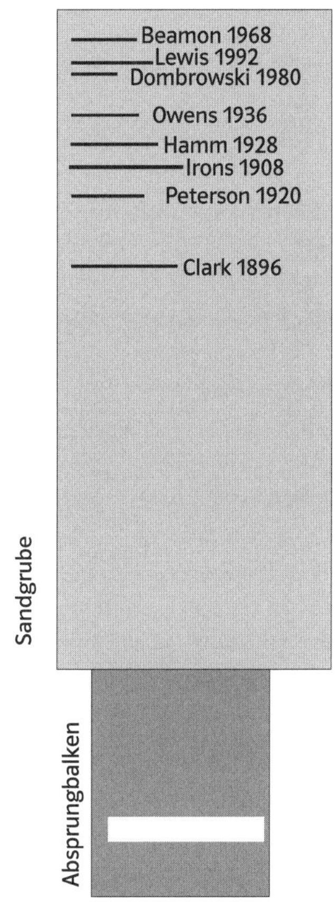

Höhen und Weiten

Seite 232

?

Olympiasieger Weitsprung Tabelle

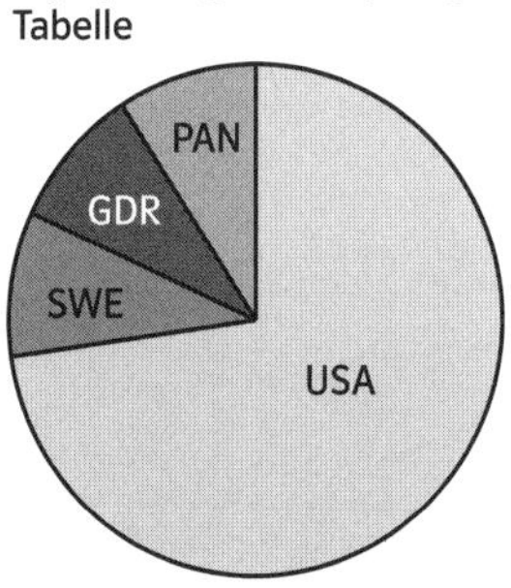

Olympiasieger Weitsprung gesamt

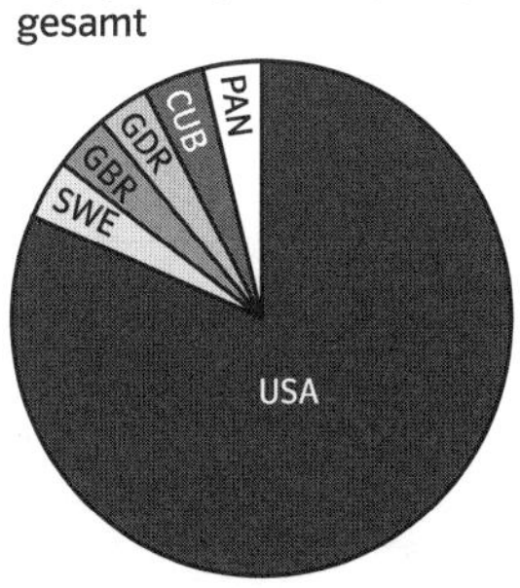

? Bob Beamon sprang 1968 fast einen Meter weiter als alle Olympiasieger vor ihm, einen halben Meter weiter als der damalige Weltrekord. Bis heute ist sein Sprung olympischer Rekord und wurde überhaupt erst einmal (von Mike Powell 1991 mit 8,95 m) knapp übertroffen.

Seite 233

? Der Schneeleopard und das Känguru springen weiter als Menschen, Frosch und Springmaus erreichen nur ca. $\frac{1}{4}$ der Weite des Menschen, der Floh weniger als 10 %. Anders sieht die Anordnung aus, wenn man das Verhältnis Sprungweite : Körperlänge beachtet (siehe Tabelle). Dann liegt der Floh klar vor dem Springfrosch und der Springmaus.

Tier	Schnee-leopard	Floh	Känguru
Sprungweite (in m)	15	0,6	12,5
Körperlänge (in cm)	136	0,3	210
Verhältnis Körperlänge zu Sprungweite	11	200	6

Tier	Spring-maus	Spring-frosch	Mensch
Sprungweite (in m)	2,5	2	8,95
Körperlänge (in cm)	17	6	180
Verhältnis Körperlänge zu Sprungweite	15	33	5

? Beim Dreisprung sind die drei Sprünge im Durchschnitt nur 6,10 m weit..

? Auswertung der Ergebnisse beim Kugelstoßen der Frauen:

Name	Platz	Bester Versuch (in m)
N. Ostaptschuk	4	19,01
N. Kleinert	2	19,55
S. Kriweljowa	3	19,49
Y. Cumba	1	19,59
N. Choroneko	5	18,96

?

Name	Mittelwert der gültigen Versuche (in m)	Mittelwert aller Versuche (in m)
N. Ostaptschuk	18,630	6,210
N. Kleinert	19,010	12,673
S. Kriweljowa	19,020	19,020
Y. Cumba	18,907	9,453
N. Choroneko	18,653	18,653

Die Olympiasiegerin Cumba liegt beim Mittelwert der gültigen Versuche und beim Mittelwert aller Versuche nur auf Platz 3. Choroneko, die keinen ungültigen Versuch hat, liegt beim Mittelwert aller Versuche auf Platz 2, obwohl sie insgesamt nur Platz 5 hat.

?

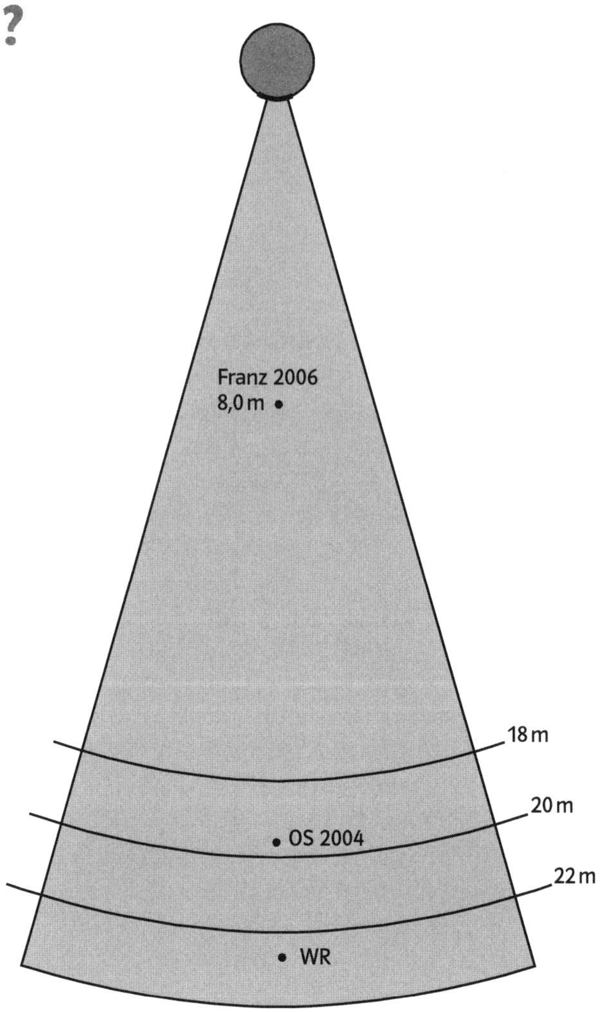

Die Abbildung zeigt eine Kugelstoßanlage im Maßstab 1:200. Markiert ist außer dem Olympiasieg 2004 auch der Weltrekord (22,63 m; 1987).

?

Winkel	20°	30°	40°	50°	60°	80°
x-Koordinate	6,3	8,5	9,7	9,7	8,5	3,4
y-Koordinate	3,2	4,5	6,1	7,8	9,4	11,5

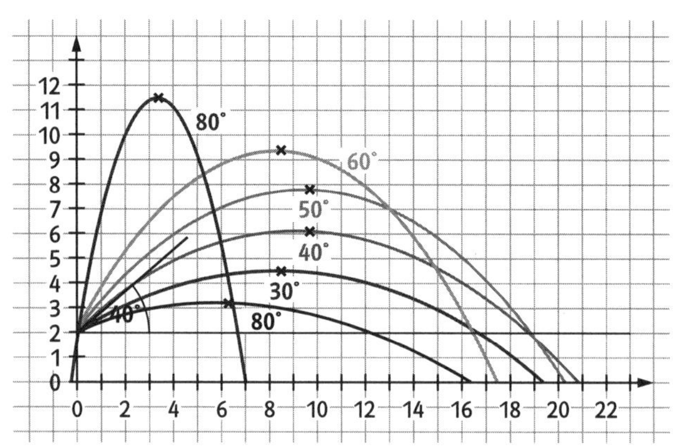

Die Zeichnung zeigt die 6 Flugkurven mit ihren höchsten Punkten. Die horizontale Linie ist die Ab-

stoßhöhe. Nur für 40° ist der Abstoßwinkel eingezeichnet.
(Bemerkung: Die Daten wurden für die konstante Abstoßgeschwindigkeit $v_0 = 50\,km/h = 13{,}89\,m/s$ gewählt. Wenn man von Luftreibung absieht, so hat die Flugkurve zum Winkel α die Gleichung

$$y = -\frac{g(1 + tan^2(\alpha))}{2v_0^2} \cdot x^2 + tan(\alpha) \cdot x + 2.$$

? Der Zeichnung entnimmt man die maximale Weite von ca. 21,5 m beim Abstoßwinkel 40°.
Der Winkel 40° ist also optimal.
(Bemerkungen: Die maximale Weite ist

$$x_{max} = v_0^2\, tan(\alpha) + v_0 \frac{\sqrt{tan^2(\alpha)v_0^2 + 2y_0 g(1 + tan^2(\alpha))}}{g(1 + tan^2(\alpha))}$$

die absolut maximale Weite bei der Abstoßgeschwindigkeit 50 km/h ergibt sich damit zu 21,57 m beim Winkel 42,35°; bei Berücksichtigung von Luftreibung können etwas größere Winkel besser werden.)

Ballsportarten bei Olympia

Seite 234

? Ein Term für die Anzahl der Gruppenspiele bei x Mannschaften in der Gruppe ist $\frac{1}{2} \cdot x \cdot (x - 1)$.

Anzahl Mannschaften	3	4	5
Anzahl Gruppenspiele	3	6	10

Anzahl Mannschaften	6	7	x
Anzahl Gruppenspiele	15	21	$\frac{1}{2} \cdot x \cdot (x - 1)$

? Insgesamt gab es **30** Frauenhockeyspiele:
20 Gruppenspiele, 4 Viertelfinalspiele, 2 Halbfinalspiele, 1 Finale, weitere 3 Platzierungsspiele (um Platz 3, 5, 7). Deutschland wurde Olympiasieger.

? Insgesamt gab es **40** Männerhockeyspiele.

Seite 235

? Es gab 16 + 8 + 4 + 2 + 1 + 1 = 32 Spiele nach der Vorrunde.

? Bei 64 Teilnehmern gibt es 64 Spiele (32 + 16 + 8 + 4 + 2 + 1 + 1).
Günstig für Turniere mit K.o.-System sind Teilnehmerzahlen wie 4, 8, 16, 32, 64, 128 …, also Potenzen von 2. Dann können je zwei gegeneinander spielen, der Sieger kommt in die nächste Runde, der Verlierer scheidet aus. In der nächsten Runde gibt es wieder eine Potenz von 2 als Teilnehmerzahl usw.

? Ein günstiger Maßstab ist 1:100 (passt genau auf eine DIN-A4-Seite) oder 1:200. Die nötigen Maße sind in der Abbildung im Buch eingetragen oder man kann sie selber in einem Basketballfeld in der Turnhalle ausmessen. Für Experten gibt es weitere Linien wie z. B. die Linien für die Positionen der Spieler am Freiwurfraum.

? Flächeninhalt Dreipunktebereich:
$\frac{1}{2}\pi \cdot 6{,}25^2\,m^2 + 12{,}5 \cdot 1{,}575\,m^2 \approx 81\,m^2$.
Flächeninhalt Freiwurfraum:
$\frac{1}{2}\pi \cdot 1{,}8^2\,m^2 + 5{,}8 \cdot 3{,}6\,m^2 + 2 \cdot \frac{1}{2} \cdot 1{,}2 \cdot 5{,}8 \approx 33\,m^2$

? Die Freiwurfquote von Michael Jordan war 68,4 %.

?

Spieler	Stockton	Barkley Jordan	Pippen	Bird Johnson Malone
Größe (in Fuß und Zoll)	6–2	6–5	6–8	6–10
Größe (in m)	1,88	1,96	2,03	2,08

Spieler	Laettner	Ewing	Robinson
Größe (in Fuß und Zoll)	6–11	7–0	7–1
Größe (in m)	2,11	2,13	2,16

? Ja, die Behauptungen stimmen: Die durchschnittliche Punktezahl der USA war $117{,}25 = 117\frac{1}{4}$ Punkte. Der durchschnittliche Punktevorsprung beträgt $43{,}75 = 43\frac{3}{4}$ Punkte.

?

Gegner	Angola	Kroatien	Deutschl.	Brasilien
Punktezahl Gegner	48	70	68	83
$\frac{2}{3}$ der Punkte der USA	$77\frac{1}{3}$	$68\frac{2}{3}$	74	$84\frac{2}{3}$

Gegner	Spanien	Puerto R.	Litauen	Kroatien
Punktezahl Gegner	81	77	76	85
$\frac{2}{3}$ der Punkte der USA	$81\frac{1}{3}$	$76\frac{2}{3}$	$84\frac{2}{3}$	78

Kroatien erreichte in der Vorrunde und im Endspiel mehr als $\frac{2}{3}$ der Punkte der USA, außerdem erreichte dies Puerto Rico im Viertelfinale.

Wasser

Seite 236

? Siegerzeiten Olympia 100 m Freistil

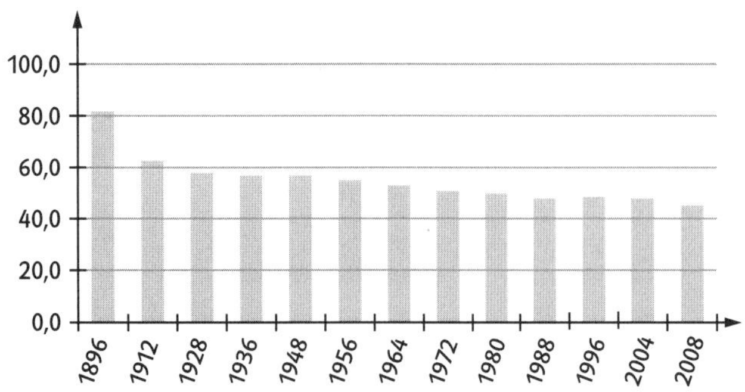

Durchschnittsgeschwindigkeiten
Olympiasieger 100-m-Freistil-Schwimmen

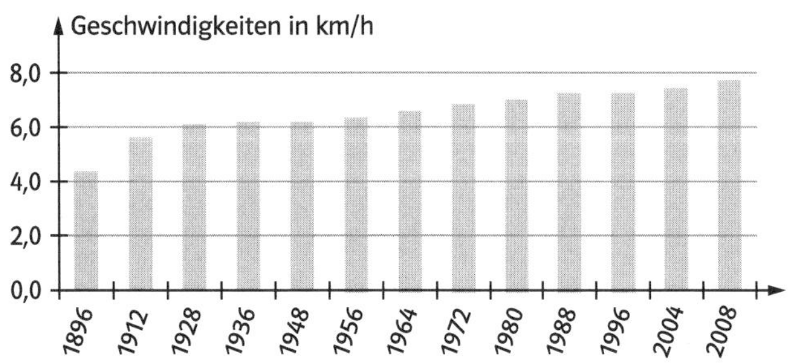

Zur Berechnung der Durchschnittsgeschwindigkeiten mit dem Dreisatz siehe die Lösungen zur ersten Frage von S. 192.

? Hajos schwamm mit der Geschwindigkeit 1,217 m/s, also schwamm er in 47,21 s die Strecke 57,5 m. Der Vorsprung von Alain Bernard im Ziel wäre also 42,5 m.
$\frac{2}{3}$ der Zeit von Hajos ist 54,8 s. Diese Zeit haben seit 1964 alle Olympiasieger unterboten.

? Alain Bernard schwamm bei seinem Olympiasieg 2008 mit der Geschwindigkeit 7,47 km/h.
Schwimmgeschwindigkeiten bei Tieren:

Tier	Fächerfisch	Eisbär	Pinguin
Schwimmzeit 100 m (in s)	3,40	36,00	10,00
Geschwindigkeit (in km/h)	105,9	10	36

Tier	Orca	Seepferdchen	Grauwal
Schwimmzeit 100 m (in s)	6,55	225,00	48,00
Geschwindigkeit (in km/h)	54,96	1,6	7,5

Fächerfisch, Orca und Pinguin schwimmen viel schneller als Menschen. Der Eisbär ist etwas schneller, der Grauwal ungefähr gleich schnell, das Seepferdchen viel langsamer.

Der Fächerfisch, der Orca und der Pinguin schwimmen schneller als du laufen kannst.

Seite 237

? Britta Steffens über 800 m:
$16 \cdot 24{,}06\,s = 6{:}24{,}96\,min$
Frederica Pellegrini über 800 m:
$4 \cdot 1{:}54{,}82\,min = 7{:}39{,}28\,min$

? Die Zeit der Olympiasiegerin 2004 über 100 m Freistil von 53,84 s wurde bei den Männern erstmals 1964 (Schollander, 53,4 s) erreicht.
Beim 100-m-Lauf wurde die Zeit der Siegerin 2004 von 10,93 s bereits 1908 mit 10,8 s unterboten. Auch bei den anderen Laufstrecken haben die Männer seit ca. 1900 die heutigen Frauenzeiten unterboten (z. B. 5000 m: Frauen heute 14:45,65 min, Männer 1912: 14:36,6 min; 800 m: Frauen heute 1:56,36 min, Männer 1904: 1:56,0 min).
Dagegen haben die Männer die heutigen Schwimmzeiten der Frauen erst in den Sechzigerjahren erreicht.

? Schwimmzeiten für die verschiedenen Strecken im Vergleich

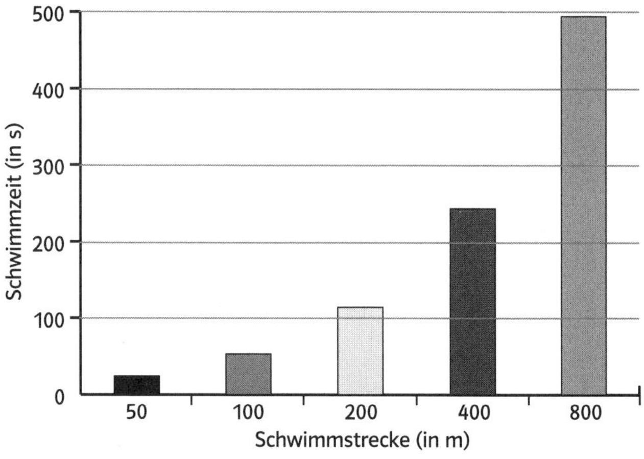

Schwimmgeschwindigkeiten für die verschiedenen Strecken im Vergleich

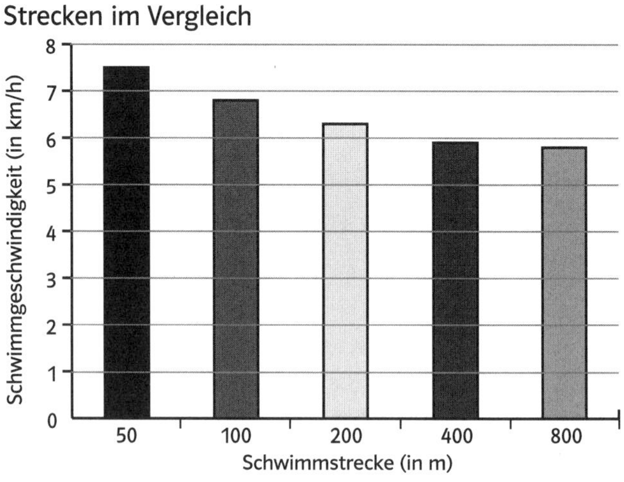

? Brustschwimmen ist der langsamste Schwimmstil, Freistil der schnellste.
Schwimmzeiten für die verschiedenen Strecken im Vergleich

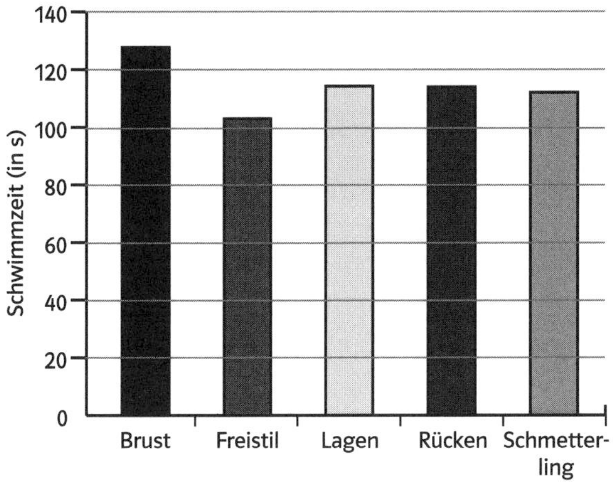

Die Durchschnittszeit für die vier 200-m-Spezialstrecken (Brust, Freistil, Rücken, Schmetterling) wäre 1:54,143 min. Das ist ca. 0,09 s schneller als die Lagenzeit.
Die Lagenzeit ist in etwa die Durchschnittszeit der anderen Zeiten.

? individuelle Lösung

? Ruderzeiten im Vergleich

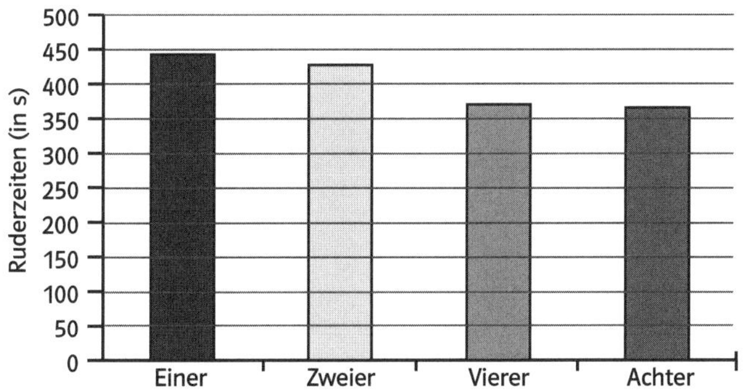

Rudergeschwindigkeiten im Vergleich

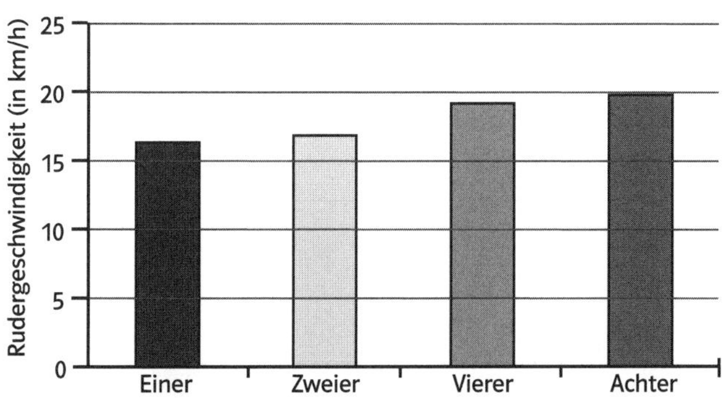

? Ein Einer braucht für 100 m ca. 22 s, ein Achter ca. 18 s. Diese Geschwindigkeit kann man beim Sprint gut erreichen. Um allerdings neben einem Achter länger herzulaufen, muss man schon ca. 3 min über 1000 Meter laufen können, das ist ziemlich schnell, aber erreichbar. Für einen Einer genügen ca. 3:40 min über 1000 m.